普通高等教育"十三五"规划教材
国家新闻出版改革发展项目库入库项目
数据科学与大数据技术专业

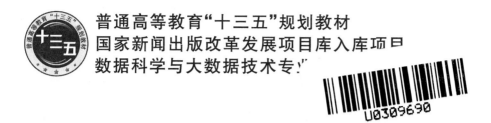

U0309690

大数据技术基础

鄂海红　宋美娜　欧中洪　编著

北京邮电大学出版社
www.buptpress.com

内 容 简 介

本书围绕大数据技术基础,重点介绍了大数据存储系统(分布式文件系统和 NoSQL 数据库)、大数据处理框架(Hadoop 的 MapReduce、Spark 及实时处理框架 Storm 和 Flink)、大数据仓库技术(Hive、Druid 等)、大数据多维分析(Kylin)、大数据可视化技术和大数据综合应用等,以及当今主流的大数据平台构建技术和开源组件实践知识,可以指导读者全面、系统地掌握大数据各层的实现方案,开展各领域的大数据实践。本书可作为计算机学科相关专业,特别是数据科学与大数据技术专业的教材。

图书在版编目(CIP)数据

大数据技术基础 / 鄂海红,宋美娜,欧中洪编著. -- 北京:北京邮电大学出版社,2019.9
ISBN 978-7-5635-5878-0

Ⅰ.①大… Ⅱ.①鄂… ②宋… ③欧… Ⅲ.①数据处理—高等学校 教材 Ⅳ.①TP974

中国版本图书馆 CIP 数据核字(2019)第 204848 号

书　　名:	大数据技术基础	
作　　者:	鄂海红　宋美娜　欧中洪	
责任编辑:	孙宏颖	
出版发行:	北京邮电大学出版社	
社　　址:	北京市海淀区西土城路 10 号(100876)	
发 行 部:	电话:010-62282185　传真:010-62283578	
E-mail:	publish@bupt.edu.cn	
经　　销:	各地新华书店	
印　　刷:	保定市中画美凯印刷有限公司	
开　　本:	787 mm×1 092 mm　1/16	
印　　张:	15.5	
字　　数:	401 千字	
版　　次:	2019 年 9 月第 1 版　2019 年 9 月第 1 次印刷	

ISBN 978-7-5635-5878-0　　　　　　　　　　　　　　　　　　　定价:48.00 元

党的十八届五中全会明确提出实施国家大数据战略,至此大数据技术成为塑造国家竞争力的战略制高点之一。掌握和运用大数据技术的能力成为一个国家竞争力的重要体现。国内许多行业如互联网、电信、金融和交通等开始实际部署大数据平台并付诸实践,这带动了软件、硬件及服务市场的快速发展。

大数据正在成为产业发展的重要推动力,大数据相关产业的高速发展带来了大数据人才严重短缺的问题,大数据人才的培养成为当前急迫的任务。近年来大数据专业建设在全国各大高校如茶如荼地开展,设立该专业的学校数量也在快速增长。截止到 2019 年 4 月,教育部累计批准 486 所高校设立"数据科学与大数据技术"专业,其中,2016 年 3 所高校获批,2017 年 32 所高校获批,2018 年 248 所高校获批,2019 年 203 所高校获批。如何更好地建设大数据专业和培养产业迫切需求的高水平专业人才,成为高校人才培养工作的重要挑战。

自 2018 年起,北京邮电大学出版社联合北京邮电大学计算机学院、网络技术研究院的多位知名教授、副教授及任课教师,共同开启"数据科学与大数据技术专业教材丛书"的出版工作。这套丛书包括《大数据技术基础》《大数据技术基础实验》《R 语言编程与数据科学》《网络科学与计算》《计算机视觉》《NoSQL 数据库技术》《流数据分析技术》《数据可视化》《机器学习》《分布式计算与云计算》《数据仓库与数据挖掘》《Python 语言程序设计》等。这些教材的出版凝炼了众多大数据领域教学、科研专家的心得体会,为大数据创新型人才的培养奠定了基础。

《大数据技术基础》是"数据科学与大数据技术"专业重要的基础教材之一,主要讲授大数据知识体系中理论与工程实践结合的技术基础。该书涵盖大数据采集、存储、处理、分析、可视化及应用等一整套全流程所需的基础理论知识。为了使读者能够快速地掌握大数据工程实践的知识,书中还介绍了多种开源大数据实践工具组件的技术架构和使用方法。可以说,该书所设计的内容一方面体现了对学生理论知识培养的重视,另一方面强调了计算机专业背景下数据科学的系统观,注重学生实际应用能力的培养。

该书的作者一直在大数据领域从事一线的教学和科研工作,这些工作基础为大数据专业人才的培养和大数据专业教材的出版提供着有力的支撑。该书作为北京邮电大学计算机学院"数据科学与大数据技术"专业的第一批正式出版教材,我很期待在以后的教学和科研实践中该书能够得到不断升华,也恳请全国同行在使用该书的同时予以批评指正,让我们一起为中国的大数据事业添砖加瓦。

国家"万人计划"领军人才

北京邮电大学计算机学院执行院长

博士生导生、教授

苏 森

本书一共分为 9 章。

第 1 章为大数据概述。本章首先介绍了大数据的发展历程、大数据的定义与特征、大数据与传统数据的区别；然后介绍了大数据平台应具备的能力和大数据平台架构；最后介绍了 Hadoop 生态开源组件和大数据技术的应用领域。

第 2 章为大数据存储技术。本章主要介绍主流的分布式存储系统，包括相关概念、体系结构、存储机制和操作方法，主要涵盖了分布式文件系统 HDFS 以及 4 种 NoSQL 数据库。

第 3 章、第 4 章、第 5 章为大数据处理技术。第 3 章介绍了 Hadoop 的 MapReduce 并行计算框架，第 4 章介绍了 Spark 内存计算框架，第 5 章介绍了实时计算框架。

第 6 章为大数据仓库技术。本章介绍了分布式数据仓库和数据查询技术，主要包括 3 个组件：Hive 分布式数据仓库、Druid 时序数据仓储和 Drill 分布式实时查询。

第 7 章为大数据多维分析技术。本章的主要内容包括大数据多维分析技术演进的需求和背景、开源 Kylin 的基本概念与原理、技术架构和实战操作方法。

第 8 章为大数据可视化技术。本章详细介绍了数据可视化的定义及其分类、可视化流程，以及时空数据可视化、层次和网络数据可视化、文本和文档可视化的概念，并对商业智能中的数据可视化及其应用进行了介绍；同时讲解了常见的数据可视化的实现技术和方法。

第 9 章为大数据应用案例。本章选择了某电影大数据平台案例，结合某电影大数据平台的技术体系架构，对大数据应用的构建流程进行了介绍，可以帮助读者整体性地理解和掌握本书知识内容的实践方法。

本书可以作为数据科学与大数据技术专业的本科高年级专业课教材，也可以作为研究生相关课程的参考材料。同时本书还配套了《大数据技术基础实验》，用于指导读者学习具体的实践课程知识，以使读者掌握实际大数据平台和大数据应用系统的研发能力。

本书的编写得到了北京邮电大学 PCN&CAD 中心、教育部信息网络工程研究中心和北京邮电大学计算机学院数据科学与服务中心教师与研究生的支持,他们分别是宋美娜、欧中洪、宋俊德、毕秋波、韩鹏昊、田川、孔慧慧、赵淑晨、吴金盛、温宇飞、万仁山、谭泽华、陈小康、韦帅丽、朱永波,在此一并表示感谢。

感谢国家重点研发计划项目"大数据征信及智能评估技术"和"基于大数据的科技咨询技术与服务平台研发"、国家科技条件平台计划项目"国家人类遗传资源共享服务平台北京创新中心建设"的支持。

作者作为在计算机领域从事科研和教学的教师,由于在专业知识的深度和广度上的局限性使得本书存在不足之处,欢迎广大读者反馈对本书的意见和建议,我们将随着"大数据技术基础"专业课程的建设,不断地改进本书的质量。

鄂海红
于北京

目 录

第1章

大数据概述

本章思维导图

随着数据的爆炸式增长和计算机技术的迅速发展,大数据技术迎来了前所未有的发展,它使人们的生活发生新变化的同时,也给人们带来了许多挑战,包括如何存储、查询、计算这些海量数据等,因此构建一个统一的大数据平台显得尤为重要。目前业界普遍认为大数据平台应具有数据源、数据采集、存储、处理、分析、可视化及其应用这 6 个层次。Hadoop 作为一个开源的大数据平台,目前已成为大数据领域的技术标准,它具有高可靠性、高扩展性、高效性和高容错性等优点,这些优点使它能应对大数据领域的大部分问题。

本章首先介绍了大数据的发展历程、大数据的定义与特征、大数据与传统数据的区别,使读者对大数据概念有个整体的了解;然后介绍了大数据平台应具备的能力和大数据平台架构,使读者对大数据平台的架构有大体的轮廓;接着介绍了 Hadoop 生态系统,使读者能够认识其基础的组件;最后介绍了大数据应用,使读者能了解目前现实生活中大数据应用的例子。本章思维导图如图 1-0 所示。

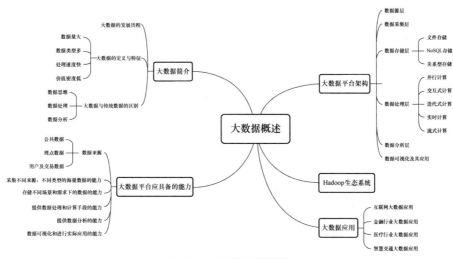

图 1-0　本章思维导图

1.1　大数据简介

　　21世纪以来,随着计算机技术,尤其是互联网和移动技术的发展,使得数据规模呈爆炸性增长,因此"大数据"概念应运而生。大数据是继云计算、物联网之后信息技术产业领域的又一重大技术革新,它使人们的生活发生了新的变化。本节首先帮助读者更好地认识和了解大数据的发展历程、大数据的定义与特征以及大数据与传统数据的区别等[1]。

1.1.1　大数据的发展历程

　　2005年Hadoop项目诞生。Hadoop是由多个软件产品组成的一个生态系统,这些软件产品共同实现全面功能和灵活的大数据分析[2]。

　　2008年9月,*Nature*推出*Big Data*专刊[3],并邀请一些研究人员和企业家预测大数据所带来的革新。同年,计算社区联盟发表了报告"Big-data computing: creating revolutionary breakthroughs in commerce, science, and society"[4],阐述了在数据驱动的研究背景下,解决大数据问题所需的技术以及大数据在商业、科研和社会领域所面临的一些挑战。

　　2011年2月,*Science*推出*Dealing with Data*专刊[5],该专刊围绕着科学研究中大数据的问题展开讨论。麦肯锡公司在同年5月份发布了"Big data: the next frontier for innovation, competition, and productivity"[6],对大数据的影响、关键技术和应用领域等进行了详细的介绍。

扩展阅读

工业和信息化部——
《大数据产业发展规划
（2016—2020年）》

　　2012年3月,美国政府在白宫网站发布了"Big data research and development initiative",这一举动标志着大数据已经成为重要的时代特征[7]。同年7月,联合国在纽约发布了一本关于大数据政务的白皮书*Big Data for Development: Opportunities & Challenges*[8],标志着全球大数据的研究和发展进入了前所未有的高潮阶段。

　　2014年,"大数据"一词首次写入我国《政府工作报告》,报告中指出,要设立新兴产业创业创新平台,在大数据等方面赶超先进,引领未来产业发展[2]。2017年12月,习近平主席在中共中央政治局第二次会议时提出"实施国家大数据战略 加快建设数字中国"的目标,这代表着我国对大数据的重视程度上升到了一个新的高度[9]。

1.1.2　大数据的定义与特征

　　大数据(big data)是指无法在一定时间范围内用常规软件工具进行捕捉、管理和处理的数据集合,是需要新处理模式才能具有更强的决策力、洞察发现力和流程优化能力的海量、高增长率和多样化的信息资产[10]。

　　大数据通常具有"4V"特征,即数据量大(volume)、数据类型多(variety)、处理速度快(velocity)和价值密度低(value)[7]。

　　① 数据体量庞大。采集、存储和计算的量都非常大。数据时代刚刚来临的时候,一般的数

据存储容量、体积多以兆字节(MB)为单位。近年来各种各样的现代 IT 应用设备和网络正在飞速产生和承载大量数据,使数据的增加呈现大型数据集形态,大数据的起始计量单位至少是拍字节(PB,1 PB＝1 024 TB)、艾字节(EB,100 多万个太字节)或泽字节(ZB,十多亿个太字节)。

② 数据类型繁多。数据来自多种数据源,数据种类和格式日渐丰富,已冲破了以前所限定的结构化数据范畴,囊括了半结构化和非结构化数据。

③ 处理速度快。从各种类型的数据中快速获得高价值的信息,这一点和传统的数据挖掘技术有着本质的不同。

④ 价值密度低。由于数据产生量巨大且数据产生速度非常快,必然形成各种有效数据和无效数据错杂的状态,因此数据价值的密度大大降低。以视频为例,在连续不间断的监控过程中,可能有用的数据仅仅有一两秒。所以,如何结合业务逻辑并通过强大的机器算法来挖掘数据价值,是大数据时代最需要解决的问题。

1.1.3　大数据与传统数据的区别

大数据是在传统数据库学科分支的基础上进一步发展起来的,但两者在数据存储、数据分析、数据处理规模上都有所不同。下面从数据思维、数据处理以及数据分析三方面来介绍两者的不同[1]。

1. 数据思维

大数据思维与传统数据思维有着很大的差别。传统的数据思维针对一个问题往往是命题假设型的,并通过演绎推理来证明自己的假设是否正确。这种思维方式一般要预先设定好主题,通过建立数据模型和元数据来描述问题。同时,需要理顺逻辑,理解因果关系,并设计算法来得出接近现实的结论。而大数据思维在定义问题时,没有预制的假设,而是使用归纳推理的方法,从部分到整体地进行观察描述,通过问题存在的环境观察和解释现象,从而起到预测效果。

2. 数据处理

传统的数据处理主要以面向结构化数据和事务处理的关系型数据库为主,通过定向的批处理过程长时间地对数据进行提取、转换和加载等处理,处理后的数据是容易理解的、清洗过的,并符合业务的元数据。而大数据处理技术具备结构化、半结构化和非结构化数据混合处理的能力,主要针对半结构化和非结构化数据。这意味着不能保证输入的数据是完整的、清洗过的和没有任何错误的。这使大数据处理技术更有挑战性,但同时它提供了在数据中获得更多的洞察力的范围。

3. 数据分析

传统的数据分析通过数据抽样并不断改进抽样的方式来提高样本的精确性,它往往关注的是“为什么”的因果关系,分析算法比较复杂,通常用多个变量的方程来追求数据之间的精确关系。而大数据分析对象是全体数据,它往往关注的是“是什么”的相关性关系,从海量数据中分析出人类不易感知的关联性,通常用简单的算法实现规律性的分析。

1.2　大数据平台应具备的能力

在对大数据的定义和特征,还有大数据与传统数据的比较做过简单介绍之后,相信读者对大数据有了基本的了解。实现对大数据的管理需要大数据技术的支撑,但仅仅使用单一的大数据技术实现大数据的存储、查询、计算等不利于日后的维护与扩展,因此构建一个统一的大数据平台至关重要[11]。下面以一张图对统一的大数据平台进行介绍,如图1-1所示。

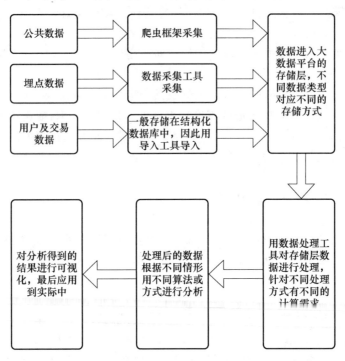

图1-1 大数据系统的数据流图

首先要有数据来源,我们知道在大数据领域,数据是核心资源。数据的来源方式有很多,主要包括公共数据(如微信、微博、公共网站等公开的互联网数据)、企业应用程序的埋点数据(企业在开发自己的软件时会接入记录功能按钮及页面的点击等行为数据)以及软件系统本身用户注册及交易产生的相关用户及交易数据[12]。我们对数据的分析与挖掘都需要建立在这些原始数据的基础上,而这些数据通常具有来源多、类型杂、体量大3个特点。因此大数据平台需要具备对各种来源和各种类型的海量数据的采集能力。

在大数据平台对数据进行采集之后,就需要考虑如何存储这些海量数据的问题了,根据业务场景和应用类型的不同会有不同的存储需求。比如针对数据仓库的场景,数据仓库的定位主要是应用于联机分析处理,因此往往会采用关系型数据模型进行存储;针对一些实时数据计算和分布式计算场景,通常会采用非关系型数据模型进行存储;还有一些海量数据会以文档数据模型的方式进行存储。因此大数据平台需要具备提供不同的存储模型以满足不同场景和需求的能力。

在对数据进行采集并存储下来之后,就需要考虑如何使用这些数据了。首先需要根据业务场景对数据进行处理,不同的处理方式会有不同的计算需求。比如针对数据量非常大但是对时效性要求不高的场景,可以使用离线批处理;针对一些对时效性要求很高的场景,就需要用分布式实时计算来解决了。因此大数据平台需要具备灵活的数据处理和计算的能力。

在对数据进行处理后,就可以根据不同的情形对数据进行分析了。如可以应用机器学习算法对数据进行训练,然后进行一些预测和预警等;还有可以运用多维分析对数据进行分析来辅助企业决策等。因此大数据平台需要具备数据分析的能力。

数据分析的结果仅用数据的形式进行展示会显得单调且不够直观,因此需要把数据进行可视化,以提供更加清晰直观的展示形式。对数据的一切操作最后还是要落实到实际应用中去,只有应用到现实生活中才能体现数据真正的价值。因此大数据平台需要具备数据可视化并能进行实际应用的能力。

1.3　大数据平台架构

随着数据的爆炸式增长和大数据技术的快速发展,很多国内外知名的互联网企业,如国外的 Google、Facebook,国内的阿里巴巴、腾讯等早已开始布局大数据领域,他们构建了自己的大数据平台架构。根据这些著名公司的大数据平台以及 1.2 节提到的大数据平台应具有的能力可得出,大数据平台架构应具有数据源层、数据采集层、数据存储层、数据处理层、数据分析层以及数据可视化及其应用的 6 个层次[1],如图 1-2 所示。

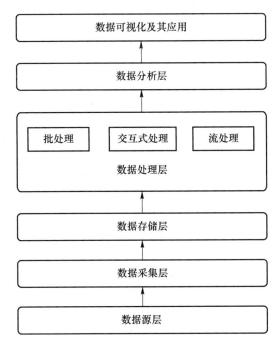

图 1-2　大数据平台架构

1. 数据源层

在大数据时代,谁掌握了数据,谁就有可能掌握未来,数据的重要性不言而喻。众多互联网企业把数据看作他们的财富,有了足够的数据,他们才能分析用户的行为,了解用户的喜好,更好地为用户服务,从而促进企业自身的发展。

数据来源一般为生产系统产生的数据,以及系统运维产生的用户行为数据、日志式的活动数据、事件信息等,如电商系统的订单记录、网站的访问日志、移动用户手机上网记录、物联网行为轨迹监控记录……如图 1-3 所示。

图 1-3　数据源层

2. 数据采集层

数据采集是大数据价值挖掘最重要的一环,其后的数据处理和分析都建立在采集的基础上。大数据的数据来源复杂多样,而且数据格式多样、数据量大。因此,大数据的采集需要实现利用多个数据库接收来自客户端的数据,并且应该将这些来自前端的数据导入一个集中的大型分布式数据库或者分布式存储集群,同时可以在导入的基础上做一些简单的清洗工作。

数据采集用到的工具有 Kafka、Sqoop、Flume、Avro 等,如图 1-4 所示。其中 Kafka 是一个分布式发布订阅消息系统,主要用于处理活跃的流式数据,作用类似于缓存,即活跃的数据和离线处理系统之间的缓存。Sqoop 主要用于在 Hadoop 与传统的数据库间进行数据的传递,可以将一个关系型数据库中的数据导入 Hadoop 的存储系统中,也可以将 HDFS 的数据导入关系型数据库中。Flume 是一个高可用、高可靠、分布式的海量日志采集、聚合和传输的系统,它支持在日志系统中定制各类数据发送方,用于收集数据。Avro 是一种远程过程调用和数据序列化框架,使用 JSON 来定义数据类型和通信协议,使用压缩二进制格式来序列化数据,为持久化数据提供一种序列化格式。

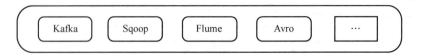

图 1-4　数据采集层

3. 数据存储层

在大数据时代,数据类型复杂多样,其中主要以半结构化和非结构化为主,传统的关系型数据库无法满足这种存储需求。因此针对大数据结构复杂多样的特点,可以根据每种数据的存储特点选择最合适的解决方案。对非结构化数据采用分布式文件系统进行存储,对结构松散无模式的半结构化数据采用列存储、键值存储或文档存储等 NoSQL 存储,对海量的结构化数据采用分布式关系型数据库存储,如图 1-5 所示。

图 1-5　数据存储层

文件存储有 HDFS 和 GFS 等。HDFS 是一个分布式文件系统,是 Hadoop 体系中数据存储管理的基础,GFS 是 Google 研发的一个适用于大规模数据存储的可拓展分布式文件系统。

NoSQL 存储有列存储 HBase、文档存储 MongoDB、图存储 Neo4j、键值存储 Redis 等。HBase 是一个高可靠、高性能、面向列、可伸缩的动态模式数据库。MongoDB 是一个可扩展、高性能、模式自由的文档性数据库。Neo4j 是一个高性能的图形数据库,它使用图相关的概念来描述数据模型,把数据保存为图中的节点以及节点之间的关系。Redis 是一个支持网络、基于内存、可选持久性的键值存储数据库。

关系型存储有 Oracle、MySQL 等传统数据库。Oracle 是甲骨文公司推出的一款关系数据库管理系统,拥有可移植性好、使用方便、功能强等优点。MySQL 是一种关系数据库管理系统,具有速度快、灵活性高等优点。

4. 数据处理层

计算模式的出现有力地推动了大数据技术和应用的发展,然而,现实世界中的大数据处理问题的模式复杂多样,难以有一种单一的计算模式能涵盖所有不同的大数据处理需求。因此,针对不同的场景需求和大数据处理的多样性,产生了适合大数据批处理的并行计算框架 MapReduce,交互式计算框架 Tez,迭代式计算框架 GraphX、Hama,实时计算框架 Druid,流式计算框架 Storm、Spark Streaming 等以及为这些框架可实施的编程环境和不同种类计算的运行环境(大数据作业调度管理器 ZooKeeper、集群资源管理器 YARN 和 Mesos),如图 1-6 所示。

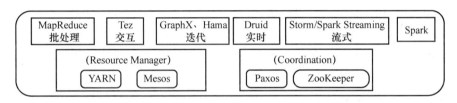

图 1-6 数据处理层

Spark 是一个基于内存计算的开源集群计算系统,它的用处在于让数据处理更加快速。MapReduce 是一个分布式并行计算软件框架,用于大规模数据集的并行运算。Tez 是一个基于 YARN 之上的 DAG 计算框架,它可以将多个有依赖的作业转换为一个作业,从而大幅提升 DAG 作业的性能。GraphX 是一个同时采用图并行计算和数据并行计算的计算框架,它在 Spark 之上提供一站式数据解决方案,可方便高效地完成一整套流水作业。Hama 是一个基于 BSP 模型(整体同步并行计算模型)的分布式计算引擎。Druid 是一个用于大数据查询和分析的实时大数据分析引擎,主要用于快速处理大规模的数据,并能够实现实时查询和分析。Storm 是一个分布式、高容错的开源流式计算系统,它简化了面向庞大规模数据流的处理机制。Spark Streaming 是建立在 Spark 上的应用框架,可以实现高吞吐量、具备容错机制的实时流数据的处理。YARN 是一个 Hadoop 资源管理器,可为上层应用提供统一的资源管理和调度。Mesos 是一个开源的集群管理器,负责集群资源的分配,可对多集群中的资源做弹性管理。ZooKeeper 是一个以简化的 Paxos 协议作为理论基础实现的分布式协调服务系统,它为分布式应用提供高效且可靠的分布式协调一致性服务。

5. 数据分析层

数据分析是指通过分析手段、方法和技巧对准备好的数据进行探索、分析,从中发现因果关系、内部联系和业务规律,从而提供决策参考。在大数据时代,人们迫切希望在由普通机器组成的大规模集群上实现高性能的数据分析系统,为实际业务提供服务和指导,进而实现数据的最终变现。

常用的数据分析工具有 Hive、Pig、Impala、Kylin,类库有 MLlib 和 SparkR 等,如图 1-7 所示。Hive 是一个数据仓库基础构架,主要用来进行数据的提取、转化和加载。Pig 是一个大规模数据分析工具,它能把数据分析请求转换为一系列经过优化处理的 MapReduce 运算。

Impala 是 Cloudera 公司主导开发的 MPP 系统,允许用户使用标准 SQL 处理存储在 Hadoop 中的数据。Kylin 是一个开源的分布式分析引擎,提供 SQL 查询接口及多维分析能力以支持超大规模数据的分析处理。MLlib 是 Spark 计算框架中常用机器学习算法的实现库。SparkR 是一个 R 语言包,它提供了轻量级的方式,使得我们可以在 R 语言中使用 Apache Spark。

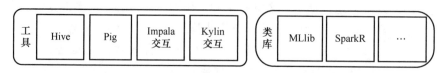

图 1-7　数据分析层

6. 数据可视化及其应用

数据可视化技术可以提供更为清晰直观的数据表现形式,将数据和数据之间错综复杂的关系,通过图片、映射关系或表格,以简单、友好、易用的图形化、智能化的形式呈现给用户,供其分析使用。可视化是人们理解复杂现象、诠释复杂数据的重要手段和途径,可通过数据访问接口或商业智能门户实现,以直观的方式表达出来。可视化与可视化分析通过交互可视界面来进行分析、推理和决策,可从海量、动态、不确定,甚至相互冲突的数据中整合信息,获取对复杂情景的更深层的理解,供人们检验已有预测,探索未知信息,同时提供快速、可检验、易理解的评估和更有效的交流手段[10]。

大数据应用目前朝着两个方向发展,一种是以盈利为目标的商业大数据应用,另一种是不以营利为目的,侧重于为社会公众提供服务的大数据应用。商业大数据应用主要以 Facebook、Google、淘宝、百度等公司为代表,这些公司以自身拥有的海量用户信息、行为、位置等数据为基础,提供个性化广告推荐、精准化营销、经营分析报告;公共服务的大数据应用如搜索引擎公司提供的诸如流感趋势预测、春运客流分析、紧急情况响应、城市规划、路政建设、运营模式等得到广泛应用[1]。

1.4　Hadoop 生态系统

Hadoop 是一个能够对大量数据进行分布式处理的大数据生态系统,具有可靠、高效、可伸缩的特点。它具有 1.3 节提到的数据采集层、数据存储层、数据处理层、数据分析层 4 个层次,主要是由上述 4 层提到的关键技术和工具组成的一个生态系统。

图 1-8 展示了 Hadoop 生态系统的基础组成。其中数据采集层用到的工具包括 Sqoop 和 Flume,数据存储层用到的工具包括 HDFS 和 HBase,数据处理层用到的工具有 MapReduce、Tez、Spark、YARN、ZooKeeper 等,数据分析层用到的工具有 Hive、Pig、Shark 等。此外,Hadoop 还包括一些其他工具,如安装部署工具 Ambari 等。

Hadoop[14]本身包括 Hadoop Common、HDFS、MapReduce 和 YARN,其中 Hadoop Common 是 Hadoop 体系最底层的一个模块,为 Hadoop 各子项目提供了开发所需的 API。Hadoop 的当前版本是 3.2.0。

HDFS 是 Hadoop 分布式文件系统、Google GFS 的开源实现,是 Hadoop 体系中数据存储管理的基础,具有良好的扩展性与容错性等优点,能检测和应对硬件故障,可在低成本的通

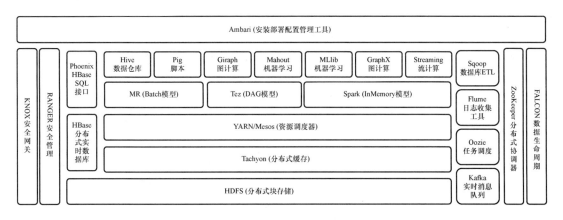

图 1-8　Hadoop 生态系统

用硬件上运行。

MapReduce 是一个批处理计算引擎，用以进行大规模数据的计算，具有良好的扩展性与容错性，允许用户通过简单的 API 编写分布式程序。其中 Map 对数据集上的独立元素进行指定的操作，生成键-值对形式的中间结果；Reduce 则对中间结果中相同"键"的所有"值"进行规约，以得到最终结果。

YARN 是一个通用资源管理与调度系统，它能够管理集群中的各种资源，并按照一定的策略将资源分配给上层的各类应用，它的引入为集群在利用率、资源统一管理和数据共享等方面带来了巨大好处。

Sqoop[15]是关系型数据导入导出工具，是连接关系型数据库和 Hadoop 的桥梁，可以将一个关系型数据库如 MySQL、Oracle 等中的数据导入 Hadoop 的 HDFS 中，也可以将 HDFS 的数据导出到关系型数据库中。Sqoop1 的当前版本是 1.4.7，Sqoop2 的当前版本是 1.99.7。

Flume[16]是一个分布的、可靠的、高可用的海量日志聚合的系统，主要用于流式日志数据的收集，经过滤、聚集后加载到 HDFS 等存储系统。Flume 的当前版本是 1.9.0。

HBase[17]是一个可伸缩、高可靠、高性能、分布式和面向列的动态模式数据库，允许用户存储结构化与半结构化的数据，支持行列无限扩展，主要用于大规模数据的随机、实时读写访问。HBase 的当前版本是 2.1。

Tez[18]是基于 MapReduce 开发的通用 DAG 计算引擎，它可以将多个有依赖的作业转换为一个作业，从而大幅提升 DAG 作业的性能，能够更加高效地实现复杂的数据处理逻辑。Tez 的当前版本是 0.9.1。

Spark[19]是专为大规模数据处理而设计的快速通用的 DAG 计算引擎，它的中间输出结果可以保存在内存中，因此用户可以充分利用内存进行快速的数据挖掘和分析。Spark 的当前版本是 2.4.0。

ZooKeeper[20]是一个为分布式应用所设计的开源协调服务，主要解决分布式环境下的数据管理问题，从而简化分布式应用协调及管理的难度，提供高性能的分布式服务。ZooKeeper 的当前版本是 3.5.4。

Hive[21]是一个基于 MapReduce/Tez 实现的 SQL 引擎，可以将结构化的数据文件映射为一张数据库表，然后通过类 SQL 语句快速实现简单的 MapReduce 统计。Hive 的当前版本是 3.1.1。

Pig[22]是一个基于 MapReduce/Tez 实现的工作流引擎，它提供 Pig Latin 语言，该语言将脚本转换为一系列经过优化处理的 MapReduce 运算。Pig 的当前版本是 0.17.0。

Shark 是一个数据分析系统,目前已被纳入 Spark SQL[23]。Spark SQL 是基于 Spark 内部实现的 SQL 引擎,主要用于分析处理结构化数据,它本身是 Spark 处理数据的一个模块,因此它的当前版本也为 2.4.0。

Oozie[24] 是运行在 Hadoop 平台上的一种工作流调度引擎系统,主要用于管理和协调 Hadoop 任务,它还是一个 Java Web 应用程序,运行在 Java Servlet 容器中。Oozie 的当前版本是 5.1.0。

Ambari[25] 是开源的 Hadoop 平台管理软件,支持 Hadoop 集群的安装、管理和监控,提供了 Web UI 进行可视化的集群管理,简化了大数据平台的安装和使用难度。Ambari 的当前版本是 2.7.3。

1.5　大数据应用

大数据应用自然科学的知识来解决社会科学中的问题,在许多领域具有重要的应用。早期的大数据技术主要应用在大型互联网企业中,用于分析网站用户数据以及用户行为等。现在医疗、交通、金融、教育等行业也越来越多地使用大数据技术以便完成各种功能需求。大数据应用基本上呈现出互联网领先、其他行业积极效仿的态势,而各行业数据的共享开放已逐渐成为趋势[13]。

拓展阅读

《中国大数据产业发展水平评估报告(2018 年)》

1.5.1　互联网大数据应用

大数据应用起源于互联网行业,而且互联网也是大数据技术的主要推动者。互联网拥有强大的技术平台,同时掌握大量用户行为数据,能够进行不同领域的纵深研究。

如谷歌、Twitter、亚马逊、新浪、阿里巴巴等互联网企业已广泛开展定向广告、个性推荐等较成熟的大数据应用。国外的亚马逊作为一家"信息公司",不仅从每个用户的购买行为中获得信息,还将每个用户在其网站上的所有行为都记录下来:页面停留时间,用户是否查看评论,每个搜索的关键词,浏览的商品,等等。这种对数据价值的高度敏感和重视,以及强大的挖掘能力,使得亚马逊在产品推荐和需求预测方面都处于行业领先地

拓展阅读

中国企业的大数据布局

位[26]。国内互联网企业以阿里巴巴为代表,其在 2012 年 7 月推出了数据分享平台"聚石塔",为淘宝、天猫等平台上的电商提供数据云服务,并将其扩展到金融领域和物流领域。阿里巴巴基于对用户交易行为的大数据分析,提供面向中小企业的信用贷款。阿里巴巴成立的"菜鸟"网络物流,也是基于大数据平台的,利用大数据平台的分析,联手各大物流企业,来选择最高效的送达方式。

1.5.2　金融行业大数据应用

目前,金融行业的信息化水平已相当高,众多金融机构都建立了自己的数据平台,在客户

深度分析、反省钱、反欺诈预警等方面发挥着重要的作用。

中信银行整合银行内部与信用卡相关的重要数据,对数据进行快速而准确的分析和挖掘,来提供全方位、多层次的辅助决策支持手段,可以在短时间内对市场变化及趋势做出更好的战略性商业决策,以挖掘重点客户、提高服务质量、减少运作成本,为银行带来有利的市场竞争优势[27]。

工商银行收集来自行内、金融同业以及司法部门提供的各类风险客户和账户信息,通过大数据技术对其进行相关分析、挖掘,使得银行可以实现风险收集分析、风险评级等功能。

光大银行利用与大数据相关的挖掘、文本数据分析等技术,将客户数据、产品数据、地理空间数据等进行关联分析,通过事件驱动覆盖客户的潜在需求,银行可有针对性地进行推荐产品、精准营销、投放广告等活动,进而推动自身所需业务的转型[28]。

1.5.3　医疗行业大数据应用

随着医疗技术的发展,医疗行业积累了大量不同类型的数据,如健康档案、电子病历、医学图像等,这些数据已成为医疗行业宝贵的财富。如果能够对这些数据进行有效的存储、处理、查询和分析,就可以帮助医生做出更为科学准确的诊断、用药决策和病理分析等,更好地造福于人类。

2009 年,Google 借助大数据技术从用户的相关搜索中预测到了甲型 H1N1 流感暴发,该预测比美国疾病控制与预防中心提前了 1～2 周,随后百度也上线了"百度疾病预测",借助用户搜索预测疾病的暴发[29]。华大基因推出肿瘤基因检测服务,通过采取患者样本,测序得到基因序列,接着采用大数据技术与原始基因进行比对,锁定突变基因,通过分析做出正确的诊断,进而全面、系统、准确地解读肿瘤药物与突变基因的关系,同时根据患者的个体差异性,辅助医生选择合适的治疗药物,制订个体化的治疗方案,实现"同病异治"或"异病同治",从而延长患者的生存时间[30]。

1.5.4　智慧交通大数据应用

大数据下的智慧交通就是整合传感器、监控视频和 GPS 等设备产生的海量数据,并与气象监测设备产生的天气状况数据、人口分布数据和移动通信数据等相结合,从这些数据中洞察出我们真正需要的有价值信息,从而实现智慧交通公共信息服务的实时传递和快速反应的应急指挥等。

基于大数据的智慧交通可以有效地管理交通数据,如可集中访问分散存储在不同支队数据中心的图像或视频等;提高对海量数据的利用,如可从海量数据中挖掘出有价值的信息,为公安治安、刑侦、经侦等部门人员及一线民警提供信息支撑服务;改善交通,如提高对各种交通突发事件的应急调度能力,依据历史数据预测交通或突发事件的发展趋势[1]。

2017 年杭州云栖大会,阿里云的城市大脑正式发布。它通过接管杭州的一些信号灯路口,使试点区域的通行时间减少,使 120 救护车到达现场的时间缩短,城市大脑的"天曜"系统通过对已有街头摄像头的无休巡逻,释放了警力,节省了劳动力。城市大脑得益于阿里云积累的云计算和大数据能力,通过一个普通的摄像头,就能读懂车辆运行状态和轨迹,同时实时分析来自交通局、气象、公交、高德等机构的海量交通数据,为城市的智慧交通贡献了力量[31]。

本章课后习题

1. 简述大数据的"4V"特征以及谈谈你对大数据的理解。
2. 概括分析大数据平台的整个处理流程。
3. 大数据平台架构共包含 6 个层次,试概括说明其中每个层次的作用。
4. 简述 Hadoop 生态系统的组成。
5. 大数据应用广泛存在于我们的生活中,谈谈你所了解到的大数据应用实例。

本章参考文献

[1] 宋智军. 深入浅出大数据[M]. 北京:清华大学出版社,2016.

[2] 张裕,唐学用,赵庆明,等. 大数据发展历程大事件汇总(2005—2016)[J]. 贵州电力技术,2016,19(11):6-6.

[3] Nature. Big Data[EB/OL]. [2019-05-10]. http://www. nature. com/news/specials/bigdata/index. html.

[4] Bryant R, Katz R H, Lazowska E D. Big-data computing: creating revolutionary breakthroughs in commerce, science and society[R/OL]. [2019-05-10]. http://www. datascienceassn. org/sites/default/files/Big%20Data%20Computing%202008%20Paper. pdf.

[5] Dealing with Data[EB/OL]. [2019-05-10]. https://www. sciencemag. org/site/special/data/.

[6] Manyika J, Chui M, Brown B, et al. Big data: the next frontier for innovation, competition, and productivity[EB/OL]. [2019-05-10]. http://www. veille. ma/IMG/pdf/big-data-next-frontier-for-innovation-competition-productivity. pdf.

[7] 陈颖. 大数据发展历程综述[J]. 当代经济,2015(8):13-15.

[8] Global Pulse White Paper. Big Data for Development: Opportunities & Challenges[EB/OL]. [2019-05-10]. https://www. unglobalpulse. org/projects/BigDataforDevelopment.

[9] 曹逸知. 大数据的发展与技术应用[J]. 通讯世界,2019,26(1):51-52.

[10] 大数据[EB/OL]. [2019-05-11]. https://baike. baidu. com/item/大数据/1356941.

[11] 朱凯. 企业级大数据平台构建:架构与实现[M]. 北京:机械工业出版社,2018.

[12] 张魁,张粤磊,刘未昕,等. 自己动手做大数据系统[M]. 北京:电子工业出版社,2016.

[13] 深圳国泰安教育技术股份有限公司大数据事业部群,中科院深圳先进技术研究院——国泰安金融大数据研究中心. 大数据导论:关键技术与行业应用最佳实践[M]. 北京:清华大学出版社,2015.

[14] Hadoop 官网[EB/OL]. [2019-05-14]. http://hadoop. apache. org/.

[15] Sqoop 官网[EB/OL]. [2019-05-14]. https://sqoop. apache. org/.

[16] Flume 官网[EB/OL]. [2019-05-14]. https://flume. apache. org/.

[17] HBase 官网[EB/OL]. [2019-05-14]. https://hbase. apache. org/.

[18] Tez 官网[EB/OL]. [2019-05-14]. http://tez. apache. org/.

［19］　Spark 官网［EB/OL］.［2019-05-14］. http：//spark. apache. org/.

［20］　ZooKeeper 官网［EB/OL］.［2019-05-14］. http：//zookeeper. apache. org/.

［21］　Hive 官网［EB/OL］.［2019-05-14］. https：//hive. apache. org/.

［22］　Pig 官网［EB/OL］.［2019-05-14］. http：//pig. apache. org/.

［23］　Spark SQL 官网［EB/OL］.［2019-05-14］. http：//spark. apache. org/sql/.

［24］　Oozie 官网［EB/OL］.［2019-05-14］. http：//oozie. apache. org/.

［25］　Ambari 官网［EB/OL］.［2019-05-14］. http：//ambari. apache. org/.

［26］　大数据公司挖掘数据价值的 49 个典型案例［EB/OL］.（2018-08-13）［2019-05-16］. https：//yq. aliyun. com/articles/624558.

［27］　金融行业大数据的应用案例分享（一）［EB/OL］.（2016-06-27）［2019-05-16］. http：//www. raincent. com/content-85-6745-1. html.

［28］　金融行业大数据的应用案例分享（二）［EB/OL］.（2016-06-30）［2019-05-16］. http：//www. raincent. com/content-85-6780-1. html.

［29］　医疗健康大数据：应用实例与系统分析［EB/OL］.（2015-10-09）［2019-05-16］. http：//bigdata. 51cto. com/art/201510/493383. htm.

［30］　医疗行业大数据应用的三个案例［EB/OL］.（2016-07-15）［2019-05-16］. https：//www. evget. com/article/2016/7/15/24500. html.

［31］　阿里云城市大脑探路智慧交通［EB/OL］.（2018-07-31）［2019-05-16］. http：//finance. tom. com/money/201807/1199485492. html.

第 2 章
大数据存储——分布式文件系统及 NoSQL 数据库

本章思维导图

大数据的存储方式主要以分布式文件系统和 NoSQL 数据库为主。

本章首先介绍了分布式文件系统 HDFS 的相关概念、体系结构、存储机制、读/写操作和数据导入,使读者对 HDFS 有一个整体的认识;然后介绍了 NoSQL 数据库的概念和 4 种不同类型的数据模型;在列族数据库中,介绍了 HBase 的基本原理和数据模型;在键值数据库中,介绍了 Redis 的数据结构、数据持久化和数据复制;在文档数据库中,介绍了 MongoDB 的数据类型和数据复制;在图数据库中,介绍了 Neo4j 的数据结构和 Cypher 查询语言。本章思维导图如图 2-0 所示。

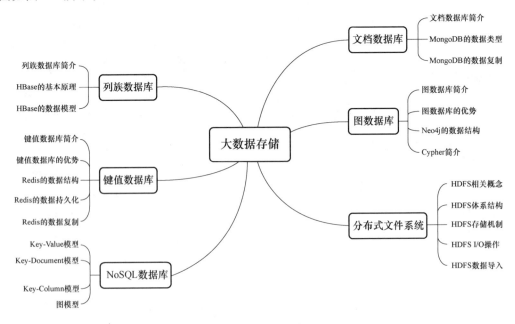

图 2-0　本章思维导图

2.1　分布式文件系统

分布式文件系统是指文件系统管理的物理资源不一定存储在本地节点上,而是通过计算机网络与本地节点相连。常见的分布式文件系统有 Sun 公司的 Lustre、Google 公司的 GFS 和 Hadoop 分布式文件系统。HDFS 是 Hadoop 框架的核心之一,因此本节接下来就 HDFS 相关概念、体系结构、存储机制、I/O 操作和数据导入等方面进行介绍。

2.1.1　HDFS 相关概念

Hadoop 分布式文件系统(HDFS)是 Hadoop 项目的核心子项目,是针对访问和处理超大文件的需求而设计开发的,运行在通用硬件上,具有高容错性和高吞吐量,非常适合大规模数据集的分布式文件系统。HDFS 主要由数据块(Block)、元数据节点(NameNode)、数据节点(DataNode)和辅助元数据节点(Secondary NameNode)等几个部分组成[1]。

1. 数据块

HDFS 默认的最基本的存储单位是数据块,数据块的大小一般为 64 MB 或 128 MB,大于磁盘数据块(一般为 512 字节)的目的是为了最小化寻址开销。HDFS 上的一个文件如果大于数据块的大小,那么它将被划分为多个数据块;如果小于数据块的大小,和普通文件系统不同的是,它不占用整个数据块存储空间,而是按该文件的实际大小组块存储。HDFS 将文件以数据块为基本单位在集群上分配存储,因此每个数据块都有自己唯一的一个 ID。

2. 元数据节点

所谓元数据(Metadata)是指描述其他数据信息的数据。HDFS 与传统的文件系统一样,提供了一个分级的文件组织形式,维护这个文件系统所需的信息(除了文件的真实内容)就称之为 HDFS 的元数据。因此用元数据节点来管理与维护文件系统名字空间,它是整个文件系统的管理节点,同时还负责客户端文件操作的控制以及具体存储任务的管理与分配。元数据节点记录每一个文件被切割成了多少个数据块,可以从哪些数据节点中获得这些数据块,以及各个数据节点的状态等重要信息,并且通过两张表来维持这些信息,其中一张表是文件和数据块 ID 关系的对应表,另一张表是数据块和数据节点关系的对应表。为了提高服务性能,这些重要信息保存在内存中,然而一旦断电,信息将不再存在,因此需要将这些信息保存到磁盘文件中,进行持久化存储。元数据节点存储信息的文件有 fsimage、edits、VERSION 和 seen_txid 等。

- fsimage 文件及其对应的 MD5 校验文件保存了文件系统目录树信息,以及文件和块的对应关系信息,是 HDFS 中与元数据相关的重要文件。fsimage 文件是 HDFS 元数据的一个永久性的检查点,当元数据节点失败的时候,最新的元数据信息就会从 fsimage 加载到内存中。

- edits 文件是一个日志文件,存放了 Hadoop 文件系统所有更新操作的路径。当文件系统客户端进行写操作的时候,先把这条记录放在 edits 文件中,在记录了修改日志后,元数据节点才修改内存中的数据结构。

- VERSION 文件是 Java 的属性文件,包含文件系统的标识符、集群 ID、数据块池标识符等信息。

- seen_txid 是存放 transactionId 的文件,HDFS 格式化之后是 0,它代表的是元数据节点里面 edits_ * 文件的尾数,元数据节点重启时,会按照 seen_txid 的数字,循序从头跑 edits_0000001 到 seen_txid 的数字。所以当 HDFS 发生异常重启时,要比对 seen_txid 内的数字是不是 edits 最后的尾数,不然会发生元数据资料缺失,导致误删数据节点上数据块的情形。

3. 数据节点

HDFS 中的文件以数据块形式存储,每个文件的数据块都被存储在不同服务器上,存放数据块的服务器称为数据节点。数据节点是 HDFS 真正存储数据的地方,客户端和元数据节点可以向数据节点请求写入或者读出数据块。数据节点主要维持数据块和数据块大小关系表,通过该表周期性地向元数据节点回报其存储的数据块信息,元数据节点通过回报信息了解当前数据节点的空间使用情况。

4. 辅助元数据节点

辅助元数据节点也叫从元数据节点,是对元数据节点的一个补充,本质上是元数据节点的一个快照,但并不是元数据节点出现问题时候的备用节点。它的主要功能是周期性地将元数据节点中的命名空间镜像文件 fsimage 和修改日志 edits 合并,以防日志文件 edits 过大。此外,合并过后的 fsimage 也会在辅助元数据节点上保存一份,这样元数据节点失败的时候,可以恢复,不会造成数据的丢失。Hadoop 2.0 中已经采用高可用性机制,不会出现元数据节点的单点故障问题,也不再用辅助元数据节点对 fsimage 和 edits 进行合并,因此在 Hadoop 2.0 中可以不运行辅助元数据节点。

2.1.2　HDFS 体系结构

① 在 Hadoop 1.0 生态系统中,HDFS 采用了主从(Master/Slave)结构模型,一个 HDFS 集群是由一个元数据节点和若干个数据节点组成的。其中元数据节点作为主服务器,管理文件系统的命名空间和客户端对文件的访问操作;集群中的数据节点管理存储的数据。HDFS 允许用户以文件的形式存储数据,从内部来看,文件被分成若干个数据块,而且这些数据块存放在一组数据节点上,HDFS 1.0 体系结构如图 2-1 所示。当进行数据读取时,客户端向元数据节点发出数据读取请求,并根据元数据节点返回的存储信息去数据节点读取数据;当进行数据写入时,客户端向元数据节点发出数据写入请求,元数据节点根据文件大小和文件块配置情况,返给客户端它管理的数据节点信息,客户端将文件划分为多个数据块,根据数据节点的地址信息,按顺序将数据块写入每一个数据节点中。还有当元数据节点发现部分文件的数据块不符合最小复制数或者部分数据节点失效时,会通知数据节点相互复制数据块,数据节点收到通知后开始直接相互复制。

② Hadoop 2.0 生态系统中的 HDFS,在 Hadoop 1.0 HDFS 的基础上增加了两大重要特性:高可用性(High Availability,HA)和联邦机制(Federation)。HDFS 2.0 体系结构如图 2-2 所示。

Hadoop 1.0 版本中 HDFS 的一个重要问题就是元数据节点的单点故障问题,辅助元数据节点只能起到冷备份的作用,无法实现热备份功能,即当元数据节点发生故障时,无法立即切换到辅助元数据节点并对外提供服务,仍需要停机恢复,高可用性机制就是用来解决元数据节点的单点故障问题的。

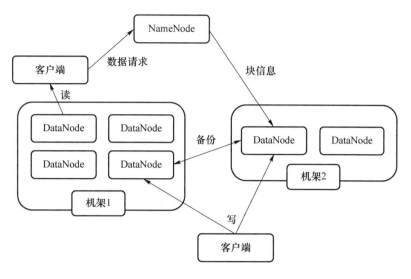

图 2-1　HDFS 1.0 体系结构图

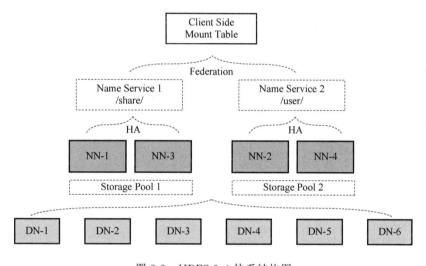

图 2-2　HDFS 2.0 体系结构图

在一个集群中,一般设置两个元数据节点,其中一个处于活跃(Active)状态,另一个处于待命(Standby)状态。处于活跃状态的元数据节点负责对外处理所有客户端的请求;处于待命状态的元数据节点作为热备份节点,在活跃状态的节点发生故障时,立即切换到活跃状态并对外提供服务。由于待命状态的元数据节点是活跃状态的热备份,因此活跃状态节点的状态信息必须实时同步到待命状态节点。针对状态同步,可以借助一个共享存储系统来实现,活跃状态节点将更新的状态信息写入共享存储系统,待命状态节点会一直监听该系统,一旦发现有新的写入,就立即从共享存储系统中读取这些状态信息,从而保证与活跃节点状态的一致性。此外,为了实现故障时的快速切换,必须保证待命节点中也包含最新的块映射信息,为此需要给数据节点配置活跃节点和待命节点两个地址,把块的位置和心跳信息同时发送到两个节点上。要保证任何时候都只有一个元数据节点处于活跃状态,否则节点之间的状态就会产生冲突,可以使用 ZooKeeper 组件来监测两个元数据节点的状态,确保任何时刻只有一个节点处于活跃状态。

ZooKeeper 是一个开放源代码的分布式协调服务,由知名互联网公司雅虎创建,是 Google Chubby 的开源实现。ZooKeeper 的设计目标是将那些复杂且容易出错的分布式一致性服务封装起来,构成一个高效可靠的原语集,并以一系列简单易用的接口提供给用户使用。它是一个典型的分布式数据一致性的解决方案,分布式应用程序可以基于它实现数据发布/订阅、负载均衡、命名服务、分布式协调/通知、集群管理、Master 选举、分布式锁和分布式队列等功能。

所谓集群管理,包括集群监控与集群控制两大块。前者侧重对集群运行时状态的收集,后者则对集群进行操作与控制。新加入的节点首先向 ZooKeeper 的指定节点进行注册。当注册完成后,对该节点关注的监控中心会接收到"子节点变更事件",即上线通知,于是就可以对这个新加入的节点开启相应的后台管理逻辑。此外,监控中心同样可以获取到该节点下线的通知。在运行过程中,节点会定时将主机的运行状态信息写入 ZooKeeper 的主机节点,监控中心通过订阅这些节点的数据变更通知来间接地获取主机的运行信息。这样便实现了对节点的状态监控和运行控制。

Hadoop 1.0 版本中的 HDFS 在可扩展性、系统性和隔离性方面还存在问题,因此 Hadoop 2.0 中引入联邦机制来解决该问题。在 HDFS 联邦机制中,设置了多个相互独立的元数据节点,使得 HDFS 的命名服务能够水平扩展,这些元数据节点分别进行各自命名空间和块的管理,不需要彼此协调,每个元数据节点都可以单独对外提供服务。元数据节点共用集群中数据节点上的存储资源,数据节点每隔一段时间会向其对应的元数据节点发送心跳信息,同时向所有的元数据节点发送块状态信息,并处理来自元数据节点的命令。HDFS 联邦拥有多个独立的命名空间,其中,每一个命名空间都管理属于自己的一组数据块,这些属于同一个命名空间的数据块组成一个数据块池。每个数据节点会为多个数据块池提供数据块的存储,数据块池中的各个数据块实际上是存储在不同的数据节点中的。

2.1.3 HDFS 存储机制

HDFS 存储机制是 HDFS 默认的存储机制,对于每个数据块,采用 3 个副本的存储方式,保存在不同节点的磁盘上,但这样针对不同应用场景不够灵活,因此 HDFS 采用了异构存储的方式。HDFS 异构存储的作用在于利用服务器不同类型的存储介质(包括硬盘、内存等)提供更多的存储策略,例如,有 3 个副本,一个保存在 SSD,剩下的两个保存在机械硬盘,从而使得 HDFS 的存储能够更灵活高效地应对各种应用场景。其中 HDFS 内存存储是异构存储一种非常重要的存储方式,会对集群数据的读写带来不小的性能提升。下面对 HDFS 异构存储和 HDFS 内存存储做简单的介绍[2]。

1. HDFS 异构存储

HDFS 异构存储可以根据各个存储介质读写特性的不同使其发挥各自的优势,例如冷热数据的存储。针对冷数据,采用容量大的、读写性能不高的存储介质存储,比如最普通的磁盘。而对于热数据而言,可以采用 SSD 的方式进行存储,这样就能保证高效的读性能。HDFS 异构存储特性的出现使得我们不需要搭建两套独立的集群来存放冷热两类数据,在一套集群内就能完成,所以 HDFS 异构存储具有非常大的实用价值。

HDFS 异构存储有 RAM_DISK(内存)、SSD(固态硬盘)、DISK(磁盘)、ARCHIVE(高密

度存储介质)等 4 种存储类型,其中 ARCHIVE 用来解决数据扩容问题。在 HDFS 中,如果没有主动声明数据目录存储类型,默认都是 RAM_DISK 类型。4 种存储类型按照从 RAM_DISK、SSD、DISK 到 ARCHIVE 的顺序,速度由快到慢,存储效率由高到低,单位存储成本也由高到低。因此从冷热数据的处理来看,将热数据存在内存中或是 RAM_SSD 中会是不错的选择,而冷数据存放在 DISK 和 ARCHIVE 类型的介质中会更好。

HDFS 异构存储的实现原理为数据节点通过心跳汇报自身数据存储目录的存储类型给元数据节点,随后元数据节点进行汇总并更新集群内各个节点的存储类型情况,待复制文件根据自身设定的存储策略信息,向元数据节点请求拥有此类型存储介质的数据节点作为候选节点。总的来说,HDFS 异构存储原理并不复杂,但作用还是显而易见的。

2. HDFS 内存存储

HDFS 的 LAZY_PERSIST 内存存储采用的是异步持久化的存储策略,所谓异步持久化就是在内存存储新数据的同时,持久化距离当前时刻最远(存储时间最早)的数据。通俗解释,如有个内存数据块队列,在队列头部不断有新增的数据块插入,即待存储的块,因为资源有限,需要把队列尾部的块,即早些时间点的块持久化到磁盘中,然后才有空间存储新的块。因此就形成这样的一个循环,新的块加入,老的块移除,这保证了整体数据的更新。

LAZY_PERSIST 内存存储策略原理如图 2-3 所示,客户端进程向元数据节点发起创建/写文件请求,收到元数据节点返回的具体数据节点信息后,和该数据节点进行通信,发出写数据请求,数据节点收到请求后将数据写到内存中,然后返回写数据结果给客户端进程,同时启动异步线程服务,检查是否满足写入磁盘条件,满足时将内存数据持久化并写到磁盘上。

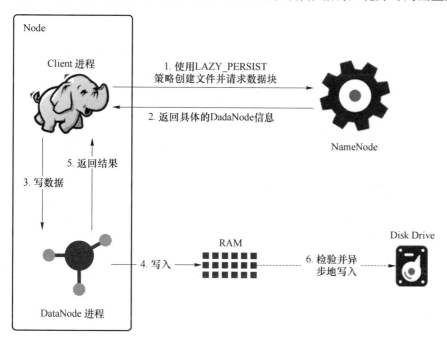

图 2-3　LAZY_PERSIST 内存存储策略原理图

内存的异步持久化存储是内存存储与其他介质存储不同的地方。这也是 LAZY_PERSIST 名称的缘由,数据不是马上写入磁盘的,而是懒惰地、延时地进行处理的。

2.1.4 HDFS 读/写操作

HDFS 作为分布式文件系统,读写过程与我们平时使用的单机文件系统非常不同,要对 HDFS 上的文件进行访问,就需要通过 HDFS 所提供的方式实现与 HDFS 的交互[2]。下面将分别对 HDFS 读操作流程和 HDFS 写操作流程进行简单的介绍。

1. HDFS 读操作

当客户端需要读取 HDFS 中的数据时,首先要基于 TCP/IP 与元数据节点建立连接,并发起读取文件的请求,然后元数据节点根据用户请求返回相应的块信息,最后客户端再向对应块所在的数据节点发送请求并取回所需要的数据块。HDFS 读操作的流程如图 2-4 所示。

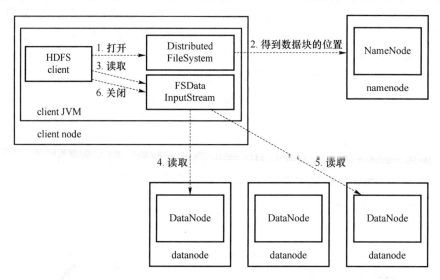

图 2-4 HDFS 读操作流程图

HDFS 读取文件流程为首先初始化 FileSystem,客户端调用 FileSystem 的 open 函数打开文件,然后 FileSystem 通过 RPC(远程过程调用)调用元数据节点并得到文件的数据块与数据节点信息。

FileSystem 返回 FSDataInputStream 给客户端,客户端调用 FSDataInputStream 的 read 函数,选择最近的数据节点建立连接并读取数据。当一个数据块读取完毕时,FSDataInputStream 关闭和此数据节点的连接,然后连接离下一个数据块最近的数据节点。

当客户端读完全部数据块后,调用 FSDataInputStream 的 close 函数,关闭输入流,完成对 HDFS 文件的读操作。在读取数据块的过程中,如果客户端与数据节点的通信出现错误,则尝试连接包含此数据块的下一个数据节点,失败的数据节点将被记录,以后不再连接。

2. HDFS 写操作

当客户端需要写入数据到 HDFS 时,也是首先基于 TCP/IP 与元数据节点建立连接,并发起写入文件请求,然后跟元数据节点确认可以写文件并获得相应的数据节点信息,最后客户端按顺序逐个将数据块传递给相应的数据节点,并由接收到数据块的数据节点负责向其他数据节点复制数据块的副本。HDFS 写操作的流程如图 2-5 所示。

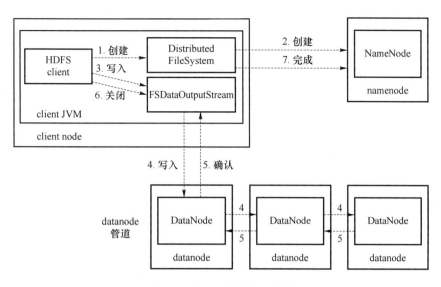

图 2-5　HDFS 写操作流程图

　　HDFS 写入文件流程为首先初始化 FileSystem,客户端调用 FileSystem 的 create 函数来创建文件。然后 FileSystem 通过 RPC 调用元数据节点,在文件系统的命名空间中创建一个文件条目,元数据节点首先确定文件是否已存在以及客户端的操作权限,创建成功后返回文件的相关信息。

　　FileSystem 返回 FSDataOutputStream 给客户端并开始写入数据。FSDataOutputStream 将文件分成数据块后写入数据队列,数据队列由 Data Streamer 读取并通知元数据节点分配数据节点,用来存储数据块(每块默认复制 3 块),其中分配的数据节点放在一个管道里。Data Streamer 将数据块写入管道中的第一个数据节点,第一个数据节点将数据块发送给第二个数据节点,第二个数据节点将数据发送给第三个数据节点。

　　FSDataOutputStream 为发出去的数据块保存了确认队列,等待管道中的数据节点告知数据块已经写入成功。当管道中的数据节点都表示已经收到的时候,确认队列会把对应的数据块移除。当客户端完成写数据后,则调用 FSDataOutputStream 的 close 函数,此时客户端将不会向流中写入数据,当所有确认队列返回成功后通知元数据节点写入完毕。

　　如果数据节点在写入的过程中失败,则关闭管道,已经发送到管道但是没有收到确认的数据块都会被重新放入数据队列中。随后联系元数据节点,给失败节点上未完成的数据块生成一个新的标识,失败节点重启后察觉该数据块是过时的会将其删除。失败的数据节点从管道中移除,另外的数据块则写入管道中的另外两个数据节点,元数据节点会被通知此数据块复制块数不足,然后再安排创建第三份备份。

2.1.5　HDFS 数据导入

　　HDFS 中的数据来源很多,比如关系型数据库、NoSQL 数据库以及其他 Hadoop 集群,如何把这些来源的数据导入 HDFS 中是很关键的一步,下面主要介绍如何用 Sqoop 把关系型数据库的数据导入 HDFS 中。

　　Sqoop 是一个关系型数据库输入和输出系统,由 Cloudera 创建,目前是 Apache 项目。执行导入时,Sqoop 可以写入 HDFS、Hive 和 HBase,对于输出,它可以执行相反的操作。其中导入分为两部分:连接到数据源以收集统计信息,然后触发执行实际导入的 MapReduce 作业。Sqoop 数据导入原理如图 2-6 所示。

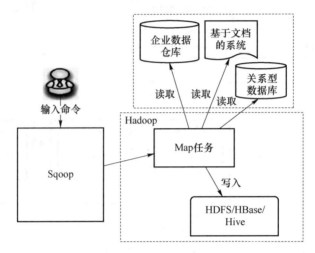

图 2-6 Sqoop 数据导入原理图

Sqoop 导入 HDFS 的过程为,首先从传统数据库获取元数据信息(schema、table、field、field type),然后把导入功能转换为只有 Map 的 MapReduce 作业,在 MapReduce 中有很多 Map,每个 Map 读一片数据,进而并行地完成数据的复制。Sqoop 在导入时,需要制订 split-by 参数,Sqoop 根据不同的 split-by 参数值来进行切分,然后将切分出来的区域分配到不同 Map 中。每个 Map 再处理数据库中获取的一行一行的值,写入 HDFS 中。

2.2 NoSQL 数据库[1]

NoSQL 模型是指非关系型、不遵循 ACID 原则的存储模型。NoSQL 模型遵循 CAP 理论和 BASE 原则。CAP 理论指出:任何分布式系统都无法同时满足一致性(consistency)、可用性(availability)和分区容错性(partition tolerance),最多只能满足其中的两个。而 BASE 原则指出,分布式系统在设计时需要考虑基本可用性(basically available)、软状态(soft state)和最终一致性(eventually consistent)。

NoSQL 模型主要有 4 类,即 Key-Value 模型、Key-Document 模型、Key-Column 模型和图模型[2]。

2.2.1 Key-Value 模型

Key-Value 模型的思想主要来自哈希表。Key-Value 模型由一个键值映射的字典构成。Key-Value 不仅支持字符串类型,还支持字符串列表、无序(或有序)不重复的字符串集合、键值哈希表。Key-Value 通常将数据存储在内存中,从而提高运算速度。此外,Key-Value 模型又可以细分为临时性和永久性两种类型。临时性 Key-Value 模型中所有操作都在内存中进行,这样做的好处是读取和写入的速度非常快,但一旦数据库实例关闭后,将会丢失所有数据。

临时性 Key-Value 模型的数据库通常作为高效缓存技术应用在高并发场景。而永久性 Key-Value模型会将数据写入硬盘上,这个过程中会造成 I/O 开销,导致读写性能较差,但数据不会丢失。

图 2-7 给出了一个 Key-Value 模型示例,其中,键 k1 对应的值 value＝{11,22,33},键 k2 对应的值是一个字符串数组{Name:Jim,Tel:1234}。综上可以看出,Key-Value 模型支持任意格式的值存储。

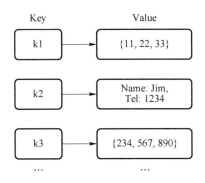

图 2-7　Key-Value 模型举例

基于 Key-Value 模型的数据库实例主要有 Memcached、Redis、LevelDB 等;Memcached 是一个通用的分布式内存缓存系统,通常用于缓存数据和对象,以减少读取外部数据源(如数据库或 API)的次数;Redis 是一款开源内存数据库项目,实现了分布式内存键值存储和可选持久性,提供字符串、列表、位图和空间索引;LevelDB 是一个开源的 Key-Value 数据库,实现了快速读、写机制,并提供键值之间的有序映射。

2.2.2　Key-Document 模型

Key-Document 模型可以快速地访问数据,但当数据规模较大、无固定模式时,读写的效率会明显降低。Key-Document 模型的核心思想是"数据用文档(如 JSON)来表示",JSON 文档的灵活性使得 Key-Document 模型适合存储海量数据。

Key-Document 模型如图 2-8 所示,Key-Document 模型是"面向集合"的,即数据被分组存储在数据集中,这个数据集称为集合(collection)。每个集合都有一个唯一标识,并且存储在集合中的文档没有数量限制。Key-Document 模型中的集合类似于关系型数据库中的表结构。有所不同的是,Key-Document 模型中无须定义模式(schema)。

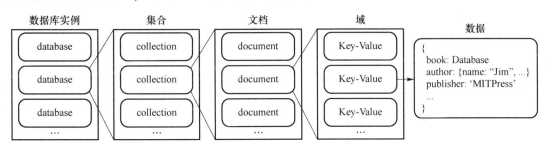

图 2-8　Key-Document 模型举例

基于 Key-Document 模型的数据库实例主要有 MongoDB、CouchDB 等。MongoDB 是开源的、跨平台的、面向文档的数据库,使用 JSON 文档和模式存储数据。CouchDB 是开源的、基于 Key-Document 模型的数据库,专注于易用性和可扩展的体系结构,它使用 JSON 来存储数据。

2.2.3 Key-Column 模型

虽然 Key-Value 模型和 Key-Document 模型在特定的场景下得到了广泛的应用,但它们对范围查询、扫描等操作的效率较低。Key-Column 模型是一个稀疏的、分布式的、持久化的多维排序图,并通过字典顺序来组织数据,支持动态扩展,以达到负载均衡。存储在 Key-Column 模型中的数据可以通过行键(row key)、列键(column key)和时间戳(timestamp)进行检索。其中,列族(column family)是最基本的访问单位,存放在相同列族下的数据拥有相同的列属性,并使用时间戳来索引不同版本的数据,以避免数据的版本冲突问题。同时,用户可以通过指定时间戳来获得不同版本的数据。

图 2-9 给出了通过 Key-Column 模型来存储网页的示例。

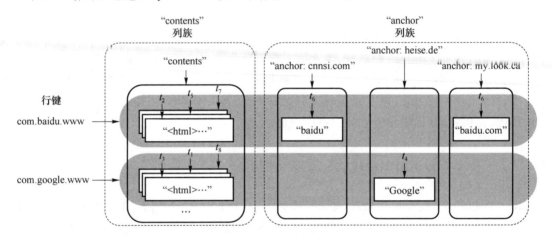

图 2-9　Key-Column 模型举例

可以看出:不同于关系型数据库中的表结构,Key-Column 模型中的表是一个"多维 Map"结构。每个行都代表了一个对象,由一个行键(如"com. baidu. www")和一个或多个列组成,如"contents"。相关的行键标识的行对象存储在相邻的位置。每个列都由列族和列标识符组成,并用":"隔开,例如 anchor:cnnsi. com。单元格是行、列族和列标识符的组合,并且包含了一个值和一个时间戳来标识数据的版本,如 t_2。

基于 Key-Column 模型的数据库实例主要有 BigTable、HBase、Cassandra 等;BigTable 是 Google 公司推出的一种高扩展性的分布式数据库,提供列压缩等功能,被用于存储海量数据;HBase 是 BigTable 的开源实现,提供了压缩算法、内存操作等功能;Cassandra 最初是由 Facebook 开发的一款开源的 Key-Column 模型数据库,支持海量数据的读、写,拥有较高的可扩展性,并提供类 SQL 语言来操作数据。

2.2.4　图模型

图模型基于图论来存储和表示实体间的关系。图模型是一种良好的数据表现形式,并提供多种查询方法,例如最短路径查询、子图同构等。图模型的应用十分广泛,如社交网络、知识图谱、时序数据管理等。基本的图模型可以分为无向图模型和有向图模型。随着研究的进展,图模型又细分为不确定图模型、超图模型、时序图模型。

① 图 $G=(V,E,\sum)$,其中,V 是节点集合,E 是边集合,$\sum$ 表示节点之间的关系。更进一步地,如果图中的边是没有方向的,则称为无向图;否则,称为有向图。

② 不确定图 $G=(G,P)$,其中,G 表示一个有向图。对于任意边 $e\in E$,$P(e)\in(0,1]$ 表示 e 存在的概率。特别地,$P(e)=1$ 表示边 e 确定存在。

③ 时序图是一种随时间而变化的图模型,一般是有向的。时序图可以被看作一组有向图序列 $TG=\{G_{t_1},G_{t_2},\cdots,G_{t_m}\}$,其中,$G_{t_x}$ 表示在时间点 t_x 的图 G。

④ 超图 $H=(X,E)$,其中,X 表示一个有限集合 S,S 中的元素称为节点 e;E 是 X 的一个非空子集,称为超边或连接。

基于图模型的数据库有 AllegroGraph、DEX、HyperGraphDB、Neo4j 等。AllegroGraph 是一个商业型的数据库,提供图模型存储数据,还提供多种语言的 API,并支持 SQL 语言。DEX 是一个轻量级的、可扩展的、高性能的图数据库,支持多种操作系统。HyperGraphDB 是一种通用的开源数据存储机制,提供高效的数据管理方式。Neo4j 是最常用的图数据管理系统,具有原生图存储机制,并支持 ACID 事务。

2.3　列族数据库

2.3.1　列族数据库简介[3-4]

列族数据库可以存储关键字及其映射值,并且可以把值分成多个列族,让每个列族都代表一张数据映射表。关系型数据库与列族数据库 Cassandra 的术语对比如表 2-1 所示。

表 2-1　关系型数据库与列族数据库 Cassandra 的术语对比

关系型数据库	Cassandra
数据库实例(database instance)	集群(cluster)
数据库(database)	键空间(keyspace)
表(table)	列族(column family)
行(row)	行(row)
列(column,每行所对应的各列均相同)	列(column,不同的行所对应的列可以有差别)

列族数据库将数据存储在列族里,而列族里的行则把许多列数据与本行的行健(row key)关联起来(如图 2-10 所示)。列族把通常需要一并访问的相关数据分成组。可能要同时访问多个客户(customer)的个人配置(profile)信息,然而很少需要同时访问他们的订单(orders)。

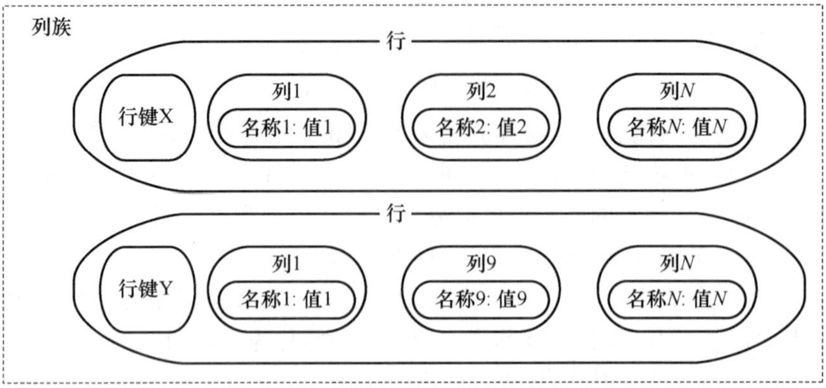

图 2-10　Cassandra 数据库所使用的列族数据模型

接下来列举几个不同的列族数据库应用案例。在事件记录中,由于列族数据库可存放任意数据结构,所以它很适合用来保存应用程序状态或运行中遇到的错误等事件信息。在内容管理系统与博客平台中,使用列族可以把博文的"标签"(tag)、"类别"(category)、"链接"(link)和"trackback"等属性放在不同的列中。评论信息既可以与上述内容放在同一行,也可以移到另一个"键空间"。同理,博客用户与实际博文亦可存于不同列族中。在限制使用的场合,可能需要向用户提供使用版,或是在网站上将某个广告条显示一定时间,这些功能可以通过"带过期时限的列"来完成。

2.3.2　HBase 的基本原理

1. HBase 存储

HBase 处理的两种基本文件类型:一个用于 write-ahead log,另一个用于实际的数据存储,如图 2-11 所示。文件主要由 HRegionServer 处理。在某些情况下,HMaster 也会执行一些底层的文件操作(与 0.90. x 相比,这在 0.92.0 中有些差别)。当存储在 HDFS 中时,文件实际上会被划分为很多小的数据块。

通常的工作流程是,一个新的客户端为找到某个特定的行键,首先需要联系 ZooKeeper Qurom。它会从 ZooKeeper 中检索持有-ROOT- region 的服务器名。通过这个信息,它询问拥有-ROOT- region 的 region server,得到持有对应行键的. META. 表 region 的服务器名。这两个操作的结果都会被缓存下来,因此只需要查找一次。最后,它就可以查询. META. 服务器,然后检索到包含给定行键的 region 所在的服务器。

一旦该客户端知道了给定的行所处的位置,比如,在哪个 region 里,它缓存该信息的同时会直接联系持有该 region 的 HRegionServer。现在客户端就有了去哪里获取行的完整信息而不需要再去查询. META. 服务器了。

HRegionServer 打开 region,然后创建对应的 HRegion 对象。当 HRegion 被打开后,它就会为表中预先定义的每个 HColumnFamily 都创建一个 Store 实例。每个 Store 实例又可能有多个 StoreFile 实例,StoreFile 是对被称为 HFile 的实际存储文件的一个简单封装。一个 Store 实例还会有一个 MemStore,以及一个由 HRegionServer 共享的 HLog 实例。

2. 写路径

客户端向 HRegionServer 产生一个 HTable. put(Put)请求。HRegionServer 将该请求交

给匹配的 HRegion 实例。现在需要确定数据是否需要通过 HLog 类写入 write-ahead log(the WAL)。该决定基于客户端使用方法 Put.setWriteToWAL(boolean)所设置的 flag。WAL 是一个标准的 Hadoop SequenceFile,里面存储了 HLogKey 实例。这些 keys 包含一个序列号和实际的数据,用来回滚那些在服务器崩溃之后尚未持久化的数据。

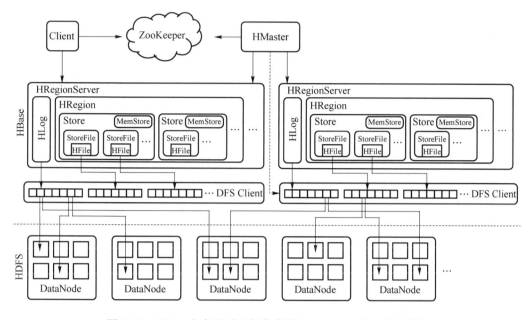

图 2-11　HBase 如何透明地操作存储在 HDFS 上的文件的概览

一旦数据写入了 WAL,它也会被放入 MemStore 中。与此同时,还会检查 MemStore 是否满了,如果满了需要产生一个 flush 请求。该请求由 HRegionServer 的单独线程进行处理,该线程会把数据写入位于 HDFS 上的新 HFile 里。同时它也会保存最后写入的序列号,这样系统就知道目前为止持久化到哪了。

3. 文件

（1）根级文件

第一类文件是由 HLog 实例处理的 write-ahead log 文件,这些文件创建在 HBase 根目录下一个称为.logs 的目录中。.logs 目录下包含针对每个 HRegionServer 的子目录。在每个子目录下,通常有几个 HLog 文件(因为 log 的切换而产生)。来自相同 region server 的 regions 共享同一系列的 HLog 文件。

（2）表级文件

HBase 中的每个表都有自己的目录,位于 HBase 根目录之下。每个表目录都包含一个名为.tableinfo 的顶层文件,该文件保存了针对该表的 HTableDescriptor 的序列化后的内容,包含了表和列族结构信息,同时可以被读取,用户通过使用工具可以查看表的定义。.tmp 目录包含一些中间数据,当.tableinfo 被更新时该目录就会被用到。

（3）region 级文件

在每个表目录内,针对表的结构中的每个列族都会有一个单独的目录。目录名称还包含 region 名称的 MD5 hash 部分。在每个列族下都可以看到实际的数据文件。文件的名字是基于 Java 内建的随机数生成器产生的任意数字。代码保证不会产生碰撞,比如当发现新生成的数字已经存在时,它会继续寻找一个未被使用的数字。

region 目录也包含一个 .regioninfo 文件,它包含了对应 region 的 HRegionInfo 的序列化信息。类似于 .tableinfo,它也可以通过外部工具来查看 region 的相关信息。HBase hbck 工具可以用它来生成丢失的 table 条目元数据。

可选的 .tmp 目录是按需创建的,用来存放临时文件,比如某个 region 合并操作产生的重新写回的文件。一旦该过程结束,它们会被立即移入 region 目录。

在 write-ahead log 回滚期间,任何尚未提交的修改都会写入每个 region 各自对应的文件中。之后假设 log 拆分过程成功完成,然后会将这些文件原子性地 move 到 recovered.edits 目录下。当该 region 被打开时,region server 能够看到这些 recovery 文件,然后回滚相应的记录。

4. region 拆分

当一个 region 内的存储文件大于 hbase. hregion. max. filesize(也可能是在 Column Family 级别上配置的)的大小时,该 region 就需要 split 为两个。起始过程很快就完成了,因为系统只是简单地为新 regions(也称为 daughters)创建两个引用文件,每个只持有原始 region 的一半内容。

region server 通过在 parent region 内创建 splits 目录来完成。之后,它会关闭该 region,这样它就不再接收任何请求。

region server 然后开始准备生成新的子 regions(使用多线程),通过在 splits 目录内设置必要的文件结构,里面包括新的 region 目录及引用文件。如果该过程成功完成,它就会把两个新的 region 目录移到 table 目录下。.META. table 会进行更新,指明该 region 已经被 split,以及子 regions 分别是谁。这就避免了它被意外地重新打开。

5. region 合并

存储文件处于严密的监控之下,这样后台进程就可以保证它们完全处于控制之中。MemStores 的 flush 操作会逐步地增加磁盘上的文件数目。当数目足够多的时候,合并进程会将它们合并成更少但是更大的一些文件。当这些文件中的最大的那个超过设置的最大存储文件大小时,会触发一个 region split 过程。

6. HFile 格式

实际的文件存储是通过 HFile 类实现的,它的产生只有一个目的:高效存储 HBase 数据。它基于 Hadoop 的 TFile 类,模仿了 Google 的 Bigtable 架构中使用的 SSTable 格式。之前 HBase 采用的是 Hadoop MapFile 类,实践证明其性能不够高。

文件是变长的,定长的块只有 FileInfo 和 Trailer 这两部分。如图 2-12 所示,Trailer 中包含指向其他块的指针。Trailer 会被写入文件的末尾。Index 块记录了 Data 块和 Meta 块的偏移。Data 块和 Meta 块实际上都是可选部分。但是考虑 HBase 使用文件的方式存储数据,通常可以在文件中找到 Data 块。

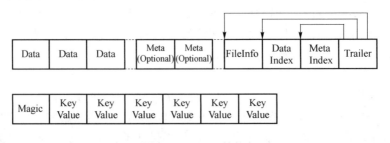

图 2-12　HFile 结构

块大小是通过 HColumnDescriptor 配置的,而它是在表创建时由用户指定的,或者是采用了默认的标准值。在通常的使用情况下,推荐将最小的块设为 8 KB 到 1 MB。如果文件主要用于顺序访问,应该用大一点的块。但是,这会导致低效的随机访问(因为有更多的数据需要进行解压)。对于随机访问来说,较小的块会好些,但是这可能需要更多的内存来保存块索引,同时可能在创建文件时会变慢。

7. Key/Value 格式

实际上 HFile 中的每个 Key/Value 都是一个简单的允许对内部数据进行 zero-copy 访问的底层字节数组。图 2-13 展示了内部的数据格式。

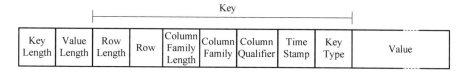

图 2-13　Key/Value 格式

该格式以两个标识了 Key 和 Value 部分大小的定长整数开始。通过该信息就可以在数组内进行一些操作,比如忽略 Key 而直接访问 Value。如果要访问 Key 部分,就需要进一步的信息。一旦解析成一个 Key/Value 的 Java 实例,用户就可以对内部细节信息进行访问了。

8. 读路径

为何 Gets 即 Scans?

在 HBase 之前的版本中,Get 方法的确是单独实现的。最近的版本进行了改变,目前它的内部已经和 Scan API 使用了相同的源代码。

读者可能会很奇怪,按理来说一个简单的 Get 应该比 Scan 快。把它们区分对待,更容易针对 Get 进行某些优化。实际上这是由 HBase 本身的架构导致的,它的内部没有任何的索引文件来支持对于某个特定的行或列的直接访问。最小的访问单元就是 HFile 中的一个块,为了找到被请求的数据,RegionServer 代码和它的底层 Store 实例必须 load 那些可能包含该数据的块,然后进行扫描。实际上这就是 Scan 的操作过程。换句话说,Get 本质上是对单个行的 Scan,就是一个从 start row 到 start row+1 的 Scan。

Scan 是通过 RegionScanner 类实现的,它为每个 Store 实例(每个代表一个 Column Family)执行 StoreScanner 检索,如果读操作没有包含某个 Column Family,那么它的 Store 实例就会被略过。

StoreScanner 会合并它所包含的存储文件和 MemStore。这也是根据 Bloomfilter 或者时间戳进行排除性检查的时候,然后用户可以跳过那些不需要的存储文件。同时也是由 StoreScanner 持有 QueryMatcher(这里是 ScanQueryMatcher 类),它会记录下那些包含在最终结果中的 Key/Value。

RegionScanner 内部会使用一个 KeyValueHeap 类来按照时间戳顺序安排所有的 store scanners。StoreScanner 也会采用相同的方式来对存储文件进行排序。这就保证了用户可以按照正确的顺序进行 Key/Value 的读取(比如根据时间戳的降序)。

在 store scanners 被打开时,它们会将自己定位到请求的行键处,准备进行数据读取。

对于一个 get() 调用,所有的服务器需要做的就是调用 RegionScanner 的 next()。该调用内部会读取组成结果的所有内容,包括所有请求的版本,假设某列有 3 个版本,同时用户请求检索它们中所有的版本。这 3 个 Key/Value 可能分布在磁盘或内存的存储文件中。next()调用会从所有的存储文件中读取直到读到下一行,或者直到读到足够的版本。

与此同时,next()调用也会记录那些删除标记。当它扫描当前行的 Key/Value 时,可能会碰到这些删除标记,那些时间戳小于等于该删除标记的记录都会被认为已经清除掉了。

在执行 next()调用时,只有那些具有匹配点的 scanners 才会被考虑。内部循环会从第一个存储文件到最后一个存储文件,按照时间降序地一个挨一个地读取其中的 Key/Value,直到超出当前请求的 Key。

对于 Scan 操作,则是通过在 ResultScanner 上不断地调用 next(),直到碰到表的结束行或者为当前的 batch 读取了足够多的行。

最终的结果是一个匹配了给定的 Get 或者 Scan 操作的 Key/Value 的列表。它会被发送给客户端,之后客户端就可以使用 API 函数来访问里面的列了。

9. region 查找

为了让客户端能够找到持有特定的行键范围的 region server,HBase 提供了两个特殊的元数据表:-ROOT-和. META.

-ROOT-表用于保存. META. 表的所有 regions 的信息。HBase 认为只有一个 root region,同时它永不会被拆分,这样就可以保证一个三层的类 B+树查找模式:第一层是存储在 ZooKeeper 上的一个保存了 root 表的 region 信息的节点,换句话说就是保存了 root region 的那个 region server 的名称;第二层需要到-ROOT-表中查找匹配的 meta region;第三层就是到. META. 表中检索用户表的 region 信息。

拓展阅读

Apache HBase
常用命令

元数据表中的 row key 由每个 region 的表名、起始行及一个 ID(通常使用当前时间,单位是毫秒)组成。从 HBase 0.90.0 开始,这些 key 可能会有一个额外的与之关联的 hash 值。目前只是用于用户表中。

尽管客户端会缓存 region 位置信息,但是客户端在首次查询时都需要发送请求来查找特定行键或者一个 region 也可能会被拆分、合并或移动,这样 cache 可能会无效。客户端库采用一种递归的方式逐层向上地找到当前的信息。它会询问与给定的 row key 匹配的. META. 表 region 所属的 region server 地址。如果信息是无效的,它就退回到上层询问 root 表对应的. META. region 的位置。最后,如果也失败了,它就需要读取 ZooKeeper 节点以找到 root 表 region 的位置。

在最坏的情况下,将会需要 6 次网络传输才能找到用户 region,因为无效记录只有当查找失败时才能发现,当然系统假设这种情况并不经常发生。在缓冲为空的情况下,客户端需要 3 次网络传输来完成缓存更新。一种降低这种网络传输次数的方法是对位置信息进行预取,提前更新客户端缓存。一旦用户表 region 已知,客户端就可以直接访问而不需要进一步的查找。

2.3.3 HBase 的数据模型[3-4]

简单来说,应用程序是以表的方式在 HBase 中存储数据的。表是由行和列构成的,所有的列是从属于某一个列族的。行和列的交叉点称之为 cell,cell 是版本化的。cell 的内容是不可分割的字节数组。表的行键也是一段字节数组,所以任何东西都可以保存进去,不论是字符串还是数字。HBase 的表是按 key 排序的,排序方式是针对字节的。所有的表都必须要有主键。

1. 数据模型概述

HBase 模式里的逻辑实体如下。

- 表(table)——HBase 用表来组织数据。表名是字符串(string),由可以在文件系统路径里使用的字符组成。
- 行(row)——在表里,数据按行存储。行由行键(rowkey)唯一标识。行键没有数据类型,总是视为字节数组 byte[]。
- 列族(column family)——行里的数据按照列族分组,列族也影响到 HBase 数据的物理存放。因此,它们必须事前定义并且不轻易修改,表中每行都拥有相同列族,尽管行不需要在每个列族里存储数据。列族名字是字符串,由可以在文件系统路径中使用的字符组成。
- 列限定符(column qualifier)——列族里的数据通过列限定符或列来定位。列限定符不必事前定义,也不必在不同行之间保持一致。就像行键一样,列限定符没有数据类型,总是视为字节数组 byte[]。
- 单元(cell)——行键、列族和列限定符一起确定一个单元。存储在单元里的数据称为单元值(value)。值也没有数据类型,总是视为字节数组 byte[]。
- 时间版本(version)——单元值有时间版本。时间版本用时间戳标识,是一个 long 类型。没有指定时间版本时,当前时间戳作为操作的基础。HBase 保留的单元值时间版本的数量基于列族进行配置,默认数量是 3 个。

上述 6 个概念是构成 HBase 的基础。用户最终看到的是通过 API 展现的上述 6 个基本概念的逻辑视图,它们是对 HBase 物理存放在硬盘上的数据进行管理的基石。

2. 逻辑模型:有序映射的映射集合

HBase 中使用的逻辑数据模型有许多有效的描述。本章将 HBase 的逻辑结构描述为有序映射的映射(sorted map of maps),即把 HBase 看作字典结构的无限的、实体化的、嵌套的版本。

首先考虑映射这个概念。HBase 使用坐标系统来识别单元里的数据:[行键,列族,列限定符,时间版本]。例如,从 users 表里取出 Mark 的记录(见图 2-14)。HBase 逻辑上数据组织成嵌套的映射。每层映射集合里,数据按照映射集合的键字典序排序。本例子中,"email"排在"name"的前面,最新时间版本排在稍晚时间版本的前面。

理解映射的概念时,把这些坐标从里往外看。可以想象,开始以时间版本为键、以数据为值建立单元映射,往上一层以列限定符为键、以单元映射为值建立列族映射,最后以行键为键、以列族映射为值建立表映射。这个庞然大物用 Java 描述为:Map < RowKey, Map < ColumnFamily, Map < ColumnQualifier, Map < Version, Data >>>>。

映射的映射是有序的。上述例子只显示了一条记录,即便如此也可以看到顺序。注意 password 单元有两个时间版本,最新时间版本排在稍晚时间版本之前。HBase 按照时间戳降序排列各时间版本,所以最新的数据总是在最前面。这种物理设计明显导致可以快速地访问最新时间版本。其他的映射键按升序排列。

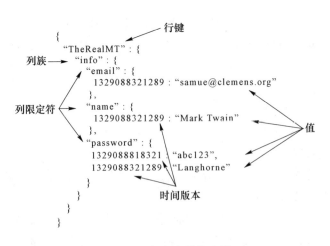

图 2-14　有序映射的映射

3. 物理模型：面向列族

就像关系型数据库一样，HBase 中的表由行和列组成。HBase 中的列按照列族分组。这种分组表现在逻辑层次中是其中一个层次。列族也表现在物理模型中。每个列族在硬盘上都有自己的 HFile 集合。这种物理上的隔离允许在列族底层 HFile 上分别进行管理。进一步考虑合并，每个列族的 HFile 都是独立管理的。

HBase 的记录按照键值对存储在 HFile 里。HFile 自身是二进制文件，不是直接可读的。存储在硬盘上 HFile 的 Mark 用户数据如图 2-15 所示。注意，在 HFile 里 Mark 这一行使用了多条记录。每个列限定符和时间版本都有自己的记录。另外，文件里没有空记录（null）。如果没有数据，HBase 不会存储任何东西。因此列族的存储是面向列的，就像其他列数据库一样。一行中一个列族的数据不一定存放在同一个 HFile 里。Mark 的 info 数据可能分散在多个 HFile 里。唯一的要求是，一行中列族的数据需要物理存放在一起。

```
"TheRealMT",   "info",   "email",       1329088321289,   "samue@clemens.org"
"TheRealMT",   "info",   "name",        1329088321289,   "Mark Twain"
"TheRealMT",   "info",   "password",    1329088818321,   "abc123",
"TheRealMT",   "info",   "password",    1329088321289,   "Langhorne"
```

图 2-15　对应 users 表 info 列族的 HFile 数据，每条记录在 HFile 里都是完整的

如果 users 表里有另一个列族，并且 Mark 在那些列里有数据，则 Mark 的行也会在那些 HFile 里有数据。每个列族都使用自己的 HFile。这意味着，当执行读操作时，HBase 不需要读出一行中的所有数据，只需要读取用到的列族的数据。面向列意味着当检索指定单元时，HBase 不需要读占位符（placeholder）记录。这两个物理细节有利于稀疏数据集合的高效存储和快速读取。

让我们增加另一个列族到 users 表，以存储 TwitBase 网站上的活动，这会生成多个 HFile。让 HBase 管理行的一整套工具如图 2-16 所示。

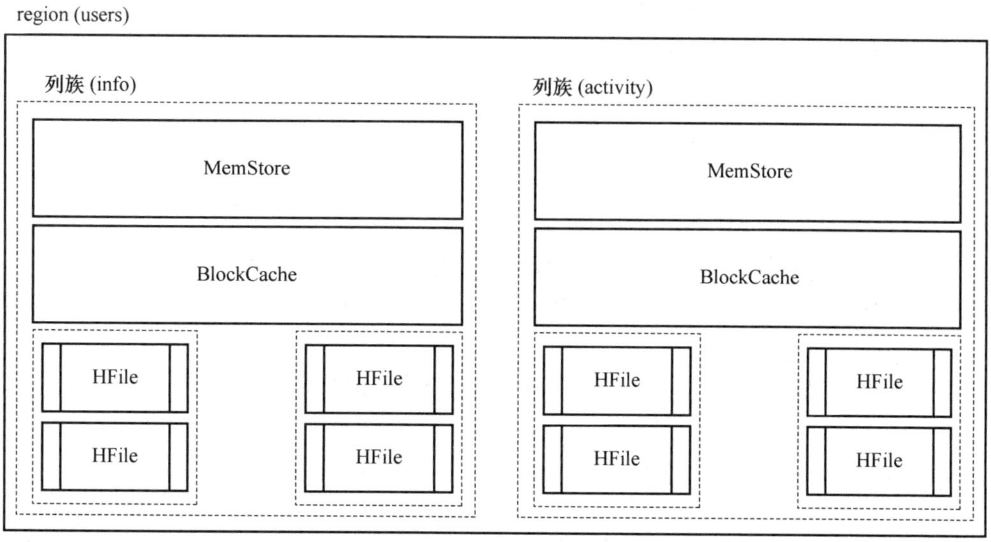

region (users)

图 2-16　users 表的一个 region，表中某行的所有数据在一个 region 里管理

2.4　键值数据库

2.4.1　键值数据库简介

键值存储是当下比较流行的话题，尤其是在构建诸如搜索引擎、IM、P2P、游戏服务器、SNS 等大型互联网应用以及提供云计算服务的时候，怎样保证系统在海量数据环境下的高性能、高可靠性、高扩展性、高可用性、低成本，成为所有系统架构建设者们挖空心思考虑的重点，而怎样解决数据库服务器的性能瓶颈是最大的挑战。

按照分布式领域的 CAP 理论（consistency、availability、tolerance to network partitions 这三部分在任何系统架构实现时只可能同时满足其中两点，没法三者兼顾）来衡量，传统的关系型数据库的 ACID 只满足了 consistency、availability，因此在 partition tolerance 上就很难做得好。另外传统的关系型数据库处理海量数据、分布式架构的时候在 performance、scalability、availability 等方面也存在很大的局限性。

而键值存储更加注重对海量数据存取的性能、分布式、扩展性的支持，并不需要传统关系型数据库的一些特征，例如 Scheme、事务、完整 SQL 查询支持等，因此在分布式环境下的性能相对于传统的关系型数据库有很大的提升。

2.4.2　选择键值数据库的原因

大量的互联网用户选择 Key/Value Store 的原因主要有两方面。

采用 Key/Value 形式的存储，可以极大地增强系统的可扩展性（scalability）。一方面，Key/Value Store 可以支持极大的数据存储，它的分布式架构决定了只要有更多的机器，就能保证存储更多的数据;另一方面,它可以支持数量很多的并发查询。对于 RDBMS,一般几百个并发的查询就可以让它很吃力了,而一个 Key/Value Store,可以轻松地支持上千个并发的查询。Key/Value Store 即 Key/Value 数据存储系统,只支持一些基本操作,如 SET(key, value)和 GET(key)等。下面简单罗列了 Key/Value Store 的一些特性。

- 分布式:多台机器(nodes)同时存储数据和状态,通过彼此交换消息来保持数据一致,可视为一个完整的存储系统。
- 数据一致:所有机器上的数据都是同步更新的,不用担心得到不一致的结果。
- 冗余:所有机器(nodes)保存相同的数据,整个系统的存储能力取决于单台机器(node)的能力。
- 容错:如果少数 nodes 出错,比如重启、死机、断网、网络丢包等各种 fault/fail 都不影响整个系统的运行。
- 高可靠性:容错、冗余等保证了数据库系统的可靠性。

2.4.3 Redis 的数据结构简介

拓展阅读

Redis 数据结构的
实现与使用场景分析

Redis 可以存储键与 5 种不同数据结构类型之间的映射。这 5 种数据结构类型分别为 string(字符串)、list(列表)、set(集合)、hash(散列)和 zset(有序集合)。

1. 字符串

Redis 的字符串和其他编程语言或者其他键值存储提供的字符串非常相似。本小节在使用图片表示键和值的时候,通常会将键名(key name)和值的类型放在方框顶部,并将值放在方框里面,如图 2-17 所示。

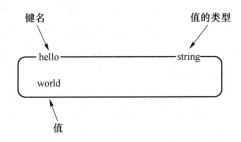

图 2-17　一个字符串示例,键为 hello,值为 world

字符串拥有一些和其他键值存储相似的命令,比如 GET(获取值)、SET(设置值)和 DEL(删除值)。

2. 列表

Redis 对链表结构的支持使得它在键值存储的世界中独树一帜。一个列表结构可以有序地存储多个字符串,和表示字符串时使用的方法一样。一个包含 3 个元素的列表键如图 2-18 所示。

Redis 列表可执行的操作和很多编程语言里面的列表操作非常相似:LPUSH 命令和 RPUSH 命令分别用于将元素推入列表的左端(left end)和右端(right end);LPLP 命令和 RPOP 命令分别用于从列表的左端和右端弹出元素;LINDEX 命令用于获取列表在给定位置上的一个元素;LRANGE 命令用于获取列表在给定范围上的所有元素。

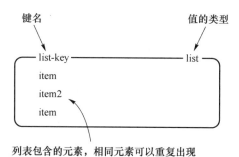

列表包含的元素，相同元素可以重复出现

图 2-18　list-key 是一个包含 3 个元素的列表键（注意列表里面的元素是可以重复的）

3. 集合

Redis 的集合和列表都可以存储多个字符串，它们之间的不同在于，列表可以存储多个相同的字符串，而集合则通过使用散列表来保证自己存储的每个字符串都是各不相同的（这些散列表只有键，没有与键相关联的值）。一个包含 3 个元素的集合键如图 2-19 所示。

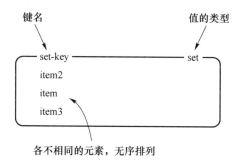

各不相同的元素，无序排列

图 2-19　set-key 是一个包含 3 个元素的集合键

因为 Redis 的集合使用了无序（unordered）方式存储元素，所以用户不能像使用列表那样，将元素推入集合的某一端，或者从集合的某一端弹出元素。不过用户可以使用 SADD 命令将元素添加到集合，或者可以使用 SREM 命令从集合里移除元素。另外还可以通过 SLSMEMBER 命令快速地检查一个元素是否已经存在集合中，或者使用 SMEMBERS 命令获取集合包含的所有元素（如果集合包含的元素非常多，那么 SMEMBERS 命令的执行速度可能会很慢，所以请谨慎使用这个命令）。

4. 散列

Redis 的散列可以存储多个键值对之间的映射。和字符串一样，散列存储的值既可以是字符串，又可以是数字值，并且用户同样可以对散列存储的数字值，执行自增操作或者自减操作。图 2-20 展示了一个包含两个键值对的散列。

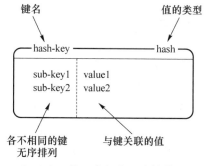

各不相同的键　　　与键关联的值
无序排列

图 2-20　hash-key 是一个包含两个键值对的散列键

散列命令如表 2-2 所示。

表 2-2 散列命令

命 令	行 为
HSET	在散列里面关联起给定的键值对
HGET	获取指定散列键的值
HGETALL	获取散列包含的所有键值对
HDEL	如果给定键存在于散列里面,那么移除这个键

5. 有序集合

有序集合和散列一样,都用于存储键值对:有序集合的键被称为成员(member),每个成员都是各不相同的;而有序集合的值则被称为分值(score),分值必须为浮点数。有序集合是Redis 里面唯一一个既可以根据成员访问元素(这一点和散列一样),又可以根据分值及分值的排列顺序来访问元素的结构。图 2-21 展示了一个包含两个元素的有序集合实例。

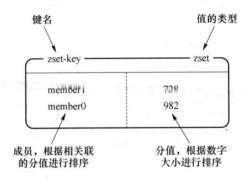

图 2-21 zset-key 是一个包含两个元素的有序集合键

有序集合命令如表 2-3 所示。

表 2-3 有序集合命令

命 令	行 为
ZADD	将一个带有给定分值的成员添加到有序集合里面
ZRANGE	根据元素在有序排列中所处的位置,从有序集合里面获取多个元素
ZRANGEBYSCORE	获取有序集合在给定分值范围内的所有元素
ZREM	如果给定成员存在于有序集合,那么移除这个成员

2.4.4 Redis 的数据持久化

Redis 提供了两种不同的持久化方法来将数据存储到硬盘里面。一种方法叫快照(snapshotting),它可以将存在于某一时刻的所有数据都写到硬盘里面。另一种方法即只追加文件(Append-Only File,AOF),它会在执行写命令时,将被执行的写命令复制到硬盘里面。这两种持久化方法既可以同时使用,又可以单独使用,在某些情况下甚至两种方法都不使用,具体选择哪种持久化方法需要根据用户的数据以及应用来决定。

将内存中的数据存储到硬盘的一个主要原因是为了在之后重用数据,或者是为了防止系统故障而将数据备份到一个远程位置。另外,存储在 Redis 里面的数据有可能是经过长时间计算得出的,或者有程序正在使用 Redis 存储的数据进行计算,所以用户会希望自己可以将这些数据存储起来以便之后使用,这样就不必再重新计算了。

1. 快照持久化

Redis 可以通过创建快照来获得存储在内存里面的数据在某个时间点的副本。在创建快照之后,用户可以对快照进行备份,可以将快照复制到其他服务器,从而创建具有相同数据的服务器副本,还可以将快照留在原地以便重启服务器时使用。

根据配置,快照将被写入 dbfilename 选项指定的文件里面,并储存在 dir 选项指定的路径上面。如果在新的快照文件创建完毕之前,Redis、系统和硬件这三者之中的任意一个崩溃了,那么 Redis 将丢失最后一次创建快照之后写入的所有数据。因此,快照持久化只适用于那些即使丢失一部分数据也不会造成问题的应用程序。

快照的操作过程:①Redis 使用 fork 函数复制一份当前进程(父进程)的副本(子进程);②父进程继续接收并处理客户端发来的命令,而子进程开始将内存中的数据写入硬盘中的临时文件;③当子进程写入所有数据后会用该临时文件替换旧的快照文件,至此一次快照操作完成。

2. AOF 持久化

当使用 Redis 存储非临时数据时,一般需要打开 AOF 持久化来降低进程中止导致的数据丢失情况的发生概率。AOF 可以将 Redis 执行的每一条命令都追加到硬盘文件中,这一过程显然会降低 Redis 的性能,但大部分情况下这个影响是可以接受的,另外使用较快的硬盘可以提高 AOF 的性能。

虽然每次执行更改数据库内容的操作时,AOF 都会将命令记录在 AOF 文件中,但是事实上,由于操作系统的缓存机制,数据并没有真正地被写入硬盘,而是进入了系统的硬盘缓存。在默认情况下,系统每 30 秒会执行一次同步操作,以便将硬盘缓存中的内容真正地写入硬盘,在这 30 s 的过程中如果系统异常退出,则会导致硬盘缓存中的数据丢失,一般来讲启用 AOF 持久化的应用都无法容忍这样的损失,这就需要 Redis 在写入 AOF 文件后主动要求系统将缓存内容同步到硬盘里。在 Redis 中,我们可以通过 appendfsync 参数设置同步的时机:

```
#appendfsync always
appendfsync everysec
#appendfsync no
```

默认情况下 Redis 采用 everysec 规则,即每秒执行一次同步操作。always 表示每次执行写入都会执行同步,这是最安全也是最慢的方式。no 表示不主动进行同步操作,而是完全交由操作系统来做(即每 30 秒一次),这是最快但最不安全的方式。

Redis 允许同时开启 AOF 和 RDB,既保证了数据安全,又使得进行备份等操作十分容易。此时重新启动 Redis 后,它会使用 AOF 文件来恢复数据,因为 AOF 方式的持久化可能丢失的数据最少。

2.4.5 Redis 的数据复制

通过持久化的功能,Redis 保证了即使在服务器重启的情况下也不会损失数据。但是由于数据是存储在一台服务器上的,如果这台服务器出现硬盘故障等问题,也会导致数据丢失。为了避免单点故障,通常的做法是将数据库复制多个副本以部署在不同的服务器上,这样即使有一台服务器出现故障,其他服务器依然可以继续提供服务。为此,Redis 提供了复制的功能,可以实现当一个数据库中的数据更新后,其会自动将更新的数据同步到其他数据库上。

在复制的概念中,数据库分为两类,一类是主数据库(master),另一类是从数据库(slave)。主数据库可以进行读写操作,当写操作导致数据变化时,其会自动将数据同步给从数据库。而从数据库一般是只读的,并接收主数据库同步过来的数据。一个主数据库可以拥有多个从数据库(如图 2-22 所示),而一个从数据库只能拥有一个主数据库。

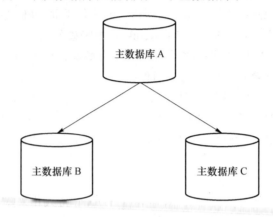

图 2-22　一个主数据库可以拥有多个从数据库

当一个从数据库启动后,会向主数据库发送 SYNC 命令。主数据库接收到 SYNC 命令后会开始在后台保存快照,并将保存快照期间接收到的命令缓存起来。当快照完成后,Redis 会将快照文件和所有缓存的命令发送给从数据库。从数据库收到后,会载入快照文件并执行收到的缓存命令。以上过程称为复制初始化。复制初始化结束后,主数据库每当收到写命令时就会将命令同步给从数据库,从而保证主、从数据库的数据一致。

当主、从数据库之间断开重连后,Redis 2.6 以及其之前的版本会重新进行复制初始化(即主数据库重新保存快照并传送给从数据库),即使从数据库仅有几条命令没有收到,但是主数据库也必须要将数据库里的所有数据重新传送给从数据库。这使得主、从数据库断线重连后的数据恢复过程效率很低下,在网络环境不好的时候这一问题尤其明显。

2.5　文档数据库

2.5.1　文档数据库简介

文档(document)是文档数据库中的主要概念。此类数据库可存放并获取文档,其格式可以为 XML、JSON、BSON 等。这些文档具备自述性(self-describing),呈现分层的树状数据结构,可以包含映射表、集合和纯量值。数据库中的文档彼此相似,但不必完全相同。文档数据库所存放的文档,就相当于键值数据库所存放的"值"。文档数据库可视为其值可查的键值数据库。表 2-4 对比了 Oracle 与 MongoDB 的术语。

表 2-4　Oracle 与 MongoDB 的术语对比

Oracle	MongoDB
数据库实例(database instance)	MongoDB 实例(MongoDB instance)
模式(schema)	数据库(database)
表(table)	集合(collection)
行(row)	文档(document)
rowid	_id
join	DBRef

接下来列举几个不同的文档数据库的应用案例。在事件记录中,应用程序对事件记录各有需求。在企业级解决方案中,许多不同的应用程序都需要记录事件。文档数据库可以把所有这些不同类型的事件都存起来,并作为事件存储的"中心数据库"使用。在网站分析与实时分析中,文档数据库可以存储实时分析数据。由于可以只更新部分文档内容,所以用它来存储"页面浏览量"或"独立访客数"会非常方便,而且无须改变模式即可新增度量标准。电子商务类应用程序通常需要较为灵活的模式,以存储产品和订单;同时,其也需要在不做高成本数据库重构及数据迁移的前提下构建其数据模型。

2.5.2　MongoDB 的数据类型

- null

null 用于表示空值和不存在的字段:{"x":null}。

- 布尔型

布尔类型只有两个值,即 true 和 false。

- 数值

拓展阅读

shell 默认使用 64 位浮点型数值,如{"x":3.14}。对于整数值,可用 NumberInt 类(表示 4 字节带符号整数)或 NumberLong 类(表示 8 字符带符号整数),如{"x":NumberInt("3")}。

MongoDB 数据库设计中 6 条重要的经验法则

- 字符串

UTF-8 字符串都可表示为字符串类型的数据:{"x":foobar}。

- 日期

日期被存储为自新纪元以来经过的毫秒数,不存储时区:{"x":new Date()}。

- 正则表达式

在查询时,使用正则表达式作为限定条件,语法也与 JavaScript 的正则表达式语法相同:{"x":/foobar/i}。

- 数组

数组列表或数据集可以表示为数组:{"x":["a","b","c"]}。数组既能作为有序对象(如列表、栈或队列)来操作,也能作为无序对象(如数据集)来操作。

- 内嵌文档

文档可嵌入其他文档,被嵌入的文档作为父文档的值:{"x":{"foo":bar}}。

- 对象 id

对象 id 是一个 12 字节的 ID，是文档的唯一标识：{"x":Object()}。

- 二进制数据

二进制数据是一个任意字节的字符串。它不能直接在 shell 中使用。UTF-8 字符串保存到数据库中，二进制数据是唯一的方式。

2.5.3　MongoDB 的数据复制

MongoDB 使用复制可以将副本保存到多台服务器上，即使一台或多台服务器出错，也可以保证应用程序正常运行和数据安全。在 MongoDB 中，创建一个副本集之后就可以使用复制功能了。副本集是一组服务器，其中有一个主服务器（primary），用于处理客户端请求；还有多个备份服务器（secondary），用于保存主服务器的数据副本。如果主服务器崩溃了，备份服务器会自动将其中一个成员升级为新的主服务器。使用复制功能时，如果有一台服务器死机了，仍然可以从副本集的其他服务器上访问数据。如果服务器上的数据损坏或者不可访问，可以从副本集的某个成员中创建一份新的数据副本。

1. 副本集的同步

复制用于在多台服务器之间备份数据。MongoDB 的复制功能是使用操作日志 oplog 实现的，操作日志包含了主节点的每一次写操作。oplog 是主节点的 local 数据库中的一个固定集合。备份节点通过查询这个集合就可以知道需要进行复制的操作。

每个备份节点都维护着自己的 oplog，记录着每一次从主节点复制数据的操作。这样，每个成员都可以作为同步源提供给其他成员使用。如图 2-23 所示，每个成员都维护着一份自己的 oplog，每个成员的 oplog 都应该跟主节点的 oplog 完全一致（可能会有一些延迟）。备份节点从当前使用的同步源中获取需要执行的操作，然后在自己的数据集上执行这些操作，最后再将这些操作写入自己的 oplog。如果遇到某个操作失败的情况（只有当同步源的数据损坏或者数据与主节点不一致时才可能发生），那么备份节点就会停止从当前的同步源复制数据。

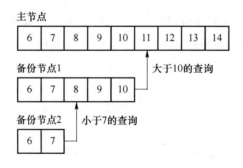

图 2-23　oplog 中按顺序保存着所有执行过的写操作

如果某个备份节点由于某些原因挂掉了，当它重新启动之后，就会自动从 oplog 中最后一个操作开始同步。由于复制操作的过程是先复制数据再写入 oplog，所以备份节点可能会在已经同步过的数据上再次执行复制操作。MongoDB 在设计之初就考虑了这种情况：将 oplog 中的同一个操作执行多次，与只执行一次的效果是一样的。

由于 oplog 的大小是固定的，所以它只能保存特定数量的操作日志。通常，oplog 使用空间的增长速度与系统处理写请求的速率几乎相同：如果主节点上每分钟处理了 1 KB 的写入请求，那么 oplog 很可能也会在 1 min 内写入 1 KB 的操作日志。但是，有一些例外情况：如果单次请求能够影响到多个文档(比如删除多个文档或者是多个文档更新),oplog 中就会出现多条操作日志。如果单个操作会影响多个文档,那么每个受影响的文档都会对应 oplog 中的一条日志。

2.心跳

每个成员都需要知道其他成员的状态:哪个是主节点?哪个可以作为同步源?哪个无法工作了?为了维护集合的最新视图,每个成员每隔两秒就会向其他成员发送一个心跳请求。心跳请求的信息量非常小,用于检查每个成员的状态。

心跳最重要的功能之一就是让主节点知道自己是否满足集合"大多数"的条件。如果主节点不再得到"大多数"服务器的支持,它就会退位,变为备份节点。

3.选举

当一个成员无法到达主节点时,它就会申请被选举为主节点。希望被选举为主节点的成员,会向它能到达的所有成员发送通知。如果这个成员不符合候选人要求,其他成员可能会知道相关原因:这个成员的数据落后于副本集,或者是已经有一个运行中的主节点(那个力求被选举为主节点的成员无法到达这个主节点)。在这些情况下,其他成员不会允许进行选举。

假如没有反对的理由,其他成员就会对这个成员进行投票选举。如果这个成员得到副本集中"大多数"赞成票,它就选举成功,会转换到主节点状态。如果达不到"大多数"的要求,那么选举失败,它仍然处于备份节点状态,之后还可以再次申请被选举为主节点。主节点会一直处于主节点状态,除非它不再满足"大多数"的要求或者挂了而退位,另外,副本集被重新配置也会导致主节点退位。

4.回滚

如果主节点执行了一个写请求之后就挂了,但是备份节点还没来得及复制这次操作,那么新选举出来的主节点就会漏掉这次写操作。假如有两个数据中心,其中一个数据中心拥有一个主节点和一个备份节点,另一个数据中心拥有 3 个备份节点,如图 2-24 所示。

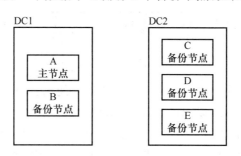

图 2-24　双数据中心配置举例

如果这两个数据中心之间出现了网络故障,如图 2-25 所示。其中左边第一个数据中心最后的操作是 126,但 126 操作还没有被复制到另一边的数据中心。

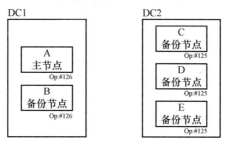

图 2-25　在不同数据中心之间进行复制比在单一数据中心内要慢

　　右边数据中心仍然满足副本集"大多数"的要求(一共 5 台服务器,3 台即可满足要求)。因此,其中一台服务器会被选举为新的主节点,这个新的主节点会继续处理后续的写入操作,如图 2-26 所示。

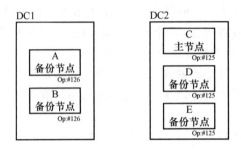

图 2-26　右边数据中心未能完全复制左边数据中心的写操作

　　网络恢复之后,左边数据中心的服务器就会从其他服务器开始同步 126 之后的操作,但是无法找到这个操作。这种情况发生的时候,A 和 B 就会进入回滚(rollback)过程。回滚会将失败之前未复制的操作撤销。拥有 126 操作的服务器会在右边数据中心服务器的 oplog 中寻找共同的操作点,之后会定位到 125 操作,这是两个数据中心相匹配的最后一个操作。图 2-27 显示了 oplog 的情况,很显然,A 的 126～128 操作被复制之前,A 崩溃了,所以这些操作并没有出现在 D 中(D 拥有更多的最近操作)。A 必须先将 126～128 这 3 个操作回滚,然后才能重新进行同步。

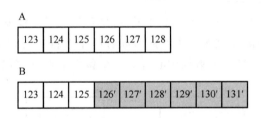

图 2-27　图中两个成员的 oplog 有冲突

　　某些情况下,如果要回滚的内容太多,MongoDB 可能承受不了。如果要回滚的数据量大于 300 MB,或者要回滚 30 min 以上的操作,回滚就会失败。对于回滚失败的节点,必须要重新同步。这种情况最常见的原因是备份节点远远落后于主节点,而这时主节点却挂了。如果其中一个备份节点成为主节点,这个主节点与旧的主节点相比,缺少很多操作。为了保证成员不会在回滚中失败,最好的方式是保持备份节点的数据尽可能最新。

2.6　图数据库

2.6.1　图数据库简介

　　图数据库(graph database)是基于图论实现的一种新型 NoSQL 数据库。它的数据存储结构和数据查询方式都是以图论为基础的。图论中图的基本元素为节点和边,在图数据库里对应的就是节点和关系。

在图数据库中,数据和数据之间的关系通过节点和关系构成一个图结构,并在此结构上实现数据库的所有特性,如对图数据对象进行创建、读取、更新、删除(Create、Read、Update、Delete,CRUD)等操作的能力,还有处理事物的能力和高可用性等。

在研究图数据库技术时,有两个特性需要多加考虑[7-9]。

底层存储:一些图数据库使用原生图存储,这类存储是优化过的,并且是为了存储和管理图而设计的。然而并不是所有的图数据库使用的都是原生图存储,也有一些图数据库将图数据序列化,保存到关系型数据库或面向对象数据库,或是其他通用数据存储中。

处理引擎:一些定义要求图数据库使用免索引邻接,这意味着,关联节点在数据库里是物理意义上的"指向"彼此。这里如果我们看得更宽泛些,站在用户的角度,任何看起来像是图数据库的都可以称为图数据库(比如说提供了对图数据库模型的 CRUD 操作的数据库)。然而,我们得承认这个事实,免索引邻接带来的巨大的性能优势是其他数据库无法比拟的,因此我们使用原生图处理来代表利用了免索引临接的图数据库。

根据存储和处理模型的不同,图 2-28 展示了当前一些主流图数据库不同的特点。

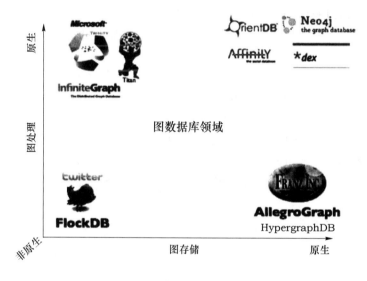

图 2-28　图数据库领域概览

2.6.2　图数据库的优势

采用图的方案,性能可以提升一个甚至几个数量级,而且比起聚合的批处理,其延迟也小很多。除了性能的优势之外,图数据库还提供极其灵活的数据模型,这也和当今敏捷软件交付实践推崇的交付模式相一致。

1. 性能

与关系型数据库和 NoSQL 存储处理关联数据相比,选择图数据库会有绝对的性能提升。随着数据集的不断增大,关系型数据库处理密集 join(join-intensive)查询的性能也会随之变差,而图数据库则不然。在数据集增大时,图数据库的性能趋向于保持不变,这是因为查询总是只与图的一部分相关。因此,每个查询的执行时间只和满足查询条件的那部分遍历的图的大小(而不是整个图的大小)成正比。

2．灵活性

作为开发者和数据架构师,我们希望根据问题域来决定如何连接数据。这样我们就不需要在对数据的真实模样和复杂度了解最少的时候,被迫预先做出决定。随着我们对问题域了解的加深,结构和模式会自己浮现出来。图数据模型表示的方式和适应业务需求的能力,使得IT部门终于跟得上业务变化速度。

图天生就是可扩展的,这意味着我们可以对已经存在的结构添加不同种类的新联系、新节点、新标签和新子图,而不用担心破坏已有的查询或应用程序的功能。这些特点对于开发者的生产力和项目风险一般都有积极的意义。同时由于图模型的灵活性,我们不必在项目最初就穷思竭虑地把领域中的每一个细枝末节都考虑进模型中——这种做法在不断变化的业务需求面前,是欠缺设计考虑的。图的天然可扩展性也意味着我们会做更少的数据迁移,从而降低维护的开销和风险。

3．敏捷性

通过使用与当今增量和迭代的软件交付实践相吻合的技术,我们希望能够像改进应用程序的其他部分一样改进我们的数据模型。现代图数据库可以让我们使用平滑的开发方式,配以优雅的系统维护。尤其是图数据库天生不需要模式,再加上其 API 和查询语言的可测性,使我们可以用一个可控的方式来开发应用程序。

同时,正是因为图数据库不需要模式,所以它缺少以模式为导向的数据管理机制,即在关系世界中我们已经熟知的机制。但这并不是一个风险,相反,它促进我们采用了一种更加可见的、可操作的管理方式。图数据库的管理通常作用于编程方式,利用测试来驱动数据模型和查询,以及依靠图来断言业务规则。这不再是一个有争议的做法,事实上这已经比关系型开发应用得更广了。图数据库开发方式非常符合当今的敏捷软件开发和测试驱动软件开发实践,这使得以图数据库为后端的应用程序可以跟上不断变化的业务环境。

2.6.3 Neo4j 的基本元素与概念

1．节点

节点(node)是图数据库中的一个基本元素,用以表达一个实体记录,就像关系型数据库中的一条记录一样。在 Neo4j 中节点可以包含多个属性(property)和多个标签(label),如图 2-29 所示。

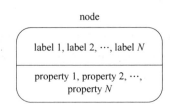

图 2-29　带有属性和标签的节点

2．关系

关系(relationship)同样是图数据库中的基本元素。当数据库中已经存在节点后,需要将节点连接起来构成图。关系就是用来连接两个节点的,关系也称为图论的边(edge),其始端和末端都必须是节点,关系不能指向空,也不能从空发起。关系和节点一样可以包含多个属性,但关系只能有一个类型(type),如图 2-30 所示。

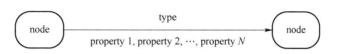

图 2-30   带有类型和属性的关系

一个节点可以被多个关系指向或作为关系的起始节点,如图 2-31 所示。关系必须有开始节点(start node)和结束节点(end node),两头都不能为空。节点可以被关系串联或并联起来,如图 2-32、图 2-33 所示。

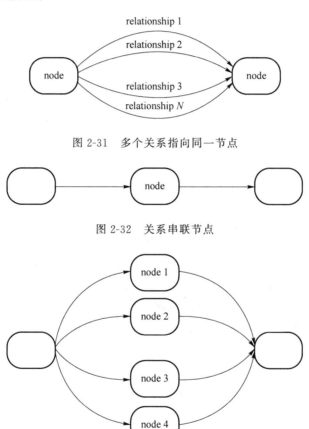

图 2-31   多个关系指向同一节点

图 2-32   关系串联节点

图 2-33   关系并联节点

3. 属性

上面提到节点和关系都可以有多个属性。属性是由键值对组成的,就像 Java 的哈希表一样。属性名类似变量名,属性值类似变量值。属性值可以是基本的数据结构,或者是由基本的数据类型组成的数组。需要注意的是,属性值没有 null 的概念,如果一个属性不需要了,可以直接将整个键值对移除。

4. 路径

当使用节点和关系创建了一个图后,在此图中任意两个节点间都可能存在路径。如图 2-34 所示,图中任意两个节点都存在节点和关系组成的路径,路径有长度的概念,也就是路径中关系的条数。

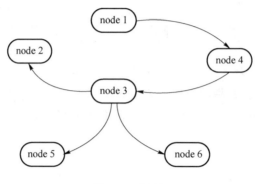

图 2-34　路径

5. 遍历(traversal)

遍历一张图就是按照一定的规则,根据节点之间的关系,依次访问所有相关联的节点的操作。对于遍历操作不必自己实现,因为 Neo4j 提供了一套高效的遍历 API,可以指定遍历规则,然后让 Neo4j 自动按照遍历规则进行遍历并返回遍历的结果。遍历规则可以是广度优先也可以是深度优先。

2.6.4　Cypher 简介

Cypher 是一种言简意赅的图数据库查询语言。尽管现在 Cypher 还是 Neo4j 特有的语言,但它和我们使用示意图来表示图的方式非常相似,因此非常适合程序化地描述图。

真实的用户和应用程序都可以用 Cypher 去数据库里查询匹配某种模式的数据。通俗一点说就是,我们让数据库去“找类似于这样的数据”。而我们描述“这样的数据”的方式就是用 ASCII 字符画把它们画出来。图 2-35 就是这样一个简单的模式。

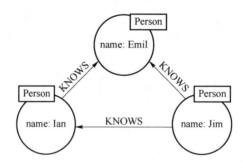

图 2-35　一个简单的用示意图表示的图模式

这个模式描述了 3 个有交集的朋友。用 Cypher 中的 ASCII 字符画表达出来就是:

```
(emil)<-[:KNOWS]-(jim)-[:KNOWS]->(ian)-[:KNOWS]->(emil)
```

这个模式描述了一条路径,它将一个叫 jim 的节点和另外两个分别叫 ian 和 emil 的节点连接起来,同时将 ian 节点和 emil 节点连接起来。这里 ian、jim 和 emil 都是标识符。标识符可以让我们在描述一个模式时,多次指向同一个节点——这个技巧可以帮我们绕过查询语句其实只有一个方向的事实(它只能从左到右地处理文本),而示意图可以从两个方向展开。除了偶尔需要用这种方式重复使用标识符外,整个语句的意图仍然是清晰的。

本章课后习题

1. NoSQL 数据库有几种类型,各有什么特点?
2. 简述 HDFS 的存储机制。
3. 简述 HDFS 的体系结构。
4. 简述 HBase 的基本原理。
5. 简述 Redis 的数据持久化。
6. 简述 HBase、Redis、MongoDB 和 Neo4j 各自的数据类型。

本章参考文献

[1]　塞得拉吉,福勒. NoSQL 精粹[M]. 爱飞翔,译. 北京:机械工业出版社,2013.
[2]　刘瑜,刘胜松. NoSQL 数据库入门与实践(基于 MongoDB、Redis)[M]. 北京:中国水利水电出版社,2018.
[3]　HBase Architecture(译):下 [EB/OL]. (2014-05-09)[2019-09-04]. https://my. oschina. net/u/1169079/blog/262546.
[4]　HBase Architecture(译):上 [EB/OL]. (2014-05-09)[2019-09-04]. https://my. oschina. net/u/1169079/blog/262540.
[5]　倪超. 从 Paxos 到 ZooKeeper:分布式一致性原理与实践[M]. 北京:电子工业出版社,2015.
[6]　Cbodorow. MongoDB 权威指南[M]. 邓强,王明辉,译. 北京:人民邮电出版社,2014.
[7]　李子骅. Redis 入门指南[M]. 北京:人民邮电出版社,2015.
[8]　Carlson. Redis 实战[M],黄健宏,译. 北京:人民邮电出版社,2015.
[9]　张帜,庞国明,胡佳辉,等. Neo4j 权威指南[M]. 北京:清华大学出版社,2017.
[10]　Vukotic. Neo4j 实战[M]. 张秉森,孔倩,张晨策,译. 北京:机械工业出版社,2016.
[11]　Robinson,Webber,Eifrem. 图数据库[M],刘璐,梁越,译. 北京:人民邮电出版社,2016.

第 3 章

大数据处理——MapReduce 处理框架

本章思维导图

　　MapReduce 是一种面向大规模海量数据处理的高性能并行计算平台和软件编程框架。MapReduce 是面向大规模数据并行处理的,这可以体现在 3 个方面:一是基于集群的高性能并行计算平台(cluster infrastructure),允许用市场上现成的普通 PC 或性能较高的刀片、机架式服务器,构成一个包含数千个节点的分布式并行计算集群;二是并行程序开发与运行框架(software framework),提供了一个庞大但设计精良的并行计算软件构架,能自动完成计算任务的并行化处理,自动划分计算数据和计算任务,在集群节点上自动分配和执行子任务以及收集计算结果,将数据分布存储、数据通信、容错处理等并行计算中的很多复杂细节交由系统负责处理,大大减少了软件开发人员的负担;三是并行程序设计模型与方法(programming model & methodology),借助于函数式语言中的设计思想,提供了一种简便的并行程序设计方法,用 Map 和 Reduce 两个函数编程实现基本的并行计算任务,提供了完整的并行编程接口,可以完成大规模数据处理。

　　本章首先讲述了 MapReduce 的发展背景,紧接着讲述了 MapReduce 计算框架的基本原理、MapReduce 的编程模型机制以及 MapReduce 的集群调度与调度器。本章思维导图如图 3-0 所示。

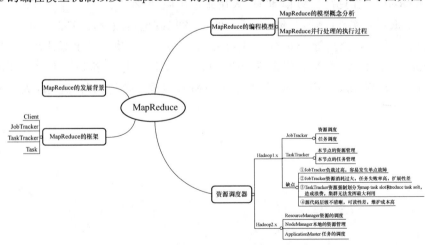

图 3-0　本章思维导图

3.1　MapReduce 的发展背景

随着社会科学技术的发展,数据规模及复杂度给计算性能带来了巨大的挑战。

一方面是爆炸性增长的 Web 规模数据量,例如:Google 2004 年每天处理 100 TB 的数据,到 2008 年每天处理 20 PB 的数据;2009 年 eBay 公司的数据仓库系统管理的数据规模,一个有 2 PB 的用户数据,另一个有 6.5 PB 的用户数据(包含 170 TB 的记录,并且每天增长 150 GB 的记录);Facebook 有 2.5 PB 的用户数据,每天增加 15 TB;世界最大电子对撞机每年产生15 PB (15 000 000 GB)的数据;2015 年落成的世界最大观天望远镜主镜头的像素为 3.2 亿像素,每年产生 6 PB 的天文图像数据;欧洲生物信息研究所(EBI)基因序列数据库的容量已达5 PB;中国深圳华大基因研究所成为全世界最大的测序中心,每天产生 300 GB 的基因序列数据(每年 100 TB)。

另一方面是更多应用场景有超大的计算量或者计算复杂度,例如:用 SGI 工作站进行电影渲染时,每帧一般需要 1~2 h;一部 2 h 的电影渲染需要 2 h×3 600 s×24 帧×(1~2)h/24 h=20~40 年;特殊场景每帧可能需要 60 h(影片《星舰骑兵》中数千只蜘蛛爬行的场面),用横向 4 096 像素分辨率进行渲染时,如果以每帧 60 小时的速度,则 1 s 的放映量(24 帧)需要 60 d 的渲染时间,1 min 则需要 100 年;世界著名的数字工作室 Digital Domain 用了一年半的时间,使用了 300 多台 SGI 超级工作站,50 多个特技师一天 24 小时轮流制作《泰坦尼克号》中的计算机特技。

因此,并行计算是大势所趋,并且要面对诸多挑战:①在近 20~30 年里程序设计技术的最大革命是面向对象技术;②下一个程序设计技术的革命将是并行程序设计;③目前绝大多数程序员不懂并行设计技术,就像 15 年前绝大多数程序员不懂面向对象技术一样。所以就需要海量数据并行处理技术。

为什么会出现分布式并行计算框架 MapReduce,并在大数据行业获得广泛支持? 主要有如下几方面原因。

(1) 并行计算技术和并行程序设计的复杂性

依赖于不同类型的计算问题、数据特征、计算要求和系统构架,并行计算技术较为复杂,程序设计需要考虑数据划分、计算任务和算法划分,数据访问和通信同步控制,软件开发难度大,难以找到统一和易于使用的计算框架和编程模型与工具。

(2) 海量数据处理需要有效的并行处理技术

在处理海量数据时,依靠 MPI 等并行处理技术难以奏效。

(3) MapReduce 是面向海量数据处理非常成功的技术

MapReduce 推出后,被当时的工业界和学界公认为有效和易于使用的海量数据并行处理技术。在当时的数年中,Google、Yahoo、IBM、Amazon、百度、淘宝、腾讯等国内外公司普遍使用 MapReduce。

总体来讲,MapReduce 是一种面向大规模海量数据处理的高性能并行计算平台和软件编程框架,广泛应用于搜索引擎(文档倒排索引、网页链接图分析与页面排序等)、Web 日志分析、文档分析处理、机器学习、机器翻译等各种大规模数据并行计算应用领域。

3.2 MapReduce 框架

MapReduce 采用同 HDFS 一样的 Master/Slave(M/S)架构,具体如图 3-1 所示。它主要由这几个组件组成:Client、JobTracker、TaskTracker 和 Task。具体组件介绍如下。

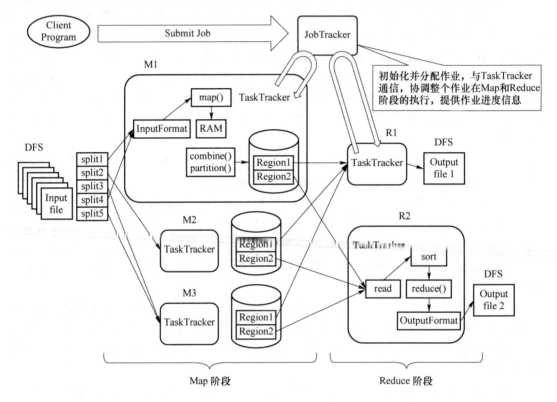

图 3-1　MapReduce 框架组件

1. Client

首先,在 Hadoop 内部用"作业"(Job)表示 MapReduce 程序。用户可以编写 MapReduce 程序,通过 Client 提交到 JobTracker 端;同时,用户可通过 Client 提供的一些接口查看作业运行状态。一个 MapReduce 程序可对应若干个作业,而每个作业会被分解成若干个 Map/Reduce 任务(Task)。

2. JobTracker

JobTracker 主要负责资源监控和作业调度。JobTracker 监控所有 TaskTracker 与作业的健康状况,一旦发现失败情况,其会将相应的任务转移到其他节点;同时,JobTracker 会跟踪任务的执行进度、资源使用量等信息,并将这些信息告诉任务调度器,而任务调度器会在资源出现空闲时,选择合适的任务使用这些资源。在 Hadoop 中,任务调度器是一个可插拔的模块,用户可以根据自己的需要设计相应的任务调度器。

3. TaskTracker

TaskTracker 会周期性地通过 Heartbeat 将本节点上资源的使用情况和任务的运行进度汇报给 JobTracker,同时接收 JobTracker 发送过来的命令并执行相应的操作(如启动新任务、杀死任务等)。TaskTracker 使用"slot"等量划分本节点上的资源量。"slot"代表计算资源(CPU、内存等)。一个 Task 获取到一个 slot 后才有机会运行,而 Hadoop 调度器的作用就是将各个 TaskTracker 上的空闲 slot 分配给 Task 使用。slot 分为 Map slot 和 Reduce slot 两种,分别供 Map Task 和 Reduce Task 使用。TaskTracker 通过 slot 数目(可配置参数)限定 Task 的并发度。

4. Task

Task 分为 Map Task 和 Reduce Task 两种,均由 TaskTracker 启动。从前面的内容中我们知道,HDFS 以固定大小的 block 为基本单位存储数据,而对于 MapReduce 而言,其处理单位是 split。split 与 block 的对应关系如图 3-2 所示。split 是一个逻辑概念,它只包含一些元数据信息,比如数据起始位置、数据长度、数据所在节点等。它的划分方法完全由用户自己决定。但需要注意的是,split 的多少决定了 Map Task 的数目,因为每个 split 都会交由一个 Map Task 处理。

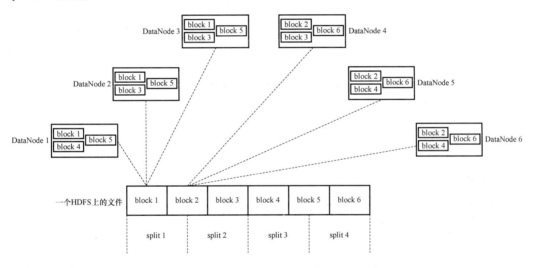

图 3-2 split 与 block 的对应关系

Map Task 执行过程如图 3-3 所示。由图 3-3 可知,Map Task 先将对应的 split 迭代解析成一个个 key/value,然后依次调用用户自定义的 map()函数进行处理,最终将临时结果存放到本地磁盘上,其中临时数据被分成若干个 partition,每个 partition 都将被一个 Reduce Task 处理。

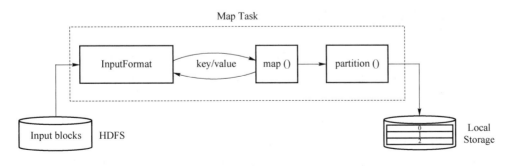

图 3-3 Map Task 执行过程

Reduce Task 执行过程如图 3-4 所示。该过程分为 3 个阶段:①从远程节点上读取 Map

Task 中间结果(称为"shuffle 阶段");②key/value 键值对按照 key 进行排序(称为"sort 阶段");③依次读取<key，value list>，调用用户自定义的 reduce()函数处理，并将最终结果存到 HDFS 上(称为"reduce 阶段")。

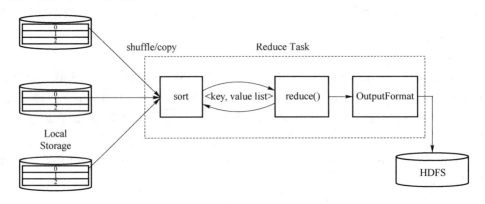

图 3-4　Reduce Task 执行过程

3.3　MapReduce 的编程模型

我们大致了解了 MapReduce 的框架，在此基础上，也可以总结一下 MapReduce 的构思，其体现在 3 个方面。

(1) 如何对付大数据：分而治之

对相互间不具有计算依赖关系的大数据，实行并行最自然的方式就是分而治之。

(2) 上升到抽象模型：Mapper 和 Reducer

MPI 等并行计算方式缺少高层并行编程模型，为了克服这一缺陷，MapReduce 借鉴了 Lisp 函数式语言中的思想，用 Map 和 Reduce 两个函数提供了高层的并行编程抽象模型。

(3) 上升到构架：统一构架，为程序员隐藏系统细节

MPI 等并行计算方法缺少统一的计算框架支持，程序员需要考虑数据存储、划分、分发、结果收集，错误恢复等诸多细节。为此，MapReduce 设计并提供了统一的计算框架，为程序员隐藏了绝大多数系统层面的处理细节。

3.3.1　MapReduce 初析

MapReduce 是一个计算框架，既然是做计算的框架，那么表现形式就是有个输入(input)，MapReduce 操作这个输入，通过本身定义好的计算模型，得到一个输出(output)，这个输出就是我们所需要的结果。

我们要学习的就是这个计算模型的运行规则。在运行一个 MapReduce 计算任务的时候，任务过程被分为两个阶段：Map 阶段和 Reduce 阶段。每个阶段都是用键值对(key/value)作为输入和输出的。而程序员要做的就是定义好这两个阶段的函数：Map 函数和 Reduce 函数。

因此，为了方便读者理解大数据的并行化计算思想，这里列出模型加以描述。

一个大数据若可以分为具有同样计算过程的数据块，并且这些数据块之间不存在数据依

赖关系,则提高处理速度的最好办法就是并行计算。

例如:假设有一个巨大的 2 维数据需要处理(比如求每个元素的开立方),其中对每个元素的处理是相同的,并且数据元素间不存在数据依赖关系,可以考虑使用不同的划分方法将其划分为子数组,并由一组处理器并行处理,如图 3-5 所示。

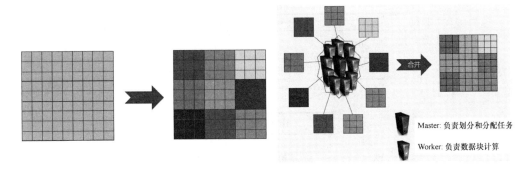

图 3-5　并行计算示意图

大数据任务划分和并行计算模型如图 3-6 所示。

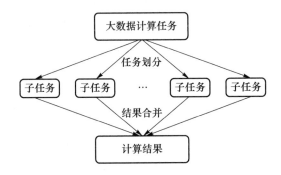

图 3-6　大数据任务划分和并行计算模型

典型的流式大数据问题可以依据特征相似度分为两个任务处理阶段,即分为 Map 任务和 Reduce 任务两个阶段来执行。具体如图 3-7 所示。可以说 MapReduce 模型为大数据处理过程中的两个主要操作提供了一种抽象机制。

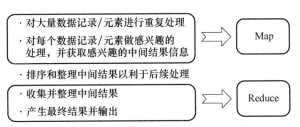

图 3-7　MapReduce 模型对大数据处理任务的抽象归纳

基于 Map 和 Reduce 的并行计算过程如图 3-8 所示。

① 各个 Map 函数对所划分的数据进行并行处理,不同的输入数据产生不同的中间结果并将其输出。

② 各个 Reduce 也并行计算,各自负责处理不同的中间结果数据集合。

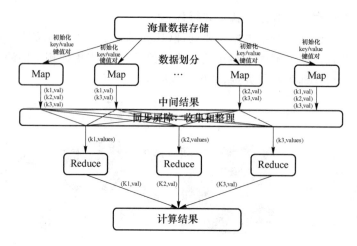

图 3-8　基于 Map 和 Reduce 的并行计算过程

③ 进行 Reduce 处理之前，必须等所有的 Map 函数执行完，因此，在进入 Reduce 前需要有一个同步屏障（barrier）；这个阶段也负责对 Map 的中间结果数据进行收集和整理（aggregation & shuffle）处理，以便 Reduce 更有效地计算最终结果。同步屏障是并行计算中的一种同步方法。对于一群进程或线程，程序中的一个同步屏障意味着任何线程/进程执行到此后必须等待，直到所有线程/进程都到达此点才可继续执行下文。

④ 汇总所有 Reduce 的输出结果即可获得最终结果。

在讲解 MapReduce 的运行原理前，首先我们看看 MapReduce 里的最简单的实例，即进行字频统计（WordCount 代码）。这个实例在任何一个版本的 Hadoop 安装程序里都会有，代码如下：

```java
public class WordCount {

  public static class TokenizerMapper
       extends Mapper<Object, Text, Text, IntWritable>{

    private final static IntWritable one = new IntWritable(1);
    private Text word = new Text();

    public void map(Object key, Text value, Context context) throws IOException,
InterruptedException {
        StringTokenizer itr = new StringTokenizer(value.toString());
        while (itr.hasMoreTokens()) {
          word.set(itr.nextToken());
          context.write(word, one);
        }
      }
    }

  public static class IntSumReducer
```

```
        extends Reducer<Text,IntWritable,Text,IntWritable> {
    private IntWritable result = new IntWritable();

public void reduce(Text key, Iterable<IntWritable> values, Context context)
                throws IOException, InterruptedException {
        int sum = 0;
        for (IntWritable val : values) {
          sum += val.get();
        }
        result.set(sum);
        context.write(key, result);
    }
}


    public static void main(String[] args) throws Exception {
      Configuration conf = new Configuration();
      String[] otherArgs = new GenericOptionsParser(conf, args).getRemainingArgs();
      if (otherArgs.length != 2) {
        System.err.println("Usage: wordcount <in> <out>");
        System.exit(2);
      }
      Job job = new Job(conf, "word count");
      job.setJarByClass(WordCount.class);
      job.setMapperClass(TokenizerMapper.class);
      job.setCombinerClass(IntSumReducer.class);
      job.setReducerClass(IntSumReducer.class);
      job.setOutputKeyClass(Text.class);
      job.setOutputValueClass(IntWritable.class);
      FileInputFormat.addInputPath(job, new Path(otherArgs[0]));
      FileOutputFormat.setOutputPath(job, new Path(otherArgs[1]));
      System.exit(job.waitForCompletion(true) ? 0 : 1);
    }
}
```

不同版本的 WordCount 实例有所不同,主要区别在于 MapReduce 框架的 API 有不同的版本。

下面对代码做简单的讲解,要写一个 MapReduce 程序,必须实现一个 Map 函数和一个 Reduce 函数。

其中 Map 函数的方法：

```
 public void map(Object key, Text value, Context context) throws IOException,
InterruptedException {…}
```

以上程序里有 3 个参数，前面两个参数 Object key、Text value 是输入的 key 和 value。第三个参数 Context context 是可以记录输入的 key 和 value，例如 context.write(word, one)；此外 context 还会记录 Map 运算的状态。

Reduce 函数的方法：

```
public void reduce(Text key, Iterable < IntWritable > values, Context context)
throws IOException, InterruptedException {…}
```

Reduce 函数的输入也是一个 key/value 的形式，不过它的 value 是一个迭代器的形式 Iterable < IntWritable > values，也就是说 Reduce 函数的输入是一个 key 对应一组值的 value，Reduce 函数也有 context，和 Map 函数的 context 作用一致。至于计算的逻辑就需要程序员自己实现了。

下面就是 main 函数的调用了，首先是：

```
Configuration conf = newConfiguration();
```

运行 MapReduce 程序前要初始化 Configuration，该类主要读取 MapReduce 系统的配置信息，这些信息包括 HDFS，还有 MapReduce，也就是安装 Hadoop 的时候配置文件（例如 core-site.xml、hdfs-site.xml 和 mapred-site.xml 等）里的信息。程序员开发 MapReduce 的时候，实际是在填空，在 Map 函数和 Reduce 函数里编写实际进行的业务逻辑，其他的工作都交给 MapReduce 框架自己。比如，要告诉它 HDFS 在哪里，MapReduce 的 JobTracker 在哪里，而这些信息就在 conf 包下的配置文件里。

接下来的代码是：

```
String[] otherArgs = new GenericOptionsParser(conf, args).getRemainingArgs();
    if (otherArgs.length != 2) {
        System.err.println("Usage: wordcount < in > < out >");
        System.exit(2);
    }
```

if 语句好理解，就是运行 WordCount 程序的时候一定是两个参数，如果不是就会报错退出。至于第一句里的 GenericOptionsParser 类，它是用来解释常用 Hadoop 命令的，并根据需要为 Configuration 对象设置相应的值，其实在平时的开发里不太常用它，而是让类实现 Tool 接口，然后在 main 函数里使用 ToolRunner 运行程序，而 ToolRunner 内部会调用 GenericOptionsParser。

接下来的代码是：

```
Job job = newJob(conf, "word count");
job.setJarByClass(WordCount.class);
job.setMapperClass(TokenizerMapper.class);
job.setCombinerClass(IntSumReducer.class);
job.setReducerClass(IntSumReducer.class);
```

第一行就是在构建一个 job，在 MapReduce 框架里，一个 MapReduce 任务也叫一个 MapReduce 作业，也可以叫作一个 MapReduce 的 job，而具体的 Map 和 Reduce 运算就是 Task 了。这里构建一个 job，构建的时候有两个参数，一个是 conf，另一个是这个 job 的名称。

第二行就是装载程序员编写好的计算程序，程序类名是 WordCount。虽然编写 MapReduce 程序只需要实现 Map 函数和 Reduce 函数，但是实际开发要实现 3 个类，第三个类是为了配置 MapReduce 如何运行 Map 函数和 Reduce 函数，准确地说就是构建一个 MapReduce 能执行的 job，例如 WordCount 类。

拓展阅读

MapReduce 的
Combiner 介绍

第三行和第五行就是装载 Map 函数和 Reduce 函数的实现类，第四行是装载 Combiner 类。

接下来的代码是：

```
job.setOutputKeyClass(Text.class);
job.setOutputValueClass(IntWritable.class);
```

以上程序定义输出的 key/value 的类型，也就是最终存储在 HDFS 上结果文件的 key/value 的类型。

最后的代码是：

```
FileInputFormat.addInputPath(job, new Path(otherArgs[0]));
FileOutputFormat.setOutputPath(job, new Path(otherArgs[1]));
System.exit(job.waitForCompletion(true) ? 0 : 1);
```

第一行就是构建输入的数据文件，第二行是构建输出的数据文件，最后一行表示如果 job 运行成功了，程序就会正常退出。

3.3.2　MapReduce 的运行机制

MapReduce 的运行过程如图 3-9 所示。

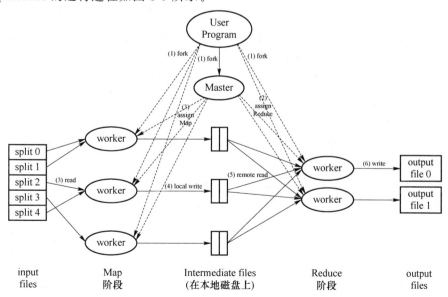

图 3-9　MapReduce 的运行过程

完整计算过程:①有一个待处理的大数据,被划分为大小相同的数据块(如 64 MB),以及有与此相应的用户作业程序;②系统中有一个负责调度的主节点(Master),以及数据 Map 和 Reduce 节点(worker);③用户作业程序提交给主节点;④主节点为作业程序寻找和配备可用的 Map 节点,并将程序传送给 Map 节点;⑤主节点也为作业程序寻找和配备可用的 Reduce 节点,并将程序传送给 Reduce 节点。

下面从逻辑实体的角度讲解 MapReduce 运行机制,MapReducc 的运行过程按照时间顺序包括输入分片(input split)、Map 阶段、combiner 阶段、shuffle 阶段和 Reduce 阶段。

1. 输入分片

在进行 Map 计算之前,MapReduce 会根据输入文件计算输入分片,每个输入分片都针对一个 Map 任务,输入分片存储的并非是数据本身,而是一个分片长度和一个记录数据位置的数组,输入分片往往和 HDFS 的 block(块)关系很密切。假如设定 HDFS 的块的大小是 64 MB,如果输入有 3 个文件,大小分别是 3 MB、65 MB 和 127 MB,那么 MapReduce 会把 3 MB 文件分为一个输入分片,把 65 MB 文件分为两个输入分片,而把 127 MB 文件也分为两个输入分片,换句话说,如果在 Map 计算前做输入分片调整,例如合并小文件,那么就会有 5 个 Map 任务执行,而且每个 Map 执行的数据大小不均,这个也是 MapReduce 优化计算的一个关键点。

2. Map 阶段

Map 阶段就是程序员编写好的 Map 函数,因此 Map 函数的效率相对好控制,而且一般 Map 操作都是本地化操作,也就是在数据存储节点上进行。

3. combiner 阶段

combiner 阶段是程序员可以选择的,combiner 其实也是一种 Reduce 操作,因此可以发现 WordCount 类是用 Reduce 进行加载的。combiner 是一个本地化的 Reduce 操作,它是 Map 运算的后续操作,主要是在 Map 计算出中间文件前做一个简单的合并重复 key 值的操作。例如,对文件里的单词频率做统计,Map 计算的时候如果碰到一个 Hadoop 的单词就会记录为 1,但是这个文件里 Hadoop 的单词可能会出现 n 次,那么 Map 输出文件就会有很多冗余。因此在 Reduce 计算前对相同的 key 做一个合并操作,那么文件会变小,这样就提高了宽带的传输效率。毕竟 Hadoop 计算力宽带资源往往是计算的瓶颈,也是计算最为宝贵的资源。但是 combiner 操作是有风险的,使用它的原则是 combiner 的输入不会影响到 Reduce 计算的最终输入。例如:如果计算只是求总数、最大值、最小值,则可以使用 combiner,但是做平均值计算使用 combiner 的话,最终的 Reduce 计算结果就会出错。

4. shuffle 阶段

将 Map 的输出作为 Reduce 的输入的过程就是 shuffle 阶段了,这个阶段是 MapReduce 优化的重点。

shuffle 阶段的一开始就是 Map 阶段做输出操作,一般 MapReduce 计算的都是海量数据,Map 输出的时候不可能把所有文件都放到内存操作。因此 Map 写入磁盘的过程十分复杂,更何况 Map 输出的时候要对结果进行排序,内存开销是很大的。

Map 在做输出的时候会在内存里开启一个环形内存缓冲区,这个缓冲区是专门用来输出的,默认大小是 100 MB,并且在配置文件里为这个缓冲区设定了一个阈值,默认是 0.80(这个缓冲区的大小和阈值都是可以在配置文件里进行配置的)。同时 Map 还会为输出操作启动一个守护线程,如果缓冲区的内存达到了阈值的 80%,这个守护线程就会把内容写到磁盘上,这个过程叫 spill,另外的 20% 内存可以继续写入要写进磁盘的数据,写入磁盘和写入内存操作是互不干扰的,如果缓存区被撑满了,那么 Map 就会阻塞写入内存的操作,让写入磁盘操作完成后再继续执行写入内存操作。

写入磁盘前会有个排序操作,这个是在写入磁盘操作的时候进行的,不是在写入内存的时候进行的,如果定义了 combiner 函数,那么排序前还会执行 combiner 操作。一次 spill 操作就是写入磁盘操作的时候会写一个溢出文件,也就是说在做 Map 输出时有几次 spill 就会产生多少个溢出文件,等 Map 输出全部做完后,Map 会合并这些输出文件。

这个过程里还会有一个 Partitioner 操作。Partitioner 操作和 Map 阶段的输入分片很像,一个 Partitioner 操作对应一个 Reduce 作业。如果 MapReduce 操作只有一个 Reduce 操作,那么 Partitioner 操作就只有一个;如果有多个 Reduce 操作,那么对应的 Partitioner 操作就会有多个。因此 Partitioner 就是 Reduce 的输入分片,这个程序员可以编程控制,主要是根据实际 key 和 value 的值、实际业务类型,或者是为了更好的 Reduce 负载均衡,这是提高 Reduce 效率的一个关键所在。

到了 Reduce 阶段就是合并 Map 输出文件了,Partitioner 会找到对应的 Map 输出文件,然后进行复制操作。进行复制操作时 Reduce 会开启几个复制线程,这些线程的默认个数是 5 个。程序员也可以在配置文件里更改复制线程的个数。这个复制过程和 Map 写入磁盘的过程类似,也有阈值和内存大小,阈值一样可以在配置文件里配置,而内存大小则直接使用 Reduce 的 TaskTracker 的内存大小,复制的时候 Reduce 还会进行排序操作和合并文件操作,这些操作完成后就会进行 Reduce 计算了。

5. Reduce 阶段

Reduce 阶段和 Map 函数一样也是由程序员编写的,最终结果是存储在 HDFS 上的。

3.3.3　MapReduce 的相关问题

JobTracker 和 HDFS 的 NameNode 一样也存在单点故障,单点故障一直是 Hadoop 被人诟病的大问题。主要是因为 NameNode 和 JobTracker 在实际运行中都是在内存操作的,而做到内存的容错就比较复杂了,只有当内存数据被持久化后容错才好做,NameNode 和 JobTracker 都可以备份自己持久化的文件,但是这个持久化会有延迟。因此如果真的出故障,则仍然不能整体恢复。另外 Hadoop 框架里包含 ZooKeeper 框架,ZooKeeper 可以结合 JobTracker,用几台机器同时部署 JobTracker,保证一台出故障,另外一台马上就能替补上,不过这种方式也没法恢复正在进行的 MapReduce 任务。

做 MapReduce 计算的时候,输出一般是一个文件夹,而且该文件夹是不能已存在的,这个检查做得很早,提交 Job 的时候就会进行。MapReduce 之所以这么设计是为了保证数据的可靠性,如果输出目录存在,Reduce 就搞不清楚到底是要追加还是要覆盖。不管是追加操作还是覆盖操作都有可能导致最终结果出问题。MapReduce 做海量数据计算,一个生产计算的成本很高,例如,一个 Job 执行完可能要几个小时,因此一切影响错误的情况 MapReduce 都是零容忍的。

MapReduce 还有一个 InputFormat 和一个 OutputFormat。在编写 Map 函数的时候会发现 Map 方法的参数传递行数据,然后进行数据处理,没有牵涉 InputFormat。这些操作在 new Path 的时候 MapReduce 计算框架就帮程序员做好了。而 OutputFormat 也是 Reduce 帮程序员做好的。程序使用什么样的输入文件,就要调用什么样的 InputFormat。InputFormat 和程序输入的文件类型是相关的。MapReduce 里常用的 InputFormat 有 FileInputFormat(普通文本文件)、SequenceFileInputFormat（是指 Hadoop 的序列化文件），另外还有 KeyValueTextInputFormat。OutputFormat 就是最终存储到 HDFS 系统上的文件格式，它可以根据程序员的需要进行定义。Hadoop 支持很多文件格式，这里就不一一列举了。

3.4　MapReduce 的集群调度

3.4.1　Hadoop1.x 的传统集群调度框架

经典的 Hadoop1.x 的 MapReduce 采用 Master/Slave 结构。

Master 是整个集群唯一的全局管理者，功能包括作业管理、状态监控和任务调度等，即 MapReduce 中的 JobTracker。Slave 负责任务的执行和任务状态的回报，即 MapReduce 中的 TaskTracker。

JobTracker 是一个后台服务进程，启动之后，会一直监听并接收各个 TaskTracker 发送的心跳信息，包括资源使用情况和任务运行情况等。

JobTracker 的主要功能如下。

① 作业控制。在 Hadoop 中每个应用程序都被表示成一个作业，每个作业又被分成多个任务，JobTracker 的作业控制模块则负责作业的分解和状态监控。最重要的是状态监控：主要包括 TaskTracker 状态监控、作业状态监控和任务状态监控。作业控制的主要作用：容错和为任务调度提供决策依据。

② 资源管理。TaskTracker 是 JobTracker 和 Task 之间的桥梁：一方面，从 JobTracker 接收并执行各种命令，如运行任务、提交任务、杀死任务等；另一方面，将本地节点上各个任务的状态通过心跳周期性地汇报给 JobTracker。TaskTracker 与 JobTracker 和 Task 之间采用了 RPC 协议进行通信。

TaskTracker 的功能如下。

① 汇报心跳。Tracker 周期性地将所有节点上的各种信息通过心跳机制汇报给 JobTracker。这些信息包括两部分：机器级别信息，如节点健康情况、资源使用情况等；任务级别信息，如任务执行进度、任务运行状态等。

② 执行命令。JobTracker 会给 TaskTracker 下达各种命令，主要包括启动任务 (LaunchTaskAction)、提交任务(CommitTaskAction)、杀死任务(KillTaskAction)、杀死作业 (KillJobAction)和重新初始化(TaskTrackerReinitAction)。

如图 3-10 所示，JobTracker 对应于 Hadoop 的 HDFS 架构中的 NameNode 节点；TaskTracker 对应于 DataNode 节点。从分布式文件存储系统 HDFS 与 MapReduce 分布式计算框架的关系就可以很好地理解：DataNode 和 NameNode 是针对数据存放而言的；JobTracker 和 TaskTracker 是对于 MapReduce 执行而言的。

MapReduce 整体上可以分为这么几条执行线索：JobClient、JobTracker 与 TaskTracker。

① JobClient 会在用户端通过 JobClient 类将应用已经配置的参数打包成 jar 文件并存储到 HDFS，把路径提交到 JobTracker，然后由 JobTracker 创建每一个 Task（即 MapTask 和

ReduceTask)并将它们分发到各个 TaskTracker 服务中去执行。

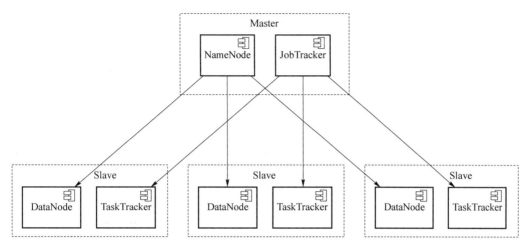

图 3-10 JobTracker、TaskTracker 在集群中的位置，以及与 HDFS 的 NameNode、DataNode 的对应位置示意

② JobTracker 是一个 Master 服务，软件启动之后 JobTracker 接收 Job，负责调度 Job 的每一个子任务 Task，使其运行于 TaskTracker 上，并监控它们，如果发现有失败的 Task，就重新运行它。一般情况下应该把 JobTracker 部署在单独的机器上。

③ TaskTracker 是运行在多个节点上的 Slave 服务。TaskTracker 主动与 JobTracker 通信，接收作业，并负责直接执行每一个任务。TaskTracker 需要运行在 HDFS 的 DataNode 上。

3.4.2 Hadoop2.x 的集群调度框架 YARN

在传统的 MapReduce 中，JobTracker 同时负责作业调度（将任务调度给对应的 TaskTracker）和任务进度管理（监控任务，重启失败的或者速度比较慢的任务等）。在这种框架中，JobTracker 节点成了整个平台的瓶颈。

为了解决传统 MapReduce 调度管理框架的不足，程序研发人员提出了新一代的集群调度框架 YARN。

YARN 的思想是，将 JobTracker 的责任划分给两个独立的守护进程：资源管理器（resource manager）负责管理集群的所有资源；应用管理器（application master）负责管理集群上任务的生命周期。

具体的做法是应用管理器向资源管理器提出资源需求，以 container 为单位，然后在这些 container 中运行与该应用相关的进程。container 由运行在集群节点上的节点管理器监控，以确保应用不会用超资源。每个应用的实例（即一个 MapReduce 作业）都有一个自己的应用管理器。

综上所述，YARN 中包括以下几个角色。
- 客户端，向整个集群提交 MapReduce 作业。
- YARN 资源管理器，负责调度整个集群的计算资源。
- YARN 节点管理器，在集群的机器上启动以及监控 container。
- MapReduce 应用管理器，调度某个作业的所有任务。应用管理器和任务运行在 container 中，container 由资源管理器调度，由节点管理器管理。

- 分布式文件系统，通常是 HDFS。

YARN 中运行一个作业的流程如图 3-11 所示。

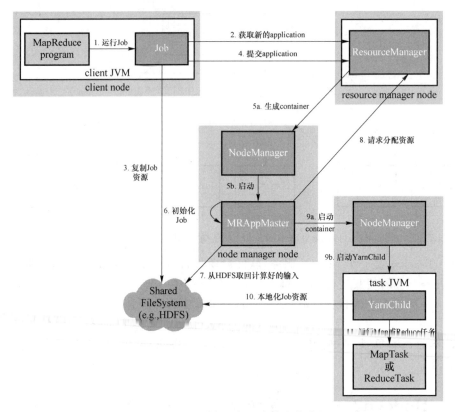

图 3-11　YARN 中运行一个作业的流程

1. 作业提交

YARN 中提交作业的 API 和经典的 MapReduce 很像(第 1 步)。作业提交的过程和经典的 MapReduce 也很像，新的作业 ID(应用 ID)由资源管理器分配(第 2 步)。作业的客户端核实作业的输出，计算输入的 split，将作业的资源(包括 jar 包、配置文件、split 信息)复制给 HDFS(第 3 步)。最后，通过调用资源管理器的 submitApplication()来提交作业(第 4 步)。

2. 作业初始化

当资源管理器收到 submitApplication() 的请求时，就将该请求发送给调度器(scheduler)，调度器分配第一个 container，然后资源管理器在该 container 内启动应用管理器进程，由节点管理器监控(第 5a 步和第 5b 步)。

MapReduce 作业的应用管理器是一个主类为 MRAppMaster 的 Java 应用。其通过创造一些 bookkeeping 对象来监控作业的进度，得到任务的进度和完成报告(第 6 步)。然后其通过分布式文件系统得到由客户端计算好的输入 split(第 7 步)，并为每个输入 split 创建一个 Map 任务，根据 mapreduce.job.reduces 创建 Reduce 任务对象。

接下来应用管理器决定如何运行构成整个作业的任务。如果作业很小，应用管理器会选择在其自己的 JVM 中运行任务，这种作业称作被 unerized，或者是以 Uber Task 的方式运行。在任务运行之前，作业的 setup 方法被调用，以创建输出路径。与 MapRuduce 1 中该方法由 TaskTracker 运行的一个任务调用不同，在 YARN 中是由应用管理器调用的。

3. 任务分配

如果不是小作业，那么应用管理器向资源管理器请求 container 来运行所有的 Map 和

Reduce 任务(第 8 步)(注:每个任务对应一个 container,并且只能在该 container 上运行)。这些请求是通过心跳来传输的,包括每个 Map 任务的数据位置,比如存放输入 split 的主机名和机架(rack)。调度器利用这些信息来调度任务,尽量将任务分配给存储数据的节点,或者分配给和存放输入 split 的节点相同机架的节点。

请求也包括了任务的内存需求,默认情况下 Map 和 Reduce 任务的内存需求都是 1 024 MB,可以通过 mapreduce. map. memory. mb 和 mapreduce. reduce. memory. mb 来配置。

分配内存的方式和 MapReduce 1 中不一样,MapReduce 1 中每个 TaskTracker 都有固定数量的 slot,slot 是在集群配置时设置的,每个任务都运行在一个 slot 中,每个 slot 都有最大内存限制,这也是整个集群固定的。这种方式很不灵活。

在 YARN 中,资源划分的粒度更细。应用的内存需求可以介于最小内存和最大内存之间,并且必须是最小内存的倍数。

4. 任务运行

当一个任务由资源管理器的调度器分配给一个 container 后,应用管理器通过节点管理器来启动 container(第 9a 步和第 9b 步)。任务由一个主类为 YarnChild 的 Java 应用执行。在运行任务之前首先本地化任务需要的资源,比如作业配置、jar 文件,以及分布式缓存的所有文件(第 10 步)。最后,运行 Map 或 Reduce 任务(第 11 步)。

YarnChild 运行在一个专用的 JVM 中,但是 YARN 不支持 JVM 重用。

5. 进度和状态更新

YARN 中的任务将其进度和状态(包括 counter)返回给应用管理器,任务每 3 秒通过 Umbilical 接口向 Application Master 汇报进度和状态(包含计数器),作为作业的汇聚视图 (Aggregate View)。这和 MapReduce 1 不太一样,后者的进度流为从 TaskTracker 到 JobTracker。图 3-12 为 MapReduce 2 中的进度更新流。

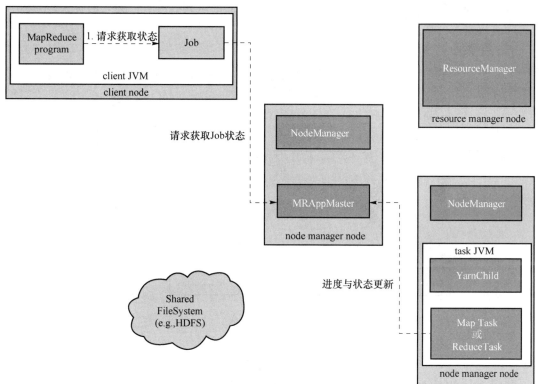

图 3-12 MapReduce 中的进度更新流

客户端每秒(通过 mapreduce. client. progressmonitor. pollinterval 设置)都向应用管理器请求进度更新,展示给用户。

在 MapReduce 1 中,JobTracker 的 UI 有运行的任务列表及其对应的进度。在 YARN中,资源管理器的 UI 展示了所有的应用以及各自应用管理器的 UI。

6. 作业完成

除了向应用管理器请求作业进度外,客户端每 5 分钟都会通过调用 waitForCompletion来检查作业是否完成。时间间隔可以通过 mapreduce. client. completion. pollinterval 来设置。

作业完成之后,应用管理器和 container 都会清理工作状态,OutputCommiter 的作业清理方法也会被调用。作业的信息会被作业历史服务器存储以备之后用户核查。

3.4.3 Hadoop 作业调度器

在 Hadoop 系统中,有一个组件非常重要,那就是调度器。Hadoop 作业调度器的基本作用就是根据节点资源(slot)使用情况和作业的要求,将任务调度到各个节点上执行。调度器是一个可插拔的模块,用户可以根据自己的实际应用要求设计调度器。

设计调度器需考虑的因素包括如下几个。

① 作业的优先级。作业的优先级越高,它能够获取的资源(slot 数目)就越多。Hadoop提供了 5 种作业优先级,分别为 VERY_HIGH、HIGH、NORMAL、LOW、VERY_LOW,优先级通过 mapreduce. job. priority 属性来设置。

② 作业的提交时间。顾名思义,作业提交的时间越早,作业就越先被执行。

③ 作业所在队列的资源限制。调度器可以分为多个队列,不同的产品线放到不同的队列里运行。不同的队列可以设置一个边缘限制,这样不同的队列就有自己独立的资源,不会出现抢占和滥用资源的情况。

我们先来看一下任务调度原理图,如图 3-13 所示。

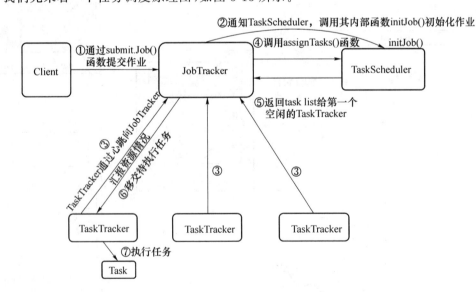

图 3-13　任务调度原理图

在图 3-13 中,TaskScheduler 是 JobTracker 的一个组件、一个成员,它们之间是函数与调用的关系。而 Client、JobTracker 和 TaskTracker 之间是通过网络 RPC 来交互的。下面我们就来分析调度器的大致原理。

① Client 通过 submitJob()函数向 JobTracker 提交一个作业。

② JobTracker 通知 TaskScheduler,调用其内部函数 initJob()对这个作业进行初始化,创建一些内部的数据结构。

③ TaskTracker 通过心跳来向 JobTracker 汇报它的资源情况,比如有多少个空闲的 Map slot 和 Reduce slot。

④ 如果 JobTracker 发现第一个 TaskTracker 有空闲的资源,JobTracker 就会调用 TaskScheduler 的 assignTasks() 函数,返回一些 task list 给第一个 TaskTracker。这时 TaskTracker 就会执行调度器分配的任务。

目前,Hadoop 作业调度器主要有 3 种:先进先出调度器(FIFO)、容量调度器(capacity scheduler)和公平调度器(fair scheduler)。下面我们分别进行介绍。

1. 先进先出调度器

FIFO 是 Hadoop 中默认的调度器,也是一种批处理调度器。它先按照作业的优先级高低,再按照到达时间的先后选择被执行的作业。先进先出调度器的原理如图 3-14 所示。

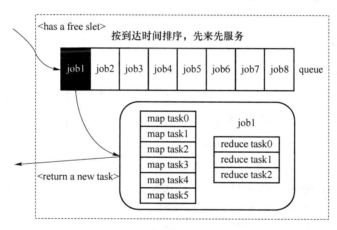

图 3-14　先进先出调度器的原理

比如,一个 TaskTracker 正好有一个空闲的 slot,此时 FIFO 的队列已经排好序,就选择排在最前面的任务 job1,job1 包含很多 map task 和 reduce task。假如空闲资源是 map slot,我们就选择 job1 中的 map task。假如 map task0 要处理的数据正好存储在该 tasktracker 节点上,根据数据的本地性,调度器把 map task0 分配给该 TaskTracker。FIFO 的工作原理整体就是这样一个过程。

2. 容量调度器

容量调度器支持多个队列,每个队列都可配置一定的资源量,采用 FIFO 调度策略,为了防止同一个用户的作业独占队列中的资源,该调度器会对同一用户提交的作业所占资源量进行限定。在调度时,首先按以下策略选择一个合适队列:计算每个队列中正在运行的任务数与其应该分得的计算资源之间的比值,选择一个该比值最小的队列。然后按以下策略选择该队列中的一个作业:按照作业的优先级和提交的时间顺序选择,同时考虑用户资源量限制和内存限制。容量调度器的原理如图 3-15 所示。

比如有 3 个队列:queueA、queueB 和 queueC。每个队列的 job 都按照到达时间排序。假如有 100 个 slot,queueA 分配 20% 的资源,可运行的最多配置为 15 个 Task;queueB 分配 50% 的资源,可运行的最多配置为 25 个 Task;queueC 分配 30% 的资源,可运行的最多配置为 25 个 Task。这 3 个队列同时按照任务的先后顺序依次执行,比如,job11、job21 和 job31 都排在各自队列的最前面,则最先运行,也同时运行。

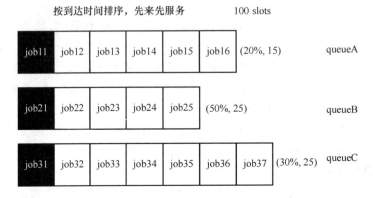

图 3-15　容量调度器的原理

容量调度器采用的机制是:集群由多个队列组成,在每个队列内部,作业根据 FIFO(依靠优先级决定)进行调度。本质上,容量调度器允许用户或组织为每个用户或组织模拟出一个 FIFO 调度策略的独立 MapReduce 集群。

3. 公平调度器

公平调度器与容量调度器类似,支持多队列多用户,每个队列中的资源量都可以配置,同一队列中的作业公平共享队列中的所有资源。公平调度器的原理如图 3-16 所示。

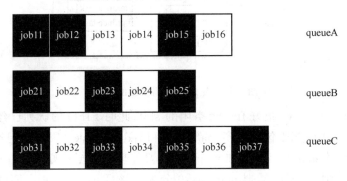

图 3-16　公平调度器原理图

比如有 3 个队列:queueA、queueB 和 queueC。每个队列中的 job 都按照优先级分配资源,优先级越高,分配的资源越多,每个 job 都会分配到资源以确保公平。在资源有限的情况下,每个 job 理想情况下获得的计算资源与实际获得的计算资源存在一种差距,这个差距就叫作缺额。在同一个队列中,job 的资源缺额越大,先获得的资源就越被优先执行。作业是按照缺额的高低来先后执行的,而且可以看到图 3-16 中有多个作业同时运行。

总体来说,公平调度器(可以同时运行几个任务)的目标就是让每个用户公平共享集群。当只有一个任务时,这个任务就会占有集群全部的资源。新增加一个任务时,会分配时间片来执行此任务。每个任务占有一半的集群资源。每增加一个任务,就会重新分配集群资源。这个特性让小作业在合理的时间内完成的同时,又不"饿"到消耗时间较长的大作业。改进点 1:可以用 Map 和 Reduce 的任务槽数来定制作业池的最小容量,也可以设置每个池的权重。改进点 2:支持抢占机制;如果一个池在特定的时间内未能完成公平资源的共享,就会终止占有大量资源的作业任务,把资源分配到占有资源较小的作业任务。

本章课后习题

1. 简述一下 MapReduce 的流程。
2. MapReduce 中的超类有哪些?
3. 简述 MapReduce 的 WordCount 算法中 Map 端及 Reduce 端的代码设计。
4. Merge 的作用是什么?
5. 什么是溢写?为什么溢写不会影响往缓冲区写 Map 结果的线程?
6. Reduce 中 Copy 过程采用的是什么协议?
7. 简述 shuffle 的工作流程和优化方法。

本章参考文献

[1]　怀特. Hadoop 权威指南[M]. 曾大聃,周傲英,译. 北京:清华大学出版社,2010.

[2]　董西成. Hadoop 技术内幕:深入解析 MapReduce 架构设计与实现原理[M]. 北京:机械工业出版社,2013.

[3]　董西成. Hadoop 技术内幕:深入解析 YARN 架构设计与实现原理[M]. 北京:机械工业出版社,2014.

[4]　李建江,崔健,王聃,等. MapReduce 并行编程模型研究综述[J]. 电子学报,2011(11):2635-2642.

[5]　冒佳明,王鹏飞,赵然. MapReduce 架构下 Reduce 任务的调度优化[J]. 无线互联科技,2018(22):5-6.

[6]　MapReduce 框架详解. [2019-02-19]. https://www.cnblogs.com/sharpxiajun/p/3151395.html.

第4章

大数据处理——分布式内存处理框架 Spark

本章思维导图

Spark 是一种基于内存的、分布式的大数据计算框架。Spark 不仅计算性能突出,在易用性方面也是其他同类产品难以比拟的。一方面,Spark 提供了支持多种语言的 API,如 Scala、Java、Python、R 等,使得用户开发 Spark 程序十分方便;另一方面,Spark 是基于 Scala 语言开发的,由于 Scala 是一种面向对象的、函数式的静态编程语言,其强大的类型推断、模式匹配、隐式转换等一系列功能结合其丰富的描述能力,使得 Spark 应用程序代码非常简洁。Spark 的易用性还体现在其针对数据处理提供了丰富的操作。在 Hadoop 的强势之下,Spark 凭借着快速、简洁易用、通用性以及支持多种运行模式四大特征,冲破固有思路成为很多企业标准的大数据计算框架。

本章主要介绍了 Spark 组件的基本概念、Spark 算子的理解方式和操作方法、Scala 语言的基本语言和应用,以及 Spark 生态下的 Spark SQL、Spark MLlib 工具包。本章思维导图如图 4-0 所示。

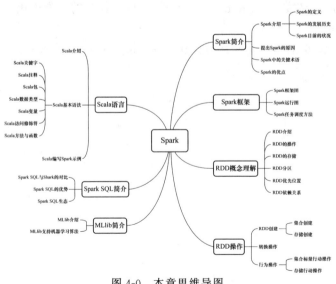

图 4-0　本章思维导图

4.1　Spark 简介

4.1.1　Spark 介绍

1. Spark 的定义

Apache Spark 是基于开源的集群运算框架。经过 2013—2014 年的高速发展,Spark 目前已经成为大数据计算领域最热门的技术之一。Spark 的核心技术弹性分布式数据集(Resilient Distributed Datasets,RDD),提供了比 Hadoop 更加丰富的 MapReduce 模型,拥有 Hadoop MapReduce 具有的所有优点,但不同于 Hadoop MapReduce 的是,Spark 中 Job 的中间输出和结果可以保存在内存中,从而可以基于内存快速地对数据集进行多次迭代,来支持复杂的机器学习、图计算和准实时流处理等,效率更高,速度更快。

拓展阅读

Spark 硬件配置

2. Spark 的发展历史

Spark 的发展历史如表 4-1 所示。

表 4-1　Spark 的发展历史

年　份	事　件
2009 年	由 Matei Zaharia 在加利福尼亚大学伯克利分校的 AMP 实验室开发
2010 年	通过 BSD 授权条款发布开放源码
2012 年	Spark 0.6.0 版本发布
2013 年	该项目被捐赠给 Apache 软件基金会
2014 年	Spark 成为 Apache 的顶级项目
2016 年	Spark 1.6.0 版本发布,该版本包含了超过 1 000 个补丁,主要改进:新的 Dataset API,性能提升,以及大量新的机器学习和统计分析算法
2018 年	Spark 2.3.0 版本发布,此版本增加了对 Structured Streaming 中的 Continuous Processing 以及全新的 Kubernetes Scheduler 后端的支持

3. Spark 目前的状况

自从 Spark 将其代码部署到 GitHub 上之后,截至 2018 年 11 月一共有 23 093 次提交、19 个分支、82 次发布、1 296 位代码贡献者。可以发现 Spark 开源社区的活跃度相当高,Spark 是目前最受欢迎的集群运算框架之一。Spark 官方网站的网址:http://spark.apache.org/。截至 2018 年 11 月 Spark 最新的版本是 Spark 2.3.2。

目前在 Hadoop 生态圈中 Spark 提供了一个更快、更通用的数据处理平台。Spark 在 Hadoop 生态圈中的位置如图 4-1 所示。

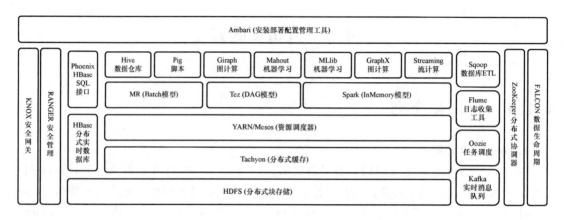

图 4-1　Hadoop 生态圈

4.1.2　提出 Spark 的原因

目前大数据处理场景有以下几种类型。

① 复杂的批量处理(batch data processing),偏重点在于处理海量数据的能力,通常的时间可能在数十分钟到数小时之间。

② 基于历史数据的交互式查询(interactive query),通常的时间在数十秒到数十分钟之间。

③ 基于实时数据流的数据处理(streaming data processing),通常在数百毫秒到数秒之间。

目前对以上 3 种场景的需求都有比较成熟的处理框架,第一种场景可以用 Hadoop 的 MapReduce 来进行批量数据处理,第二种场景可以用 Impala 进行交互式查询,对于第三种场景,可以用 Storm 分布式处理框架处理实时流式数据。以上 3 种场景都是比较独立的,各自搭建一套系统,所以维护成本比较高,而 Spark 的出现能够一站式地满足以上场景的需求。

所以总的来说 Spark 的应用场景有以下几种。

① Spark 是基于内存的迭代计算框架,适用于需要多次操作特定数据集的应用场景。反复操作的次数越多,读取的数据量就越大,收益就越高。

② Spark 不适用那种异步细粒度更新状态的应用,例如 Web 服务的存储或者是增量的 Web 爬虫和索引。

③ 数据量不大,但是要求实时统计分析的场景。

4.1.3　Spark 中的关键术语

Spark 程序的基本概念及其含义如表 4-2 所示。

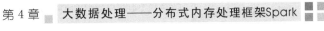

表 4-2 Spark 程序的基本概念及其含义

概　念	含　义
RDD	Spark 的基本计算单元,是 Spark 的一个最核心的抽象概念,可以通过一系列算子进行操作,包括 Transformation 和 Action 两种算子操作
Application	Application 即 Spark 的应用程序,是指创建了 SparkContext 实例对象的 Spark 用户程序。Application 包含了一个 Driver Program 和集群中多个 Worker Node 上的 Executor,其中 Worker Node 为每个应用仅仅提供一个 Executor
Driver Program	Driver Program 是指运行 Application 的 main 函数并且新建 SparkContext 实例的程序。通常 SparkContext 代表 Driver Program
Executor	Executor 是 Worker Node 为 Application 启动的一个工作进程,在进程中负责任务(Task)的运行,并且负责将数据存放在内存或磁盘上,必须注意的是,每个应用在 Worker Node 上都只会有一个 Executor,其在 Executor 内部通过多线程的方式并发处理应用程序
Job	Job 和 Spark 的 Action 相对应,每个 Action(例如 count、savaAsTextFile 等)都会对应一个 Job 实例,该 Job 实例包含多任务的并行计算
Stage	一个 Job 会被拆分成多组任务(TaskSet),每组任务被称为 Stage,任务和 MapReduce 的 Map 与 Reduce 任务很像。划分 Stage 的依据在于:一个 Stage 的开始一般是由于读取外部数据或者 shuffle 数据,一个 Stage 的结束一般是由于发生 shuffle(例如 rduceByKey 操作)或者是在整个 Job 结束时,例如要把数据放到 HDFS 等存储系统上
Task	Task 即被 Driver Program 送到 Executor 上的工作单元,通常情况下一个 Task 会处理一个 split(也就是一个分区)的数据,一个 split 一般就是一个 block 块的大小

4.1.4 Spark 的优点

1. 速度快

在 Spark 官网可以发现,Spark 官方将 Spark 标榜为"快如闪电的集群计算"。官方的数据表明 Spark 比 Hadoop 快数十倍甚至上百倍。Spark 是在借鉴 MapReduce 的基础上发展而来的,继承了 MapReduce 分布式并行计算的优点,同时改进了 MapReduce 的缺陷。MapReduce 在多个作业之间的计算结果交互都要写回磁盘再读取,这样反复读取磁盘数据会导致运行速度明显变慢。而 Spark 的数据是内存缓存,数据的加载只有一次,读写磁盘的次数比 MapReduce 少得多。

2. 易使用

Spark 是由 Scala 语言编写的,程序运行在 Java 虚拟机上。所以 Spark 不仅支持使用 Scala 编写应用程序,而且支持使用 Java 和 Python 等语言编写应用程序。同时 Scala 是一种高效、可拓展的语言,能够用简洁的代码处理较为复杂的工作。

3. 通用性

Spark 生态圈即 BDAS(伯克利数据分析栈),包含了 Spark Core、Spark SQL、Spark Streaming、MLlib 和 GraphX 等组件,其中 Spark Core 提供的内存计算框架、Spark Streaming 的实时处理应用、Spark SQL 的即席查询、MLlib 的机器学习和 GraphX 的图处理,它们都是由 AMP 实验室提供的,能够无缝地集成并提供一站式解决平台。Spark 生态圈如图 4-2 所示。

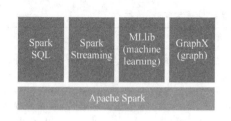

图 4-2　Spark 生态圈

4. 随处用

　　Spark 能够随处运行,读取 HDFS、Cassandra、HBase、S3 和 Techyon,为持久层读写原生数据,以 Mesos、YARN 和自身携带的 Standalone 作为资源管理器调度 Job,来完成 Spark 应用程序的计算。

4.2　Spark 框架

4.2.1　Spark 框架图

　　Spark 框架中组件介绍如下。

　　① Cluster Manager:在 Standalone 模式中即 Master 主节点,控制整个集群,监控 Worker Node。在 YARN 模式中为资源管理器。

　　② Worker Node:从节点,负责控制计算节点,启动 Executor 或者 Driver Program。在 YARN 模式中为 NodeManager,负责计算节点的控制。

　　③ Driver Program:运行 Application 的 main 函数并创建 SparkContext。

　　④ Executor:执行器,在 Worker Node 上执行任务的组件,用于启动线程池运行任务。每个 Application 都拥有独立的一组 Executor。

　　⑤ SparkContext:整个应用的上下文,控制应用的生命周期。

　　⑥ RDD:Spark 的基础计算单元。

　　⑦ DAGScheduler:根据作业(Task)构建基于 Stage 的 DAG,并提交 Stage 给 TaskScheduler。

　　⑧ TaskScheduler:将任务(Task)分发给 Executor 执行。

　　⑨ SparkEnv:线程级别的上下文,存储运行时的重要组件的引用。

　　Spark 框架如图 4-3 所示。

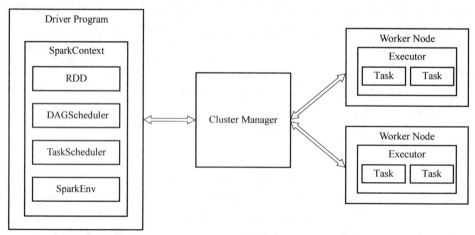

图 4-3　Spark 框架

4.2.2　Spark 运行图

Spark 运行过程如下。

① 初始化 SparkContext，然后 SparkContext 会创建 DAGScheduler、TaskScheduler。在创建中初始化 TaskScheduler 时，SparkContext 会连接资源管理器 Cluster Manager，并且向资源管理器注册 Application。

② 资源管理器收到信息之后，会调用自己的资源调度算法，通知 Worker Node 启动 Executor 并进行资源的分配。

③ Executor 在启动之后，会反向地注册到 TaskScheduler 上。

④ DAGScheduler 将 RDD 拆分为 Stage，提交给 TaskScheduler。TaskScheduler 把 Stage 划分为 Task 并分配给 Executor 执行，直到全部执行完成。

Spark 运行过程如图 4-4 所示。

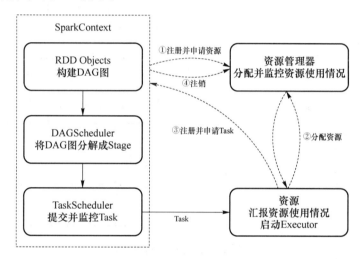

图 4-4　Spark 运行过程

4.2.3　Spark 任务调度方法

Spark 任务调度的过程如下。

1. 调度阶段的拆分

当某个 RDD 操作触发计算，向 DAGScheduler 提交作业时，DAGScheduler 需要从 RDD 依赖链末端的 RDD 出发，遍历整个 RDD 依赖链，划分调度阶段，并决定各个调度阶段之间的依赖关系。

2. 调度阶段的提交

提交上一步划分的调度阶段，并且生成一个作业实例。

3. 任务集的提交

在进行调度阶段的提交后，该提交会被转换成一个任务集的提交。这个任务集会触发 TaskScheduler 并构建一个 TaskSetManager 的实例来管理这个任务集的生命周期。当

TaskScheduler 得到计算资源后,会通过 TaskSetManager 调度具体的任务到对应的 Executor 节点上进行运算。

4. 完成状态的监控

为了保证在调度阶段能够顺利地执行调度,需要 DAGScheduler 监控当前调度阶段任务的完成情况。监控 DAGScheduler 主要是通过给出一系列的回调函数来实现的。

5. 任务结果的获取

一个具体的任务在 Executor 中被执行完之后,其结果会返回给 DAGScheduler。

Spark 任务调度过程如图 4-5 所示。

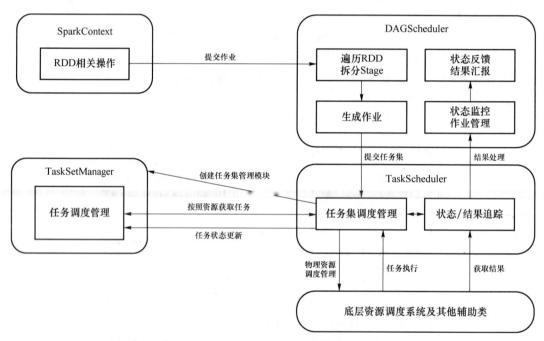

图 4-5　Spark 任务调度过程

4.3　RDD 概念理解

4.3.1　RDD 介绍

RDD 是 Spark 中对数据和计算的抽象,是 Spark 中最核心的概念,它表示已被分片(partition)的、不可变的并能够被并行操作的数据集合。一个 RDD 的生成途径只有两种,一种是来自内存集合或者外部存储系统的数据集,另一种就是通过其他的 RDD 转换操作而得到的 RDD,例如:RDD 可以进行 map、filter、join 等操作,进而转换为另一个 RDD。

4.3.2 RDD 的操作

在 Spark 中,对于 RDD 的操作一般可以分为两种:转换操作(transformation)和行动操作(action)。

① 转换操作:将 RDD 通过一定的操作转换成另一个 RDD,比如 file 这个 RDD 通过一个 filter 操作转换成 filterRDD,所以 filter 是一个转换操作。

② 行动操作:由于 Spark 是惰性计算的,所以对于任何 RDD 进行行动操作,都会触发 Spark 作业的运行,从而产生最终的结果。例如:我们对 filterRDD 进行的 count 操作就是一个行动操作,即能使 RDD 产生结果的操作为行动操作。

对于一个 Spark 数据处理程序而言,一般情况下 RDD 与操作之间的关系如图 4-6 所示。Spark 数据处理程序通过创建 RDD(输入)、转换操作、行动操作(输出)来完成一个作业。

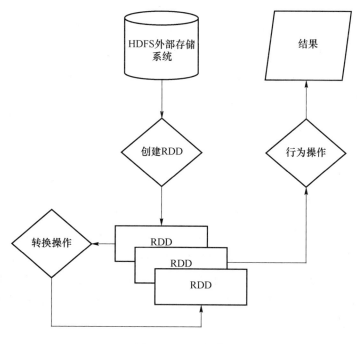

图 4-6 RDD 操作

在一个典型的 Spark 程序中,开发者通过 SparkContext 生成一个或者多个 RDD,并且通过一系列的转换操作生成最终的 RDD,最后对最终的 RDD 进行行动操作并生成所需要的结果。

4.3.3 RDD 的存储

除去以上两种主要的 RDD 操作方式之外,开发者还可以对 RDD 进行另外两个方面的控制操作:持久化和分区。开发者可以指明哪些 RDD 需要持久化,并且选择一种存储策略。虽然 Spark 是基于内存的分布式计算引擎,但是 RDD 不仅仅可以存储在内存中,如表 4-3 所示,Spark 提供多种存储级别。

表 4-3　Spark 的存储级别

存储级别(storage level)	含　义
MEMORY_ONLY	将 RDD 以反序列化(deserialized)的 Java 对象存储到 JVM。如果 RDD 不能被内存装下,一些分区就不会被缓存,并且在需要的时候被重新计算。它是默认的级别
MEMORY_AND_DISK	将 RDD 以反序列化的 Java 对象存储到 JVM。如果 RDD 不能被内存装下,超出的分区将被保存在硬盘上,并且在需要时被读取
MEMORY_ONLY_SER	将 RDD 以序列化(serialized)的 Java 对象进行存储(每一分区占用一字节数组)。通常来说,这比将对象反序列化的空间利用率更高,尤其是使用快速序列化器(fast serializer)时,但在读取时会比较耗 CPU
MEMORY_AND_DISK_SER	类似于 MEMORY_ONLY_SER,但是把超出内存的分区存储在硬盘上,而不是在每次需要的时候重新计算
DISK_ONLY	只将 RDD 分区存储在硬盘上
MEMORY_ONLY_2 MEMORY_AND_DISK_2	与上述的存储级别一样,但是将每一个分区都复制到两个集群节点上去
OFF_HEAP(experimental)	以序列化的格式将 RDD 存储到 Tachyon。相比于 MEMORY_ONLY_SER,OFF_HEAP 降低了垃圾收集(Garbage Collection)的开销,并使 Executors 变得更小而且共享内存池,这在大堆(heaps)和多应用并行的环境下是非常吸引人的。而且由于 RDD 驻留于 Tachyon 中,Executor 的崩溃不会导致种内存中的缓存丢失。在这种模式下,Tachyon 中的内存是可丢弃的。因此,Tachyon 不会尝试重建一个在内存中被清除的分块

4.3.4　RDD 分区

既然 RDD 是一个分区的数据集,那么 RDD 肯定具备分区的属性,对于一个 RDD 而言,分区的多少涉及对这个 RDD 进行并行计算的粒度,每一个 RDD 分区的计算操作都在一个单独的任务中被执行。对于 RDD 的分区而言,用户可以自行指定多少分区,如果没有指定,那么将会使用默认值。可以利用 RDD 的成员变量 partitions 所返回的 partition 数组的大小来查询一个 RDD 被划分的分区数。

4.3.5　RDD 优先位置

RDD 优先位置(preferredLocations)属性与 Spark 中的调度相关,返回的是此 RDD 的每个 partition 所存储的位置,按照"移动数据不如移动计算"的理念,在 Spark 进行任务调度的时候,尽可能地将任务分配到数据块所存储的位置。

4.3.6　RDD 依赖关系

由于 RDD 是粗粒度的操作数据集,每一个转换操作都会生成一个新的 RDD,所以 RDD 之间就会形成类似于流水线一样的前后依赖关系,在 Spark 中存在两种类型的依赖,即窄依赖(Narrow Dependencies)和宽依赖(Wide Dependencies)。

① 窄依赖:每一个父 RDD 的分区最多只被子 RDD 的一个分区所使用,如图 4-7 所示。

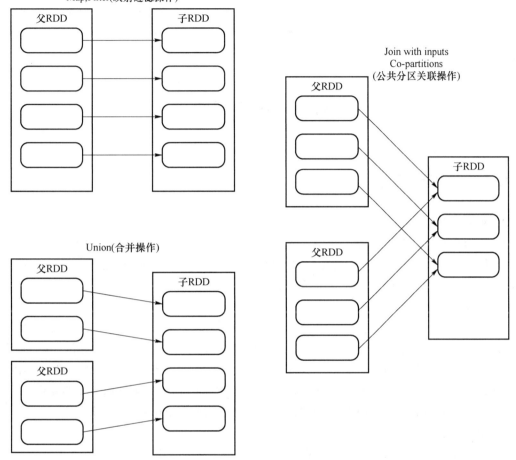

图 4-7　RDD 窄依赖示意图

② 宽依赖:多个子 RDD 的分区会依赖于同一个父 RDD 的分区,如图 4-8 所示。

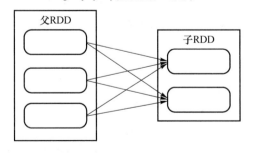

图 4-8　RDD 宽依赖示意图

在图 4-7 和图 4-8 中,一个矩形表示一个 RDD,矩形中的圆角矩形表示这个 RDD 的一个分区,例如,转换操作 map 和 filter 就会形成一个窄依赖,而进行 groupByKey 就会形成宽依赖。在 Spark 中需要明确地区分这两种依赖关系,这主要有两方面的原因。

① 窄依赖可以在集群的一个节点上如流水线一般地执行,可以计算所有父 RDD 的分区,

相反地,宽依赖需要取得父 RDD 所有分区上的数据进行计算,将会执行类似于 MapReduce 一样的 shuffle 操作。

② 对于窄依赖来说,节点计算失败后的恢复会更加有效,只需要重新计算对应的父 RDD 的分区,而且可以在其他的节点上并行地计算,相反地,在有宽依赖的继承关系中,一个节点的失败将会导致其父 RDD 的多个分区重新计算,这个代价是非常高的。

4.4 RDD 操作

4.4.1 RDD 创建

1. 集合创建

RDD 可以由内部集合类型来生成。Spark 中提供了 parallelize 和 makeRDD 两类函数来实现从集合生成 RDD,两个函数的接口功能类似,不同的是 makeRDD 还提供了一个可以指定每一个分区 preferredLocations 参数的实现版本。

2. 存储创建

Spark 的整个生态系统与 Hadoop 是完全兼容的,所以对于 Hadoop 所支持的文件类型或者数据库类型,Spark 也同样支持。另外,由于 Hadoop 的 API 有多个版本,所以 Spark 为了兼容 Hadoop 的所有版本,也提供了多套创建操作接口。对于外部存储创建操作而言,hadoopRDD 和 newHadoopRDD 是最为抽象的两个函数接口,主要包括以下 4 个参数。

- 输入格式(InputFormat):指定数据的输入类型,如 TextInputform 等。
- 键类型:指定[K,V]键值对中 K 的类型。
- 值类型:指定[K,V]键值对中 V 的类型。
- 分区值:指定由外部存储生成的 RDD 的 partition 数量的最小值,如果没有指定,系统会使用默认值 defautMinSplits。

其他创建操作的 API 都是为了方便最终的 Spark 程序开发者而设置的,是 hadoopRDD 和 newHadoopRDD 这两个接口的高效实现版本。例如,对于 textFile 接口而言,只有 path 这个指定文件路径的参数,其他参数在系统内部都指定了默认值。

4.4.2 转换操作

- map[U:CassTag](f:T=> U):RDD[U]
- distinct():RDD[T]
- flatMap[U:ClassTag](f: T => TraversableOnce[U]):RDD[U]

map 函数将 RDD 中类型为 T 的元素,一对一地映射为类型为 U 的元素。distinct 函数返回 RDD 中所有不一样的元素,而 flatMap 函数则将 RDD 中的每一个元素都进行一对多转换。

- repartition(numPartitions:Int):RDD[T]
- coalesce(numPartitions:Int, shuffle:Boolean = false):RDD[T]

repartition 和 coalesce 对 RDD 的分区进行重新划分,repartition 只是 coalesce 接口中

shuffle 为 true 的简易实现。所以这里主要讨论 coalesce 合并函数该如何设置 shuffle 参数，这里分 3 种情况（假设 RDD 有 N 个分区，需要重新划分成 M 个分区）。

① 如果 $N<M$，一般情况下 N 个分区有数据分布不均的状况，利用 HashPartitioner 函数将数据重新分区为 M 个，这时需要将 shuffle 参数设置为 true，如图 4-9 所示。

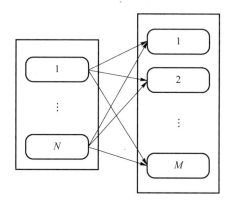

图 4-9　$N<M$ 的情况

② 如果 $N>M$ 且 N 和 M 相差不多（比如 N 是 1 000，M 是 100），那么就可以将 N 个分区中的若干个分区合并成一个新的分区，最终合并成 M 个分区，这时可以将 shuffle 参数设置为 false（在 shuffle 为 false 的情况下，设置 $M>N$，coalesce 是不起作用的），不进行 shuffle 过程，父 RDD 和子 RDD 之间是窄依赖关系，如图 4-10 所示。

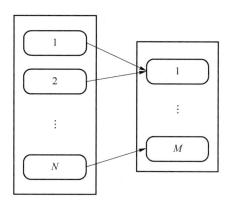

图 4-10　$M>N$ 且 M、N 相差不大的情况

③ 如果 $N>M$ 且 N 和 M 差距悬殊（比如 N 是 1 000，M 是 2），这个时候如果把 shuffle 参数设置为 false，由于父、子 RDD 是窄依赖，它们同处在一个 Stage 中，就可能会造成 Spark 程序运行的并行度不够，从而影响性能。比如，在 M 为 2 时，由于只有一个分区，所以只会有一个任务在运行，为了使 coalesce 之前的操作有更好的并行度，可以将 shuffle 参数设置为 true，如图 4-11 所示。

这里衡量 M 和 N 的差距需要结合具体的应用场景来确定，在程序运行的并行度和 shuffle 数据写磁盘这两个因素之间找到平衡。也就是说当 shuffle 为 true 的情况下，无法将现有的 RDD 分区再做拆分。

- randomSplit(weigh:Array[Double],seed:Long＝System. nanoTimne:Array[RDD[T]]
- glom()：RDD[Array[T]]

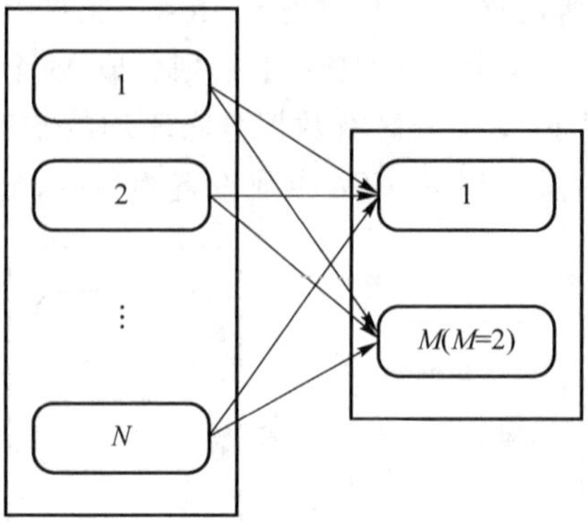

图 4-11　$M > N$ 且 M、N 相差悬殊的情况

randomSplit 函数根据 weights 权重将一个 RDD 切分成多个 RDD,而 glom 函数将 RDD 每一个分区中类型为 T 的元素都转换成数组 Array[T],这样每一个分区就只有一个数组元素。

- union(other:RDD[T]):RDD[T]
- intersection(other:RDD[T]):RDD[T]
- intersection(other：RDD[T],partitioner：Partitioner)
- subtract(other:RDD[T]):RDD[T]
- subtract(other:RDD[T],p:Partitioner):RDD[T]

以上程序是针对 RDD 的集合操作。union 操作将两个 RDD 集合中的数据进行合并,返回两个 RDD 的并集(包含两个 RDD 中相同的元素,不会去重)。intersection 操作返回两个 RDD 集合的交集,并且交集中不会包含相同的元素。如果 subtract 所针对的两个集合是 A 和 B,即操作是 val result ＝ A. subtract(B),那么 result 中将会包含在 A 中出现且不在 B 中出现的元素。intersection 和 subtract 操作一般情况下都会有 shuffle 的过程。

4.4.3　行动操作

行动操作是和转换操作相对应的一种 RDD 的操作类型,在 Spark 的程序中,每调用一次行动操作,都会触发一次 Spark 的调度并返回相应的结果。从目前 Spark 提供的 API 来看,行动操作可以分为以下两种类型。

① Spark 的客户端程序,比如返回 RDD 中数据集的数量或者是返回 RDD 中的一部分符合条件的数据。

② 行动操作将 RDD 直接保存到外部文件系统或者数据库中,比如将 RDD 保存到 HDFS 文件系统中。

1. 集合标量行动操作

- first:返回 RDD 中的第一个元素。
- count:返回 RDD 中元素的个数。
- reduce(f:(T,T)=>T):对 RDD 中的元素进行二元计算,返回计算结果。
- collect()/toArray():以集合形式返回 RDD 的元素。
- take(num:Int):将 RDD 作为集合,返回集合中[0,num-1]下标的元素。

- top(num:Int):按照默认的或者是指定的排序规则,返回前 num 个元素。
- takeOrdered(num:Int):以与 top 相反的排序规则,返回前 num 个元素。
- aggregate[U](zeroValue:U)(seqOp:(U,T) => U,combOp(U,U) => U):aggregate 行动操作中主要需要提供两个函数。一个是 seqOp 函数,其将 RDD(RDD 中的每个元素的类型都是 T)中的每个分区的数据聚合成类型为 U 的值。另一个是 combOp 函数,其将各个分区聚合起来的值合并在一起,得到最终类型为 U 的返回值。这里 RDD 元素的类型 T 和返回值的类型 U 可以为同一个类型。
- fold(zeroValue:T)(op:(T,T) => T):fold 是 aggregate 的便利接口,其中,op 操作既是 seqOp 操作,也是 combOp 操作,并且最终的返回类型也是,即与 RDD 中每一个元素的类型都是一样的。对 fold 而言,聚合以及合并阶段都用同一个函数。

2. 存储行动操作

对于 RDD 最后的归宿,除了返回为集合和标量外,也可以将 RDD 存储到外部文件系统或者数据库中,Spark 系统与 Hadoop 是完全兼容的,所以对于 MapReduce 所支持的读写文件或者数据库类型,Spark 也同样支持。

拓展阅读

Spark 性能调优

- saveAsNewAPIHadoopFile [F <: NewOutputFormat [K, V]] (path: String) (implicitfm: ClassTag[F])
- saveAsNewAPIHadoopFile(path:String,keyClass:Class[_],valueClass: Class[_], outputFormatClass:Class[_<:NewOutputFormat_,_]],conf:Configuration = self. context. hadoopConfiguration)
- saveAsNewAPIHadoopDataset(conf: Configuration)

前两个 API 支持将 RDD 保存到 HDFS 中,而 saveAsNewAPIHadoopDataset 则支持所有 MapReduce 兼容的输入、输出类型。它们主要的不同点在于 Hadoop API 的改变,因为输入参数的类型发生了变化。

4.5　Scala 语言

4.5.1　Scala 介绍

Scala 是一门类 Java 的编程语言,它结合了面向对象编程和函数式编程。Scala 是纯面向对象的,每个值都是一个对象,对象的类型和行为由类定义,不同的类可以通过混入(mixin)的方式组合在一起。Scala 的设计目的是要和两种主流面向对象编程语言 Java 和 C♯ 实现无缝互操作,这两种主流语言都非纯面向对象。

Scala 也是一门函数式编程语言,每个函数都是一个值,原生支持嵌套函数定义和高阶函数。Scala 也支持一种通用形式的模式匹配,模式匹配用来操作代数式类型,在很多函数式语言中都有实现。

Scala 被设计用来和 Java 无缝互操作。Scala 类可以调用 Java 方法,创建 Java 对象,继承 Java 类和实现 Java 接口。这些都不需要额外的接口定义或者胶合代码。Scala 始于 2001 年,由洛桑联邦理工学院(EPFL)的编程方法实验室研发,2003 年 11 月 1.0 版本被发布。

4.5.2　Scala 基本语法

1. Scala 关键字

Scala 关键字如表 4-4 所示。

表 4-4　Scala 关键字

关键字	关键字	关键字	关键字	关键字	关键字	关键字	关键字	关键字	关键字
abstract	case	catch	class	def	do	else	extends	false	final
finally	for	forSome	if	implicit	import	lazy	match	new	null
object	override	package	private	protected	return	sealed	super	this	throw
trait	try	true	type	val	var	while	with	yield	-
;	=	=>	<-	<:	<%	>:	#	@	

2. Scala 注释

Scala 的注释方法主要分两种,一种是多行注释,另一种是单行注释。注释的方法与 Java 类似。

(1) 多行注释

```
/*
 *
 */
```

(2) 单行注释

```
//
```

3. Scala 包

(1) 定义包

Scala 使用 package 关键字定义包,和 Java 一样,在文件的头定义包名。

```
package com.runoob
  class HelloWorld{
  }
```

(2) 引用包

Scala 使用 import 关键字引用包。

```
import java.awt.Color   // 引入 Color
import java.awt._        // 引入包内所有成员
```

4. Scala 数据类型

Scala 数据类型如表 4-5 所示,表中列出的数据类型都是对象,也就是说 Scala 没有 Java 中的原生类型。在 Scala 中是可以对数字等基础类型调用方法的。

表 4-5　Scala 数据类型

数据类型	描　述
BYTE	8 位有符号补码整数。数值区间为 −128～127
SHORT	16 位有符号补码整数。数值区间为 −32 768～32 767
INT	32 位有符号补码整数。数值区间为 −2 147 483 648～2 147 483 647
LONG	64 位有符号补码整数。数值区间为 −9 223 372 036 854 775 808～9 223 372 036 854 775 807
FLOAT	32 位，IEEE 754 标准的单精度浮点数
DOUBLE	64 位，IEEE 754 标准的双精度浮点数
CHAR	16 位无符号 Unicode 字符，区间值为 U+0000～U+FFFF
STRING	字符序列
BOOLEAN	true 或 false
UNIT	表示无值，和其他语言中的 void 等同，用作不返回任何结果的方法的结果类型。UNIT 只有一个实例值，写成()
NULL	空引用
NOTHING	NOTHING 类型在 Scala 的类层级的最低端；它是任何其他类型的子类型
ANY	ANY 是所有其他类的超类
ANYREF	ANYREF 类是 Scala 里所有引用类（reference class）的基类

5. Scala 变量

变量是一种使用方便的占位符，用于引用计算机内存地址，变量创建后会占用一定的内存空间。基于变量的数据类型，操作系统会进行内存分配并且决定什么将被储存并保留在内存中。因此，通过给变量分配不同的数据类型，用户可以在这些变量中存储整数、小数或者字母。

（1）变量的声明

在 Scala 中，使用关键词“var”声明变量，使用关键词“val”声明常量。

① 声明变量实例如下：

```
var 变量名:变量类型 =［变量的值］
var myVar : String = "Foo"
var myVar : String = "Too"
```

② 声明常量实例如下：

```
val 常量名:常量类型 =［常量的值］
val myVal : String = "Foo"
```

（2）变量类型的引用

在 Scala 中声明变量和常量不一定要指明数据类型，在没有指明数据类型的情况下，其数据类型是通过变量或常量的初始值推断出来的。所以，如果在没有指明数据类型的情况下声明变量或常量，必须要给出其初始值，否则将会报错。以下实例中，myVar 会被推断为 Int 类型，myVal 会被推断为 String 类型。

```
var myVar = 10;
var myVal = "Hello, Scala!";
```

6. Scala 访问修饰符

Scala 访问修饰符基本和 Java 的一样,分别为 private、protected、public。如果没有指定访问修饰符,默认情况下,Scala 对象的访问级别都是 public。Scala 中的 private 限定符比 Java 更严格,在嵌套类情况下,外层类甚至不能访问被嵌套类的私有成员。

(1) 私有(private)成员

用 private 关键字修饰,带有此标记的成员仅在包含了成员定义的类或对象内部可见,同样的规则还适用于内部类。(new Inner). f( )访问不合法是因为 f 在 Inner 中被声明为 private,而访问不在类 Inner 之内。但在 InnerMost 里访问 f 就没有问题,因为这个访问包含在 Inner 类之内。Java 中允许这两种访问,因为它允许外部类访问内部类的私有成员。

```scala
class Outer{
    class Inner{
    private def f(){println("f")}
    class InnerMost{
        f() // 正确
        }
    }
    (new Inner).f() //错误
}
```

(2) 保护(protected)成员

在 Scala 中,对保护成员的访问比 Java 更严格一些。因为它只允许保护成员在定义了该成员的类的子类中被访问。而在 Java 中,用 protected 关键字修饰的成员,除了定义了该成员的类的子类可以访问,同一个包里的其他类也可以进行访问。下例中,Sub 类对 f 的访问没有问题,因为 f 在 Super 中被声明为 protected,而 Sub 是 Super 的子类。相反,Other 对 f 的访问不被允许,因为 Other 没有继承自 Super。而后者在 Java 里同样被认可,因为 Other 与 Sub 在同一包里。

```scala
class Super{
    protected def f() {println("f")}
    }
    class Sub extends Super{
        f()
    }
    class Other{
        (new Super).f() //错误
    }
```

(3) 公共(public)成员

在 Scala 中,如果没有指定任何的修饰符,则默认为 public。这样的成员在任何地方都可以被访问。

```
class Outer {
    class Inner {
        def f() { println("f") }
        classInnerMost {
            f() // 正确
        }
    }
    (new Inner).f() //正确,因为 f 是 public
}
```

7. Scala 方法与函数

Scala 有方法与函数,两者在语义上的区别很小。Scala 方法是类的一部分,而函数是一个对象可以赋值给一个变量。换句话来说,在类中定义的函数即方法。Scala 中的方法跟 Java 的类似,方法是类的一部分。Scala 中的函数则是一个完整的对象。在 Scala 中使用 val 语句可以定义函数,使用 def 语句可以定义方法。

```
class Test{
    def m(x: Int) = x + 3
    val f = (x: Int) => x + 3
}
```

(1) 方法的定义

方法的定义由一个 def 关键字开始,紧接着是可选的参数列表、一个冒号(:)和方法的返回类型、一个等号(=),最后是方法的主体。

Scala 方法的定义格式如下:

```
def functionName ([参数列表]) : [return type] = {
    function body
    return [expr]
}
```

(2) 方法的调用

Scala 提供了多种不同的方法调用方式。

以下是调用方法的标准格式:

```
functionName(参数列表)
```

如果方法使用了实例的对象来调用,我们可以使用类似 Java 的格式(使用“.”号):

```
[instance.]functionName( 参数列表 )
```

定义与调用方法的实例:

```
object Test {
    def main(args: Array[String]) {
        println( "Returned Value : " + addInt(5,7) );
    }
    def addInt( a:Int, b:Int ) : Int = {
```

```
      var sum:Int = 0
      sum = a + b
      return sum
   }
}
```

4.5.3 Scala 编写 Spark 示例

（1）统计文本内的不同单词的数量

```
val input = Source.fromFile("D:\\test.txt")  /* 获取文件 */
.getLines                          /* 获得文件的每一行 */
.toArray                           /* 转化为数组 */

val wc = sc.parallelize(input)     /* 将 input 结合并转化为 RDD */
.flatMap(_.split(" "))             /* 拆分数据,以空格为拆分条件 */
.map((_,1))                        /* 将拆分出的每个数据作为 key,其中每个 key 对
                                      应的 value 设置为 1 */
.reduceByKey(_ + _)                /* 按 key 分组汇总 */
.foreach(println)                  /* 输出 */
```

（2）词频排序

```
/* 获取文件数据并转化为数组 */
val input = Source.fromFile("D:\\test.txt")
.getLines
.toArray

val topk = sc.parallelize(input)   /* 将 input 结合并转化为 RDD */
.flatMap(_.split(" "))             /* 拆分数据,以空格为拆分条件 */
.map((_, 1))                       /* 将拆分出的每个数据作为 key,其中每个 key
                                      对应的 value 设置为 1 */
.reduceByKey(_ + _)                /* 按 key 分组汇总 */
.sortBy(_._2,false)                /* 根据分组后第 2 位数据进行排序 */
.take(5)                           /* 只取前 5 位 */
.foreach(println)                  /* 输出 */
```

4.6 Spark SQL 简介

4.6.1 Spark SQL 与 Shark 的对比

① Shark 在 Hive 的架构基础上,改写了内存管理、执行计划和执行模块 3 个模块,使

HQL 从 MapReduce 转到 Spark 上。

② Spark SQL 沿袭了 Shark 的架构,在原有架构上重写了优化部分,并增加了 RDD-Aware optimizer 和多语言接口。

Spark SQL 框架如图 4-12 所示。

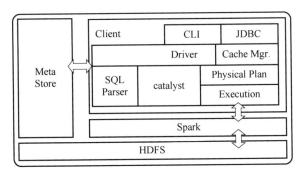

图 4-12　Spark SQL 框架图

拓展阅读

Spark 安全

4.6.2　Spark SQL 的优势

（1）数据兼容方面

Spark SQL 不但兼容 Hive,还可以从 RDD、parquet 文件、JSON 文件中获取数据,未来版本甚至支持获取 RDBMS 数据以及 Cassandra 等 NoSQL 数据。

（2）性能优化方面

Spark SQL 除了采取 In-Memory Columnar Storage、byte-code generation 等优化技术外,还会引进 Cost Model 对查询进行动态评估,获取最佳物理计划等。

（3）组件扩展方面

无论是 SQL 的语法解析器、分析器,还是优化器,都可以重新定义,并进行扩展。

4.6.3　Spark SQL 生态

Spark SQL 生态如图 4-13 所示。

图 4-13　Spark SQL 生态

① 支持 Scala、Java 和 Python 3 种语言。

② 支持 SQL-92 规范和 HQL。

③ 增加了 SchemaRDD，读取 JSON、NoSQL、RDBMS 和 HDFS 数据。

④ 继续兼容 Hive 和 Shark。

4.7　MLlib 简介

4.7.1　MLlib 介绍

MLlib 是 Spark 中提供机器学习函数的库。它是专为在集群上并行运行的情况而设计的。MLlib 中包含许多机器学习算法，可以在 Spark 支持的所有编程语言中使用，由于 Spark 基于内存计算模型的优势，因此 MLlib 非常适合机器学习中出现的多次迭代，避免了操作磁盘和网络性能的损耗。这点在 Spark 官网展示的 MLlib 与 Hadoop 的性能对比图中就非常显著，所以 Spark 比 Hadoop 的 MapReduce 框架更易于支持机器学习。

4.7.2　MLlib 支持机器学习算法

MLlib 支持的机器学习算法如表 4-6 所示。

表 4-6　MLlib 支持的机器学习算法

机器学习类型	离散型	连续型
有监督的机器学习	分类	回归
	逻辑回归	线性回归
	支持向量机（SVM）	决策树
	朴素贝叶斯	随机森林
	决策树	梯度提升决策树（GBT）
	随机森林	保序回归
	梯度提升决策树（GBT）	
无监督的机器学习	聚类	协同过滤、降维
	k-means	交替最小二乘（ALS）
	高斯混合	奇异值分解（SVD）
	快速迭代聚类（PIC）	主成分分析（PCA）
	隐含狄利克雷分布（LDA）	
	二分 k-means	
	流 k-means	

本章课后习题

1. Spark 的特点及优势有哪些？
2. RDD 的操作可以分为哪些种类,各有什么区别？
3. RDD 有哪些存储级别？
4. RDD 依赖关系有哪些类型,各有什么区别？
5. Scala 语言的特点有哪些？
6. Spark SQL 的优点有哪些？
7. Spark MLlib 支持哪些机器学习算法？

本章参考文献

[1] 夏俊鸾,刘旭晖,邵赛赛,等. Spark 大数据处理技术[M]. 北京:电子工业出版社,2015.

[2] 高彦杰. Spark 大数据处理:技术、应用与性能优化[M]. 北京:机械工业出版社,2014.

[3] jackiehff. Spark 2.2.x 中文官方参考文档[EB/OL]. [2019-02-19]. https://spark-reference-doc-cn. readthedocs. io/zh_CN/latest/.

[4] 林大贵. Hadoop ＋ Spark 大数据巨量分析与机器学习整合开发实战[M]. 北京:清华大学出版社,2017.

[5] 王家林,徐香玉. Spark 大数据实例开发教程 [M]. 北京:机械工业出版社,2015.

[6] Zaharia M, Chowdhury M, Franklin M J, et al. Spark:cluster computing with working sets [C]// Proceedings of the 2nd USENIX conference on Hot topics in cloud computing. Boston, MA:USENIX Association Berkeley, 2010:10-10.

[7] Meng X, Bradley J, Yavuz B, et al. MLlib:machine learning in apache spark[J]. The Journal of Machine Learning Research,2016,17(1):1235-1241.

[8] Armbrust M, Xin R S, Lian C, et al. Spark sql:relational data processing in spark [C]//Proceedings of the 2015 ACM SIGMOD international conference on management of data. [S. l.]:ACM, 2015:1383-1394.

[9] Karau H, Konwinski A, Wendell P, et al. Learning spark:lightning-fast big data analysis[M]. [S. l.]:O'Reilly Media, Inc. , 2015.

[10] Abbasi M A. Leaning Apache Spark 2 [M].[S. l.]:Packt Publishing, 2017.

第 5 章
大数据处理——实时处理框架

本章思维导图

现有的大数据处理系统可以分为两类：批处理系统与流处理系统。以 Hadoop 为代表的批处理系统需先将数据汇聚成批，经批量预处理后加载至分析型数据仓库中，以进行高性能实时查询。这类系统虽然可对完整大数据集实现高效的查询，但无法查询到最新的实时数据，存在数据滞后等问题。相较于批处理大数据系统，以 Spark Streaming、Storm、Flink 为代表的流处理系统将实时数据通过流处理，逐条加载至高性能内存数据库中并进行查询。此类系统可以对最新实时数据实现高效预设分析处理模型的查询，数据滞后性较低。在工业界，一些实时性要求较高并且数据量很大的系统（如大数据背景下的订单支付、抢红包等）急需这些高性能流处理系统来进行业务支持。

本章将针对当下较火热的多个实时处理系统（包括 Storm、Spark Streaming、Flink）进行讲述，并且将介绍一下 Flume、Kafka。其中 Flume 是实时的日志收集系统，Kafka 是实时的消息通道，这两个系统虽然不能进行实时处理，但是在很多情况下，实时处理系统的使用是需要配合它们进行相关处理的。3 种实时处理系统各有各的优势，具体的使用方法还需要在具体的场景中进行分析。本章思维导图如图 5-0 所示。

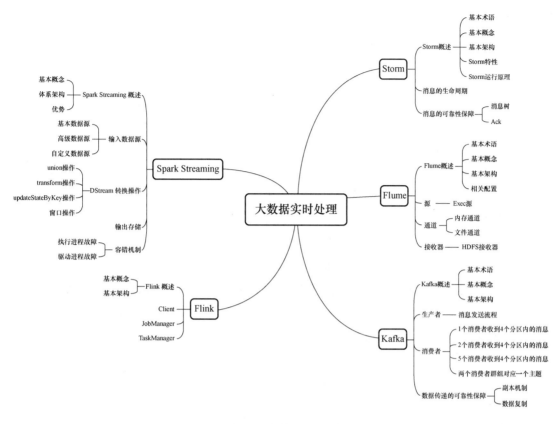

图 5-0　本章思维导图

5.1　实时处理架构

实时处理是针对海量数据进行的,一般要求为秒级,主要应用在数据源实时不间断、数据量大且无法预算的场景。各处理逻辑的分布、消息的分发以及消息分发的可靠性对于应用开发者来说是透明的。对于运维而言,平台需要是可监控的。

5.1.1　基本概念

实时处理的相关技术主要应用在数据存在的两个阶段:数据的产生与收集阶段、数据的传输与分析处理阶段。针对数据存在的各个阶段,产生了相应的数据处理方法。

1. 数据实时收集

在数据收集过程中,功能上需要保证可以完整地收集到来自系统日志、网络、数据库的数据,为实时服务提供实时数据;相应时间上要根据具体业务场景保证时效性、低延迟;配置部署上要简单;系统要稳定可靠。

目前满足此阶段需求的产品有 Facebook 的 Scribe、LinkedIn 的 Kafka、Cloudera 的

Flume、淘宝的 TimeTunnel 等。它们都可以满足每秒数百兆字节的数据采集和传输需求。

2. 数据实时计算

在数据实时计算过程中,需要在流数据不断变化的运动过程中进行实时分析,得到针对用户有价值的信息,并把运算结果发送出去。

该阶段的主流产品有 Twitter 的 Storm、Facebook 的 Puma、Yahoo 的 S4、Spark Streaming 等。

5.1.2　批量和流式计算

批量和流式的主要区别在于数据处理单位、数据源、任务类型。

1. 数据处理单位

批量计算每次处理完一定的数据块后,才将处理好的中间数据发送给下一个处理节点。流式计算则以比数据块更小的记录为单位,处理节点处理完一个记录后,立刻将其发送给下一个节点。若我们对一些固定大小的数据做统计,那么采用批量和流式的效果基本相同,但是流式的一个优势在于可以实时得到计算中的结果,这对某些实时性较强的应用很有帮助,比如统计每分钟对某个服务的请求次数。

2. 数据源

批量计算通常处理的是有限数据,数据源一般采用文件系统,而流式计算通常处理无限数据,一般采用消息队列作为数据源。

3. 任务类型

批量计算中的每个任务都是短任务,任务在处理完其负责的数据后关闭,而流式计算往往是长任务,每个任务都一直运行,持续接收数据源传过来的数据。

通常认为,离线和实时指的是数据处理的延迟,批量和流式指的是数据处理的方式。MapReduce 是离线批量计算的代表,但是离线不等于批量,实时也不等于流式。假设一种极端情况:我们拥有一个非常强大的硬件系统,可以毫秒级的时间处理太字节级别的数据,当我们的数据量在太字节级别以下时,批量计算也可以毫秒级的时间得到计算结果,此时我们无法称之为离线计算。后文提到的 Spark Streaming 就是采用小批量的方式实现实时计算的。

既然流式系统可以做批量系统的事情,并能提供更多功能,那么为何还会需要批量系统呢? 因为早期的流式系统并不成熟,存在两个问题:第一,流式系统的吞吐量不如批量系统;第二,流式系统无法提供精准的计算。后面的 Strom、Spark Streaming、Flink 会主要根据这两点进行介绍。

5.1.3　系统生态简介

实时处理系统相对于离线处理系统而言强调了数据的实时性。针对实时性较强的应用,应在数据搜集、数据处理、消息系统及调度与管理服务上使用相应组件进行管理,实时处理系统生态图如图 5-1 所示。

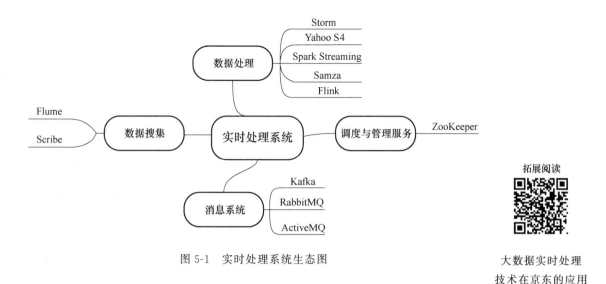

图 5-1　实时处理系统生态图

拓展阅读

大数据实时处理
技术在京东的应用

5.2　Storm 框架

Storm 是由 Twitter 开源的分布式、高容错的实时处理系统,它的出现令持续不断的流计算变得容易,弥补了 Hadoop 批处理所不能满足的实时要求。Storm 支持实时处理和更新、持续并行化查询,满足大量场景;Storm 具有健壮性,集群易管理,可轮流重启节点;Storm 还具有良好的容错性和可扩展性,以及确保数据至少被处理一次等特性。

Hadoop 和 Storm 是典型的批处理与流处理的对比。如果说批处理的 Hadoop 需要一桶一桶地搬走水,那么流处理的 Storm 就好比自来水水管,只要预先接好水管,然后打开水龙头,水就顺着水管源源不断地流出来了,即消息会被实时处理。

5.2.1　Storm 的基本术语和概念

Storm 包含以下几个基本概念。

- Topology:拓扑。Topology 是对实时计算应用逻辑的封装,它的作用与 MapReduce 中的 Job 很相似。区别在于 Job 得到结果之后总会结束,而拓扑会一直在集群中运行,直到用户手动去终止它。Topology 可以理解为由一系列通过数据流(Stream Grouping)相互关联的 Spout 和 Bolt 组成的拓扑结构。Spout 和 Bolt 称为拓扑的组件(component)。
- tuple:消息。tuple 是 Storm 中的主要数据结构,它是有序元素的列表,这里的元素可以是任何类型的。
- Spout:Storm 中的数据源,用于为 Topology 生产消息(tuple)。一般从外部数据源(如消息队列、普通关系型数据库、非关系型数据库等)流式读取数据并给 Topology 发送消息。
- Bolt:Storm 中的消息处理者,用于处理 Topology 中的消息(tuple)。通过数据过滤

（filtering）、函数处理（functions）、聚合（aggregations）、联结（joins）、数据库交互等功能，Bolt 几乎能够完成任何一种数据处理需求。

- Stream：数据流。一个数据流指的是在分布式环境中并行创建、处理的一组消息（tuple）的无界序列。数据流由多个消息构成。
- Stream Grouping：数据流分组。数据流分组定义了在 Bolt 的不同任务中划分数据流的方式。在 Storm 中有 8 种内置的数据流分组方式，还可以通过 CustomStreamGrouping 接口实现自定义的数据流分组模型。
- Task：任务。在 Storm 集群中每个 Spout 和 Bolt 都由若干个任务（Tasks）来执行，每个任务都与一个执行线程对应。数据流分组可以决定如何由一组任务向另一组任务发送消息。
- Worker：工作进程。拓扑是在一个或多个工作进程中运行的。每个工作进程都是一个实际的 JVM 进程，并且执行拓扑的一个子集。Storm 会在所有的 Worker 中分散任务，以实现集群的负载均衡。

如图 5-2 所示，一个完整的 Topology 由 Spout、Stream 和 Bolt 组成。Spout 从外部接收流式数据，将各种类型的数据转化成元组类型并形成 Streams，进而由 Bolt 开启工作进程，处理数据。处理后的数据输出到数据库进行持久化存储，或者输出到外部进行数据的下一步处理。

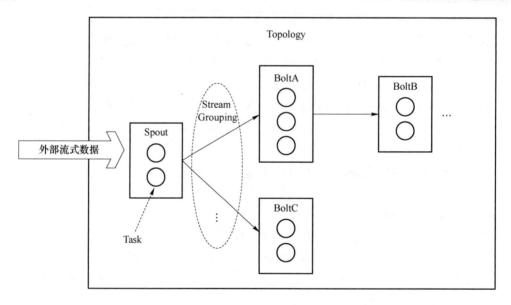

图 5-2 Topology 结构图

5.2.2 Storm 特性及运行原理

Storm 有一些很好的特性使得它在众多实时处理应用中脱颖而出。

- 简化编程：从零开始实现实时处理是一件很困难的事情，使用 Storm 可以将复杂性大大降低。

- 容错性:Storm 集群会关注工作节点状态,如果死机了,必要的时候会重新分配任务。
- 可扩展性:需要为扩展集群所做的工作就是增加机器,而 Storm 会在新机器就绪时自动向它们分配任务。
- 可靠性:所有消息都可保证至少处理一次。如果出错了,消息可能处理不止一次,但是永远不会丢失消息。
- 高效性:Storm 设计的驱动之一就是速度。

Storm 集群中包含主控节点和工作节点。主控节点运行着 Nimbus 的进程,它负责在 Storm 集群内分发代码,分配任务给工作机器,并且负责监控集群的运行状态。工作节点运行着 Supervisor 的进程,它负责监听 Nimbus 分配给它执行的任务,据此启动或停止执行任务的工作进程。一个运行中的 Topology 由分布在不同工作节点上的多个工作进程组成。Nimbus 和 Supervisor 的关系类似于 Hadoop 中 JobTracker 和 NodeTracker 的关系。

Storm 工作集群组件如图 5-3 所示。Storm 工作集群中需要集成 ZooKeeper,Nimbus 和 Supervisor 节点之间所有的协调工作都是通过 ZooKeeper 集群来实现的。此外,Nimbus 和 Supervisor 进程都是快速失败(fail-fast)和无状态(stateless)的,因为 Storm 在 ZooKeeper 或本地磁盘上维持所有的集群状态,守护进程可以是无状态的,而且失效或重启时不会影响整个系统的健康。

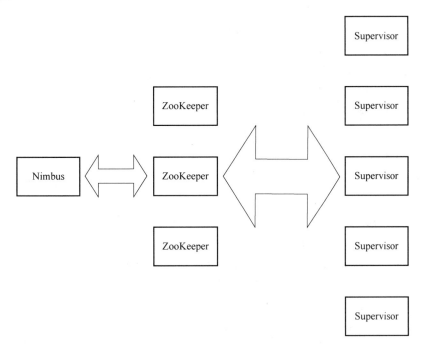

图 5-3　Storm 工作集群组件

5.2.3　消息的生命周期

Spout 实现的接口如下:

```
public interface ISpout extends Serializable {
    void open(Map conf, TopologyContext context, SpoutOutputCollector collector);
    void close();
    void nextTuple();
    void ack(Object msgId);
    void fail(Object msgId);
}
```

首先,Storm 使用 Spout 实例的 nextTuple 方法从 Spout 请求一个消息(tuple)。收到请求以后,Spout 使用 open 方法中提供的 SpoutOutputCollector 向它的输出流发送一个或多个消息。每发送一个消息,Spout 会给这个消息提供一个 message ID,它将会被用来标识这个消息。

拓展阅读

Storm SQL 集成

假设从 Kestrel 队列中读取消息,Spout 会将 Kestrel 队列为这个消息设置的 ID 作为此消息的 message ID。向 SpoutOutputCollector 发送消息的格式如下:

```
_collector.emit(new Values("field1", "field2", 3), msgId);
```

接下来,这些消息会被发送到后续业务处理的 bolts,并且 Storm 会跟踪由此消息产生的新消息。当检测到一个消息衍生出来的 tuple tree 被完整处理后,Storm 会调用 Spout 中的 ack 方法,并将此消息的 message ID 作为参数传入。同理,如果某消息处理超时,则此消息对应的 Spout 的 fail 方法会被调用,调用时此消息的 message ID 会被作为参数传入。这里需要注意的是,一个消息只会由发送它的那个 Spout 任务来调用 ack 或 fail。

5.2.4 消息的可靠性保障

Storm 可以确保 Spout 发送出来的每个消息都会被完整处理。一个消息(tuple)从 Spout 发送出来,可能会导致成百上千的消息基于此被创建。考虑下面这个流式字数统计 Topology:

```
TopologyBuilder builder = new TopologyBuilder();
builder.setSpout("sentences", new KestrelSpout("kestrel.backtype.com",22133,
"sentence_queue",new StringScheme()));//创建一个名为 sentences 的 Spout,从 kestrel
                        读取一个句子
builder.setBolt("split",new SplitSentence(), 10)
        .shuffleGrouping("sentences");//创建一个名为 split 的 Bolt,从名为
                        sentences 的 Spout 中得到句子,并对其
                        中的单词进行分割
builder.setBolt("count", new WordCount(), 20)
        .fieldsGrouping("split", new fields("word"));//创建一个名为 count 的
                        Bolt,从名为 split 的
                        Bolt 中得到一个个单
                        词,为每个单词计数
```

这个 Topology 从 Kestrel(一种轻量级消息队列)中读出句子,将句子切分为单词,然后为每个单词发出之前出现过该单词的次数。Spout 创建的第一个消息会触发基于它而创建的其他消息,那些从句子中分割出来的单词就是被创建出来的新消息。这些消息构成一个树状结构,称为"消息树",如图 5-4 所示。

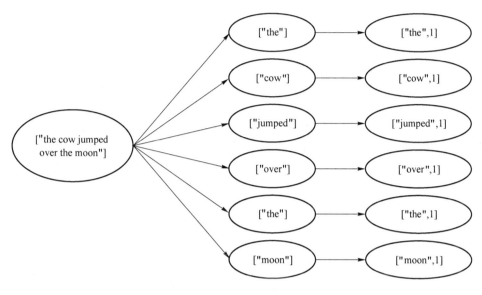

图 5-4　消息树

当满足消息树不再生长,并且树中所有消息都被标记为"已处理"时,Storm 才认为一个从 Spout 发送出来的消息被完全处理。

下面介绍 Ack 框架。

Storm 通过 Ack 框架实现其可靠性保证。Storm Ack 框架的亮点在于在工作过程中不保存整棵 Tuple 树的映射,而只需要恒定的 20 字节就可以跟踪,大大节省了内存。

Ack 原理很简单:对于每个 Spout Tuple 保存一个 ack-val 的校验值,它的初始值是 0,然后每生成一个 Tuple 或者 ack,Tuple 的 ID 都要跟这个校验值异或(xor)一下,并且把得到的值更新为 ack-val 的值。如果每个发射出去的 Tuple 都被 ack 了,最后 ack-val 一定是 0(因为一个数字跟自己异或得到的值是 0)。如果 ack-val 为 0,表示这个 Tuple 树就被完整地处理过了。当没有新消息产生时,若 ack-val 不为 0,则认为 Tuple 处理失败。Storm 利用 Acker 对消息进行跟踪,执行过程如图 5-5 所示。

ack-val 的变化过程如下。

① Spout 产生一个 Tuple,其初始的消息 ID 为 0100,Spout 同时将该消息 ID 发送给 Acker 和 Bolt1。

② Bolt1 收到 Spout 发送过来的消息 ID 为 0100 的消息,经过处理,产生新的消息,消息 ID 为 0010,Bolt 对消息进行异或操作,并把结果发送给 Acker。

③ Bolt2 收到 Bolt1 的消息,处理完后,如果没有后续消息产生,则直接将 Bolt1 的消息 ID 转发给 Acker。

④ Acker 中此时的 ack-val 为 0,在 StreamId 为 ACKER_ACK_STREAM_ID 的流上发送相应的消息。Spout 收到消息后,调用 Spout 的 ack 方法,完成整个消息流的 ack 操作,确认所有消息都被正确处理。

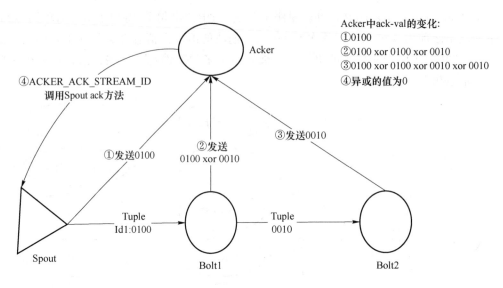

图 5-5　Ack 执行过程中 ack-val 的变化

5.3　Flume 分布式日志收集

　　将数据存储到 Hadoop 以及从 Hadoop 的文件系统中获取数据并不是什么困难的事情，每个操作只需要一条命令即可。但是，在实际的网站中，数据是源源不断的，批量将数据加载到 HDFS 上显然不能满足实时处理的要求。在这种场景下，真正需要的是一个能够收集流式数据的解决方案，Flume 便在这种背景下被引入。

5.3.1　Flume 的基本术语和概念

　　Flume 包含以下几个基本概念。
- Agent：Flume 数据收集的核心，是一个 JVM 进程，包含 Source、Channel、Sink 三部分。
- Source：Flume 的源，用来收集数据。数据源可以是多种的，比如网络流量数据、社交媒体流量、电子邮件消息等。它可以处理各种类型的数据，包括自定义数据类型。
- Channel：Flume 的通道，用来缓存数据。当 Source 收集好数据时，将数据缓存到一个或多个 Channel 中，等待 Sink 取出其中的数据。
- Sink：Flume 的接收器，用来取出 Channel 中的缓存数据，并将数据发送到目的地。目的地可以是 HDFS 或是另一个 Agent 的 Source。

　　图 5-6 展示了一个简单的 Flume 数据流过程。Flume 在收集数据上具有很强的可靠性，只有 Channel 中的缓存全部到目的地，Channel 才会清空缓存。它还具有可恢复性，Channel 可以被缓存在内存或文件中，在事件操作失败时，可以从缓存的通道中恢复。

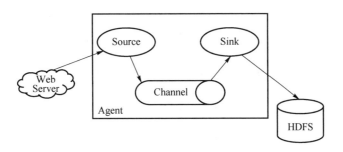

图 5-6　Flume 数据流模型

Flume 代理的启动是针对特定配置文件进行的。下面是配置文件的基本格式：

```
# Describe the agent
a1.sources = r1
a1.channels = c1
a1.sinks = k1
# Describe the source
a1.sources.r1.type = exec
a1.sources.r1.shell = /bin/bash -c
a1.sources.r1.channels = c1
a1.sources.r1.command = tail -F /root/test.log
# Describe the channel
a1.channels.c1.type = memory
# Describe the sink
a1.sinks.k1.type = logger
a1.sinks.k1.channel = c1
```

这里分别对 agent、source、channel、sink 进行了配置。对于 agent,定义其名为 a1,它有一个名为 r1 的源,一个名为 c1 的通道,一个名为 k1 的接收器。对于源,定义其类型为 exec,它可以在启动时运行给定的 UNIX 命令,并生成连续数据,例如 tail -F /root/test. log。对于通道,设置为内存通道。对于接收器,设置为 logger,即输出到日志文件。源和接收器还需要设置对应的通道,这里设置的是 c1。源的通道设置使用了复数,因为一个源可以写到多个通道中。

5.3.2　源

Flume 的源是代理的输入点,Flume 发布包中提供了很多可用的源,此外还有众多的开源方案可供选择。就像大多数开源软件一样,如果找不到所需的源,可以通过继承 org. apache. flume. source. AbstractSource 类来编写自己的源。常用的源包括 Kafka 源、Syslog 源、Exec 源等。

下面介绍 Exec 源。

Exec 源提供了在 Flume 外执行的命令,然后将输出转化为 Flume 事件的机制。使用 Exec 源,需要将 a1. source. s1. type 属性设为 exec。

Flume 中的所有源都需要指定通道列表来写入事件,这是通过 channels 属性来实现的。该列表可以接收一个或多个通道名,中间用逗号分开:a1. source. s1. channels＝c1,c2。

a1. sources. s1. command 属性也是必需的,它告诉 Flume 给操作系统传递什么命令。比如 tail -F /root/test. log,Exec 源会对/root/test. log 文件执行 tail 命令,并且会追踪外部应用可能会对日志文件进行的任何改动。

表 5-1 展示了可以与 Exec 源搭配使用的一些属性(其中必需属性加粗)。

表 5-1　Exec 源配置属性

属性名称	默认值	描　　述
channels	—	源发送数据所到的通道列表
type	—	指定为 exec 类型
command	—	要执行的命令
shell	—	用于运行命令的 shell 调用,例如/ bin / sh -c;仅适用于依赖 shell 功能的命令,如通配符、后退标记、管道等
restartThrottle	10 000 ms	等待重新启动的时间
restart	false	如果命令失败,是否重新执行
logStdErr	false	是否把命令失败记录到日志
batchSize	20	一次读取和发送到通道的最大行数
batchTimeout	3 000 ms	向下游推送数据之前,如果未达到缓冲区大小的等待时间

5.3.3　通道

Flume 的通道为流动的事件提供了一个中间区域,从源读取并被写到接收器的事件处于这个区域中。Flume 常用通道分为两种,一种是内存通道,即事件存储在内存的通道,另一种是文件通道,指的是将事件存储到代理本地文件系统中的通道。

1. 内存通道

正常情况下,内存的速度要比磁盘快好几个数量级,因此内存通道对于事件的接收速度会快很多,适合于高吞吐量的场景。其缺点在于如果发生代理失败(如硬件问题、断电、JVM 崩溃、Flume 重启等)会导致数据丢失,所以内存通道不适用于对数据丢失无法容忍的场景。

2. 文件通道

文件通道相比内存通道来说,会慢一些,但是它提供了持久化的存储路径,可以应对大多数应用场景,对于数据流中不允许出现缺口的场合可以使用它。这种持久化能力是由 Write Ahead Log(WAL)以及一系列文件存储目录一起提供的。WAL 用一种安全的方式追踪来自通道的所有输入和输出。通过这种方式,当代理重启时,WAL 可以重放,从而确保在清理本地文件系统的数据之前,进入通道中的所有事件都会被写出。

此外,针对保密性较高的数据,当业务要求磁盘上所有数据都要加密时,文件通道还提供了将加密数据写到文件系统的方法,但是加密会降低文件通道的吞吐量。

5.3.4　接收器

Flume 接收器根据不同的接收应用分为很多类型,包括 HDFS 接收器、Hive 接收器、

HBase 接收器等。对于不常用的接收应用,可以通过继承 Flume 提供的 org. apache. flume. sink. Abstractsink 类来写对应的接收器。本节介绍大数据生态中最常用的 HDFS 接收器,使用此接收器需要安装 Hadoop。

HDFS 接收器的作用是持续打开 HDFS 中的文件,以流的方式将数据写入,并且在某个时间点关闭该文件,然后再打开新的文件继续写入。从通道读取事件,写入 HDFS 的时候,需要对 HDFS 文件路径与文件名、单次写入文件上限、文件转储触发条件等进行指定。关于文件转储,可以根据自己的需要对转储条件进行配置。默认情况下,Flume 会每隔 30 s、10 个事件或是 1 024 字节来转储写入的文件,触发条件后,即会关闭旧文件,打开新文件并写入。

HDFS 接收器还可以写入压缩数据,主要是为了降低 HDFS 的存储需求。在实际业务中,尽可能使用压缩数据存储。除了能够降低存储外,通常情况下读取一个压缩文件并在内存中对其进行解压缩要比读取未压缩的文件更快一些,这样就提升了使用该数据的 MapReduce Job 的性能。

表 5-2 显示了 HDFS 接收器的相关配置属性(其中必需属性加粗)。

表 5-2　HDFS 接收器的配置属性

属性名称	默认值	描 述
type	—	指定为 hdfs
channel	—	接收器接收的通道(单通道)
hdfs. path	—	HDFS 目录路径(例如:hdfs://namenode/flume/webdata/)
hdfs. filePrefix	FlumeData	Flume 在 HDFS 中生成的文件名称前缀
hdfs. fileSuffix		Flume 在 HDFS 中生成的文件名称后缀
hdfs. fileType	SequenceFile	文件格式:SequenceFile、DataStream、CompressedStream。其中 DataStream 不会压缩文件,如果设置 DataStream,则不要设置 codeC 属性;CompressedStream 为压缩格式,必须设置 codeC 属性
hdfs. codeC	—	压缩编解码器,包括 gzip、bzip2、lzo、lzop、snappy
hdfs. maxOpenFiles	5 000	打开文件的最大数量,如果超过这个数量,则旧文件将被关闭(此时出现数据丢失)
hdfs. timeZone	本地时间	用于解析目录路径的时区名称
hdfs. batchSize		在将文件刷新到 HDFS 之前写入文件的事件数
hdfs. rollInterval	30	转储文件触发的时间间隔
hdfs. rollSize	1 024 KB	转储文件触发的文件大小
hdfs. rollCount	10	转储文件触发的写入文件事件数量

5.4　Kafka 分布式消息队列

Kafka 是一种基于发布/订阅的消息系统,在官方介绍中,将其定义为一种分布式流处理平台。Kafka 多用于 3 种场景:构造实时流数据管道,在系统和应用之间可靠地获取数据;构建实时流式应用程序,对其中的流数据进行转换,也就是通常说的流处理;写入 Kafka 的数据,进而写入磁盘并实现存储系统。

相比于一般的消息队列，Kafka 提供了一些特性。基于磁盘的数据存储、数据持久化以及强大的扩展性使得 Kafka 成为企业级消息系统中的一个首选。本节将简单介绍 Kafka。

5.4.1　Kafka 的基本术语和概念

Kafka 有以下一些概念。

- Broker：已发布的消息保存在一组服务器中，每一个独立的 Kafka 服务器都被称为 Broker，Broker 承担着数据的中间缓存和分发的作用。
- Topic：主题，指 Kafka 处理的消息源的不同分类，可类比于数据库的表。
- Partition：分区，Topic 物理上的分组，一个 Topic 可以分为多个 Partition，每个 Partition 都是一个有序的队列。Partition 中的每条消息都会被分配一个有序的 id。
- Producer：消息的生产者，用来发布消息。
- Consumer：消息的消费者，用来订阅消息。
- Consumer Group：消费组，一个消费组由一个或多个 Consumer 组成，对于同一个 Topic，不同的消费组都能消费到全部的消息，而同一消费组的 Consumer 将竞争每个消息。

如图 5-7 所示，以 3 个 Broker 的 Kafka 集群为例，生产者生产消息并将其"推送"（push）到 Kafka 中，消费者从 Kafka 中"拉取"消息并将其消费掉。Kafka 使用 ZooKeeper 来保存 Broker、主题和分区的元数据信息。在同一集群中的所有 Broker 都必须配置相同的 ZooKeeper 连接（zookeeper. connect），每个 Broker 的 broker. id 必须唯一。

在 Kafka 0.9.0.0 版本之前，除了 Broker 之外，消费者也会使用 ZooKeeper 来保存一些信息，比如消费者群组的信息、肢体信息、消费分区的偏移量（在消费者群组里发生失效转移时会用到）。到 0.9.0.0 版本，Kafka 引入了一个新的消费者接口，允许 Broker 直接维护这些信息。这个接口后面会介绍。

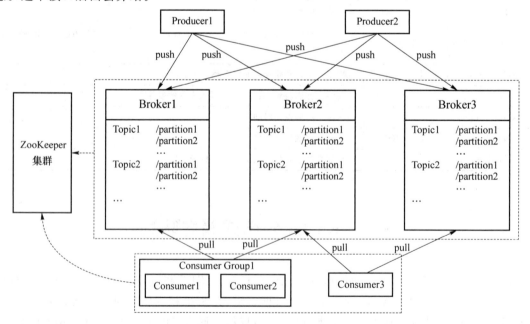

图 5-7　Kafka 架构图

5.4.2　生产者

生产者是 Kafka 消息的创建源。一个应用程序在很多情况下都需要往 Kafka 写入消息以记录用户的活动、保存日志消息、记录度量指标等。不同的使用场景对生产者 API 的使用和配置会有不同的要求。比如,在信用卡事务处理系统中,消息的丢失和重复是不允许的,可接收的消息延迟最大为 0.5 s,期望的吞吐量为每秒处理 100 万个消息。而在保存网站点击信息的应用场景中,少量的消息丢失和重复是可接受的,消息到达 Kafka 服务器的延迟长一点也没有关系,只要用户点击一个链接后马上加载页面就可以,吞吐量取决于网站用户使用网站的频度。

生产者 API 的使用很简单,但是消息的发送过程有些繁杂。生产者向 Kafka 发送消息的过程如图 5-8 所示。

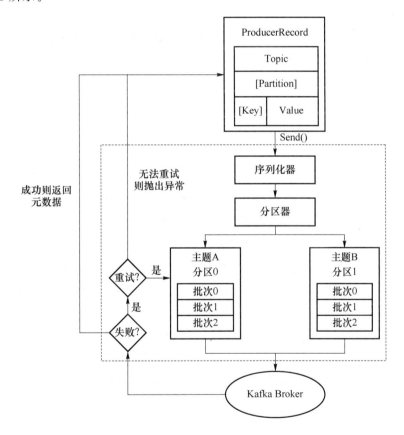

图 5-8　Kafka 生产者发送消息流程图

ProducerRecord 是 Kafka 生产者的一种实现,主要功能是发送消息给 Kafka 中的Broker。ProducerRecord 对象包含目标主题和要发送的内容,还可以指定键或分区。在发送ProducerRecord 时,需要先对键值对对象进行序列化,以保证内容可以进行网络传输。

接着,数据传给分区器。如果在 ProducerRecord 对象里指定了分区,则分区器不会做任何事情,直接把指定的分区返回。如果没有指定分区,那么分区器会根据 ProducerRecord 对象的键来选择分区。选好分区后,生产者就知道往哪个主题和分区中发送这条记录了。紧接着,这条记录被添加到一个记录批次里,这个批次里的所有消息都会被发送到相同的主题和分区上。有一个独立的线程负责把这些记录批次发送到相应的 Broker 上。

服务器在收到这些消息时会返回一个响应。如果消息成功写入 Kafka,就返回一个 RecordMetaDate 对象,它包含了主题和分区信息,以及记录在分区里的偏移量。如果写入失败,则会返回一个错误。生产者在收到错误之后会尝试重新发送消息,几次之后如果还是失败,就返回错误信息。

5.4.3 消费者

应用程序利用 Kafka 消费者接口(KafkaConsumer)向 Kafka 订阅主题,并从订阅的主题上接收消息。Kafka 消费者从属于消费者群组,一个群组内的消费者订阅的是同一个主题,每个消费者都接收主题中的一部分分区的消息。消费者群组的出现是为了解决单个消费者无法跟上数据写入速度的问题。

假设一主题 T1 有 4 个分区,我们创建了消费者 C1,它是消费者群组 G1 里唯一的消费者,我们用它订阅主题 T1。消费者 C1 将收到主题 T1 全部 4 个分区的消息,如图 5-9 所示。

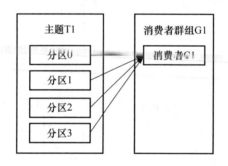

图 5-9　1 个消费者收到 4 个分区内的消息

如果消费者群组 G1 里新增加 1 个消费者 C2,那么每个消费者将分别从两个分区接收消息。我们假设消费者 C1 接收分区 0 和分区 2 的消息,消费者 C2 接收分区 1 和分区 3 的消息,如图 5-10 所示。

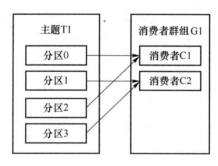

图 5-10　2 个消费者收到 4 个分区内的消息

如果消费者群组 G1 有 4 个消费者,那么每个消费者都可以分配到一个分区。但如果在消费者群组中添加更多的消费者,超过主题分区数量,则此时有一部分消费者会闲置,不会接收到任何消息,如图 5-11 所示。因为每个分区只能被特定消费者群组内的一个消费者所消费。

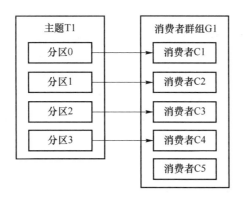

图 5-11　5 个消费者收到 4 个分区内的消息

　　Kafka 设计的目标之一就是让 Kafka 主题里的数据能够满足企业各种应用场景的需求。应用程序所需要的就是拥有自己的消费者群组，这样它们就可以获取到主题的所有消息。

　　在上面的例子中，只有一个消费者群组 G1 消费主题 T1 的消息。如果新增一个消费者群组 G2，那么这个消费者群组中的消费者将从主题 T1 中接收所有的消息，并且与 G1 之间互不影响，如图 5-12 所示。

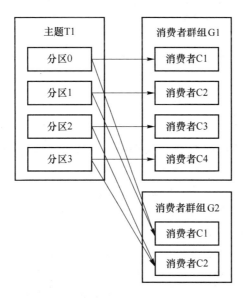

图 5-12　两个消费者群组对应一个主题

5.4.4　数据传递的可靠性保障

　　Kafka 可以被应用在很多场景，从跟踪用户点击事件到信用卡支付操作，所以 Kafka 在数据传递的可靠性上具有很大的灵活性。对于涉及金钱交易或用户保密的消息传递，我们只需要牺牲一些存储空间（用于存放冗余副本）即可实现其高可靠性的保障。

　　Kafka 的数据复制和分区的多副本架构是 Kafka 可靠性保证的核心。把消息写进多个副本可以使 Kafka 在发生崩溃时，仍然能保证消息的持久性，下面介绍 Kafka 副本机制及数据复制。

1. 副本机制

Kafka 每个 Topic 的 Partition 都有 N 个副本，其中 N 是 Topic 的复制因子。在 Kafka 中发生复制时需要确保 Partition 的预写式日志有序地写到其他节点上。在 N 个 replicas（副本）中，其中一个 replica 为 leader，其他都为 follower，leader 处理 Partition 的所有读写请求，与此同时，follower 会被动、定期地去复制 leader 上的数据。

如图 5-13 所示，Kafka 集群中有 4 个 Broker，topic1 有 3 个 Partition，并且复制因子（即副本）的个数也为 3。

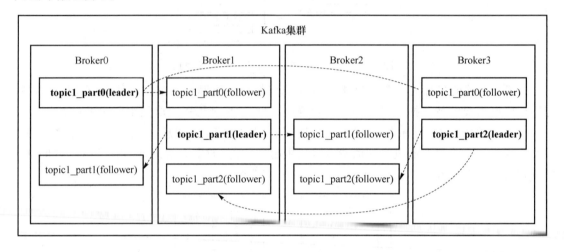

图 5-13　Kafka 副本分配

2. 数据复制

Kafka 提供了数据复制算法，以保证其可靠性，如果 leader 发生故障或挂掉，一个新 leader 会被选举并被接收客户端的消息成功写入。新的 leader 一定产生于副本同步队列（ISR）。follower 需要满足下面的 3 个条件，才能被认为属于 ISR（即与 leader 同步）。

- 与 ZooKeeper 之间有一个活跃的会话，也就是说，follower 在过去的一段时间内（默认是 6 s）向 ZooKeeper 发送过心跳。
- 在过去 10 s 内从 leader 那里获取过消息。
- 在 10 s 内获取的消息应是最新消息，即获取消息不得滞后。

如果 follower 不能满足任何一个条件，那么它就被认为是不同步的。不同步的副本可以通过与 ZooKeeper 重新建立连接，并从 leader 那里获取最新消息，重新变成同步副本。

复制过程只发生在 leader 与 ISR 之间，复制过程如图 5-14 所示。

假设 leader 的 HW 为 2，其中 HW 称为高水位，消费者只能获取 HW 之前的消息。ISR 与 leader 同步，故它们的 HW 也相同。当 leader 有新消息时，会将阻塞的 follower 解锁，通知它们来复制消息。如图 5-14 所示，followerA 完全复制了 leader 中的消息，而 followerB 只复制了部分消息，故 leader 更新 HW 为 3。当 followerB 复制完消息 4 之后，leader 更新 HW 为 4，此时 leader 中消息被所有 ISR 同步，ISR 被阻塞以等待新的消息。

Kafka 的复制过程既不是完全的同步复制，也不是单纯的异步复制。实际上，同步复制要求所有能工作的 follower 都复制完，这条消息才会被 commit，这种复制方式极大地影响了吞吐率。而异步复制方式下，follower 异步地从 leader 复制数据，数据只要被 leader 写入，log 就被认为已经 commit，这种情况下如果 follower 还没有复制完，落后于 leader，突然 leader 死机,则会丢失数据。而 Kafka 的这种使用 ISR 的方式则很好地均衡了数据不丢失以及吞吐率。

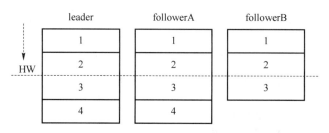

图 5-14 Kafka 复制过程

5.5 Spark Streaming 框架

Spark Streaming 是 Spark API 的核心扩展。它支持快速移动的流式数据的实时处理,从而提取业务的内在规律性,并实时地做出业务决策。与离线处理不同,实时系统要求实现低延迟、高可扩展性、高可靠性和容错能力。Spark Streaming 能满足大部分业务场景实时处理的响应能力,延迟几百毫秒并且具备出色的扩展性、可靠性和容错能力。

5.5.1 Spark Streaming 架构

Spark Streaming 通过将连续事件中的流数据分割成一系列微小的批量作业(即所谓的微批处理作业),使得计算机几乎可以实现流处理。因为存在几百毫秒的延迟,所以不可能做到完全实时,但却已经能满足大部分应用场景的需要了。Spark Streaming 通过将数据流拆分为离散流(Discretized Stream,DStream)来实现从批处理到微批处理的转化。DStream 是由 Spark Streaming 提供的 API,用于创建和处理微批处理。DStream 就是一个在 Spark 核心引擎上处理的 RDD 序列,与其他 RDD 一样。

如图 5-15 所示,Spark Streaming 应用程序接收来自流数据源的输入,数据源可以从多处获取,比如 Kafka、Flume、HDFS 等,甚至还可以从 TCP 套接字、文件流等基本数据源处获取。获取到的数据源通过接收器,从而创建亚秒级(1 s 内)批处理的 DStream,再将其交给 Spark 核心引擎进行处理。然后,每个输出的批次会被发送到各种输出接收器并存储起来。

输入数据流拆分为 DStream 进行处理,进而转化为近似流进行处理有多个优点。

- 动态负载均衡:传统的"一次处理一条记录"的流处理框架往往会使数据流不均匀地分布到不同的节点,导致部分节点性能降低。而 Spark Streaming 会根据资源的可用性来调度任务。
- 快速故障恢复:如果任何节点发生故障,则该节点处理的任务将会失败。失败的任务会在其他节点上重新启动,从而实现快速故障恢复。
- 批处理与流处理统一:批处理和流处理的工作负载可以合并在同一个程序中,而不是分开进行处理的。
- 性能:Spark Streaming 具有比其他流式架构更高的吞吐量。

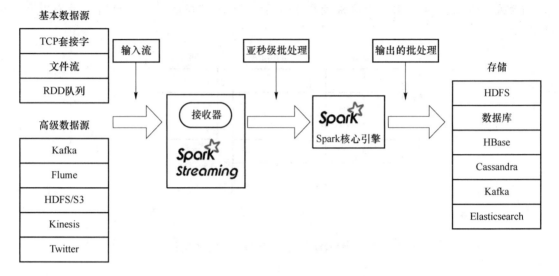

图 5-15　Spark Streaming 体系架构

5.5.2　输入数据源

Spark Streaming 支持 3 种类型的输入数据源。

- 基本数据源：文件系统、TCP 套接字、RDD 队列等。
- 高级数据源：Kafka、Flume、Twitter 等，它们可以通过额外的实用程序类访问。
- 自定义数据源：需要实现用户定义的接收器。

5.5.3　DStream 的转换操作

DStream 的转换操作与 RDD 类似。转换操作可以修改 DStream 数据。DStream 支持许多标准 Spark RDD 上可用的转换操作，部分重要的转换操作如表 5-3 所示。

表 5-3　DStream 上的部分转换操作

转换操作	描　述
map()	利用函数 func 处理原 DStream 的每个元素，返回一个新的 DStream
join(otherStream，[numTasks])	应用于两个 DStream〔一个包含（K，V）对，另一个包含（K，W）对〕，返回一个包含（K，（V，W））对的新 DStream
union(otherStream)	返回一个新的 DStream，它包含源 DStream 和 otherStream 的联合元素
count()	通过计算源 DStream 中每个 RDD 的元素数量，返回一个包含单元素（single-element）RDDs 的新 DStream
reduce(func)	利用函数 func 聚集源 DStream 中每个 RDD 的元素，返回一个包含单元素（single-element）RDDs 的新 DStream。函数应该是相关联的，以使计算可以并行化
reduceByKey(func，[numTasks])	当在一个由（K，V）对组成的 DStream 上调用这个算子时，返回一个新的由（K，V）对组成的 DStream，每一个 key 的值均由给定的 reduce 函数聚集起来。注意：在默认情况下，这个算子利用了 Spark 默认的并发任务数去分组。用户可以用 numTasks 参数设置不同的任务数

转换操作	描　述
updateStateByKey(func)	利用给定的函数更新 DStream 的状态,返回一个新"state"的 DStream
Transform(func)	通过对源 DStream 的每个 RDD 应用 RDD-to-RDD 函数,创建一个新的 DStream,其可以在 DStream 中的任何 RDD 操作中使用

下面针对一些重要的变换进行详细介绍。

1. union 操作

两个 DStream 可以组合起来创建一个 DStream。例如,从 Kafka 或 Flume 的多个接收器接收的数据可以组合起来以创建新的 DStream。这是在 Spark Streaming 中提高可扩展性常用的方法:

```
stream1 = ...
stream2 = ...
MultiDStream = stream1.union(stream2)
```

2. transform 操作

在 Spark 一章中讲过的 RDD 操作,在 DStream API 中不可以直接使用。使用 transform 操作可以实现对 DStream 做任意 RDD 操作。例如,对一个 DStream 和一个 Dateset 并不能直接进行 join 操作。这样就可以利用 transform 操作来对它们进行 join 操作,如下:

```
cleanRDD = sc.textFile("hdfs://hostname:8020/input/cleandata.txt")
# join existing DStream with CleanRDD and filter out
myCleanedDStream = myDStream.transform(lambda rdd:Rdd. join(cleanRDD).filter
(...))
```

这个操作的实质就是把批处理和流处理结合在一起。

3. updateStateByKey 操作

updateStateByKey 操作可以为每个 key 维护一个 state,并持续不断地更新 state。使用时需要定义状态和状态更新函数。它是一种有状态的变换,将启动到结束过程中的结果全部进行缓存,并实时更新出来。

4. 窗口操作

Spark Streaming 提供了强大的窗口计算,它允许在数据的滑动窗口上应用变换。考虑下面这个例子:

```
val countsDStream = hashTagsDStream.window(Minutes(10),Seconds(1))
.countByValue()
```

如图 5-16 所示,窗口长度为 60 s,滑动间隔为 10 s,批处理间隔为 5 s。Spark Streaming 程序在 60 s 的滑动窗口中对来自 Twitter 的主题标签(hashTag)的数量进行计数。当窗口每 10 秒滑动一次时,会在 60 s 窗口中计算出主题标签的数量。

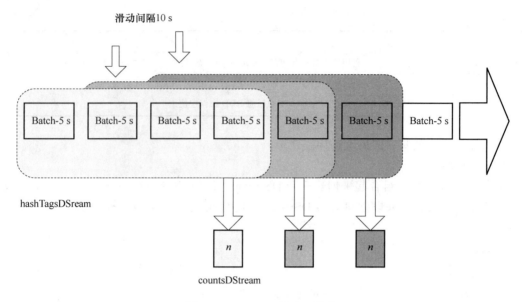

图 5-16 DStream 的窗口操作

表 5-4 显示了 Spark Streaming 中的常见窗口操作。

表 5-4 Spark Streaming 中的常见窗口操作

窗口转换操作	描　述
window	返回一个具有批量窗口的新 DStream
countByWindow	返回一个流中元素的滑动窗口计数的新 DStream
reduceByWindow	通过使用一个聚合元素的函数来返回一个新的 DStream
reduceByKeyAndWindow	通过使用一个聚合每个键对应值的函数来返回一个新的 DStream
countByValueAndWindow	返回一个含有键值对的新 DStream,其中每个键的值是其在滑动窗口内的频率

5.5.4　输出存储

数据在 Spark Streaming 应用程序中处理好之后,就可以将其写入各种接收器,如 HDFS、HBase、Cassandra、Kafka 等。所有输出操作都是按照它们在应用程序中定义的相同顺序执行的。

5.5.5　容错机制

Spark Streaming 应用程序中有两种故障:执行进程故障和驱动进程故障。下面对这两种故障的恢复实现进行介绍。

1. 执行进程故障

执行进程在运行过程中会由于硬件或软件的问题出现故障。如果执行进程出现故障,则在执行进程上运行的所有任务都会失败,并且存储在执行进程 JVM 中的所有内存数据也都会丢失。如果故障进程所在节点上有接收器在运行,所有已经缓冲但尚未处理的数据块也都会丢失。针对执行进程故障,Spark 的处理方式是在一个新节点上布置一个新的接收器,用来处理故障,并且任务会在数据块的副本上重新启动,如图 5-17 所示。

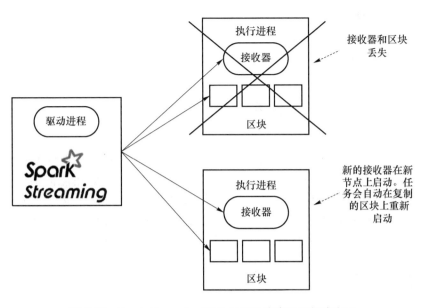

图 5-17　Spark Streaming 在执行进程故障时的解决方法

2. 驱动进程故障

如果驱动进程出现了故障，则所有执行进程都会失败。Spark Streaming 从驱动进程故障中恢复有两种方法：使用检查点恢复和使用 WAL 恢复。通常，要实现零数据恢复，两种方法需要配合使用。

（1）使用检查点恢复

Spark 应用程序把数据作为检查点存到存储系统中。在检查点目录中存储两种类型的数据：元数据和数据。元数据主要是应用程序的配置信息、DStream 操作信息和不完整的批处理信息。数据就是 RDD 内容。元数据的检查点用于恢复驱动进程，而数据的检查点用于恢复 DStream 有状态的转换。

使用检查点恢复如图 5-18 所示。

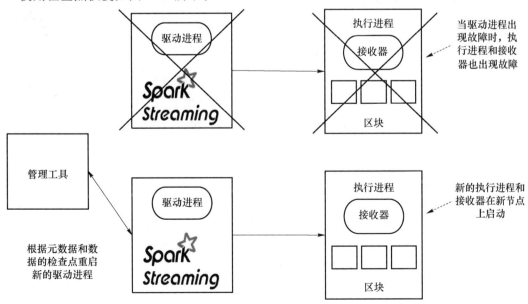

图 5-18　Spark Streaming 在检查点驱动进程故障时的解决方法

（2）使用 WAL 恢复

当 Spark Streaming 应用程序从驱动程序故障中恢复时,已经被接收器接收的但尚未被处理的数据块会丢失,启动 WAL 恢复功能可以减少这种损失。

5.6 Flink 框架

Flink 是分布式、高性能、随时可用以及准确的流处理应用程序打造的开源流处理框架。Flink 不仅能提供同时支持高吞吐和 exactly-once 语义的实时计算,还能提供批量数据处理,是一种少有的既可以完成流处理,又可以完成批处理的计算框架。这也是 Flink 框架的一个最主要的特点。其中,exactly-once 语义是指发送到消息系统的消息只能被消费端处理且仅处理一次,即使生产端重试消息发送导致某消息重复投递,该消息在消费端也只被消费一次。

5.6.1 Flink 架构

Flink 在运行中主要由 3 个组件构成:Client、JobManager 和 TaskManager。具体架构如图 5-19 所示。

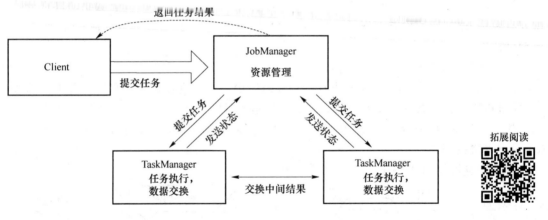

图 5-19 Flink 架构图   Flink 应用场景

Client 用来提交任务给 JobManager,JobManager 分发任务给 TaskManager 去执行,然后 TaskManager 会以心跳的方式汇报任务状态。这个模式与 Hadoop 的 JobTracker 和 TaskTracker 之间的关系类似。但是最重要的也是区分 Flink 的一点在于 TaskManager 之间是以流的形式进行中间结果的交换的。

5.6.2 Client

Client 是 Flink 程序和 JobManager 交互的桥梁,主要负责接收、解析、优化程序的执行计划,然后提交执行计划到 JobManager。为了了解 Flink 的解析过程,需要简单介绍一下 Flink 的 Operator,在 Flink 中主要有 3 类 Operator。

- Source Operator:顾名思义这类操作一般是数据来源操作,比如文件、Socket、Kafka 等,一般存在于程序的最开始处。

- Transformation Operator：这类操作主要负责数据转换，map、flatMap、reduce 等算子都属于 Transformation Operator。
- Sink Operator：下沉操作，这类操作一般是数据落地、数据存储的过程，放在 Job 最后，比如数据落地到 HDFS、MySQL、Kafka 等。

Flink 会将程序中每一个算子都解析成 Operator，然后按照算子之间的关系，将 Operator 组合起来，形成一个 Operator 组合成的 Graph。如下面的代码解析之后形成的执行计划：

```
DataStream < String > data = env.addSource(...);
data.map(x-> new Tuple2(x,1)).keyBy(0).timeWindow(Time.seconds(60)).sum(1).
addSink(...);
```

解析形成执行计划之后，Client 的任务还没有完，还需负责执行计划的优化。这里执行的主要优化是将相邻的 Operator 融合，形成 OperatorChain。因为 Flink 是分布式运行的，程序中每一个算子，在实际执行中被分隔为多个 SubTask。数据流在算子之间的流动，就对应到 SubTask 之间的数据传递。SubTask 之间进行数据传递的模式有两种：一种是 one-to-one 的，数据不需要重新分布，也就是数据不需要经过 IO，节点本地就能完成，比如图 5-20 中的 source 到 map；另一种是 re-distributed，数据需要通过 shuffle 过程重新分区，需要经过 IO，比如图 5-20 中的 map 到 keyBy。

图 5-20　执行计划

显然 re-distributed 这种模式更加浪费时间，同时影响整个 Job 的性能。所以，Flink 为了提高性能，将 one-to-one 关系的前后两类 SubTask，融合成一个 Task。而 TaskManager 中一个 Task 运行在一个独立的线程中，同一个线程中的 SubTask 进行数据传递，不需要经过 IO，不需要经过序列化，直接发送数据对象到下一个 SubTask，性能得到提升，除此之外，SubTask 的融合可以减少 Task 的数量，提高 TaskManager 的资源利用率。图 5-20 中的执行计划的优化结果如图 5-21 所示。

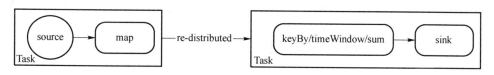

图 5-21　优化结果

5.6.3　JobManager

JobManager 是一个进程，主要负责申请资源、协调以及控制整个 Job 的执行过程，具体包括调度任务、处理 checkpoint、容错等，在接收到 Client 提交的执行计划之后，针对收到的执行计划，继续解析，因为 Client 只是形成一个 Operator 层面的执行计划，所以 JobManager 继续解析执行计划（根据算子的并发度划分 Task），形成一个可以被实际调度的由 Task 组成的拓扑图，图 5-20 被解析之后形成如图 5-22 所示的执行计划，最后向集群申请资源，一旦资源就绪,就调度 Task 到 TaskManager。

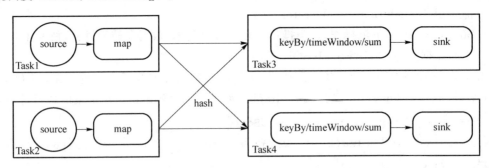

图 5-22　JobManager

为了保证高可用性,一般会有多个 JobManager 进程同时存在,它们之间也采用主从模式,一个进程被选举为 leader,其他进程为 follower。Job 运行期间,只有 leader 在工作,follower 在闲置,一旦 leader 挂掉,随即引发一次选举,产生新的 leader 继续处理 Job。JobManager 除了调度任务外,另外一个主要工作就是容错,主要依靠 checkpoint 进行容错,checkpoint 其实是 Stream 以及 Executor(TaskManager 中的 Slot)的快照,一般将 checkpoint 保存在可靠的存储中(比如 HDFS),为了容错 Flink 会持续建立这类快照。当 Flink 作业重新启动的时候,会寻找最新可用的 checkpoint 来恢复执行状态,以达到数据不丢失、不重复、准确被处理一次的含义。 一般情况下都不会用到 checkpoint,只有在数据需要积累或处理历史状态的时候,才需要设定 checkpoint,比如 updateStateByKey 这个算子,默认会启用 checkpoint,如果没有配置 checkpoint 目录,程序会抛出异常。

5.6.4　TaskManager

TaskManager 是一个 JVM 进程,主要作用是接收并执行 JobManager 发送的 Task,与 JobManager 进行通信以及反馈任务的状态信息。如果说 JobManager 是 Master,那么 TaskManager 就是 Worker 主要用来执行任务的。在 TaskManager 内可以运行多个 Task。多个 Task 运行在一个 JVM 内有几个好处:首先 Task 可以通过多路复用的方式进行 TCP 连接;其次 Task 可以共享节点之间的心跳信息,减少了网络传输。TaskManager 并不是最细粒度的概念,每个 TaskManager 都像一个容器一样,包含一个或多个 Slot,如图 5-23 所示。

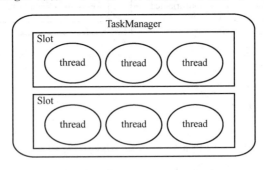

图 5-23　TaskManager 的组成

Slot 是 TaskManager 资源粒度的划分,每个 Slot 都有自己独立的内存。所有 Slot 平均分配 TaskManager 的内存,比如 TaskManager 分配给 Solt 的内存为 8 GB,如有两个 Slot,每

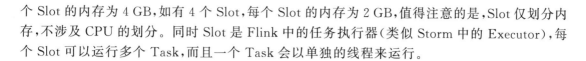

个 Slot 的内存为 4 GB,如有 4 个 Slot,每个 Slot 的内存为 2 GB,值得注意的是,Slot 仅划分内存,不涉及 CPU 的划分。同时 Slot 是 Flink 中的任务执行器(类似 Storm 中的 Executor),每个 Slot 可以运行多个 Task,而且一个 Task 会以单独的线程来运行。

本章课后习题

1. 批量数据处理和流式数据处理各自的特点是什么?为什么要引入流式数据处理?

2. 简述 Storm 对实时数据进行流处理的处理过程。Storm 是如何保障消息的可靠性的?

3. 简述 Storm、Spark Streaming、Flink 的差别。为什么 Flink 会被称为下一代大数据计算引擎?

4. 简述 Flume 中 Source、Sink、Channel 各自的作用。用于监控后台日志和后台日志产生端口的 Source 类型分别是什么?

5. 简述 Kafka 与传统消息系统之间的关键区别。Kafka 是如何保障消息的可靠性的?

6. 简述 Spark Streaming 读取 Kafka 中的数据的方式,并简述每种读取方式的优缺点。

7. 简述一下 Flink 中 TaskManager 和 JobManager 的作用及关系。当 Job 在运行过程中 TaskManager 挂掉时,Flink 会执行什么操作?

本章参考文献

[1] Storm 官方文档[EB/OL]. [2019-05-20]. http://storm. apache. org/releases/2. 0. 0-SNAPSHOT/index. html.

[2] 陈敏敏,王新春,黄奉线. Storm 技术内幕与大数据实践[M]. 北京:人民邮电出版社,2015.

[3] Apache Flume[EB/OL]. [2019-05-20]. http://flume. apache. org/FlumeUserGuide. html.

[4] 霍夫曼,佩雷拉.Flume 日志收集与 MapReduce 模式[M]. 张龙,译. 北京:机械工业出版社, 2015.

[5] Apache Kafka[EB/OL]. [2019-05-20]. http://kafka. apache. org/documentation/.

[6] Narkhede N, Shapira G, Palino T. Kafka 权威指南[M]. 薛命灯,译. 北京:人民邮电出版社,2017.

[7] 安卡姆. Spark 与 Hadoop 大数据分析[M]. 吴今朝,译. 北京:机械工业出版社,2017.

[8] Spark Streaming Programming Guide[EB/OL]. [2019-05-20]. http://spark. apache. org/docs/latest/streaming-programming-guide. html.

[9] 实时计算、流数据处理系统简介与简单分析[EB/OL]. [2019-05-20]. https://blog. csdn. net/mylittlered/article/details/20813405.

[10] Flink 基本工作原理[EB/OL]. [2019-05-20]. https://blog. csdn. net/sxiaobei/article/details/80861070.

[11] 弗里德曼,宙马斯.Flink 基础教程[M]. 王绍翾,译. 北京:人民邮电出版社,2018.

第 6 章

大数据查询——分布式数据查询

本章思维导图

分布式数据查询是大数据应用的一个重要模块,随着此项技术的发展,越来越多的组件应运而生。例如:Hive 分布式数据仓库,其很好地与 HDFS 进行集成,可以提供巨大的存储空间,同时提供大批量数据处理查询能力;Druid 时序数据仓储,是针对时间序列数据提供的低延时数据写入以及快速交互式查询的分布式 OLAP(联机分析处理)数据库,提供优秀的数据聚合能力与实时查询能力;Drill 分布式实时查询,是一个分布式的大规模并行处理查询层,可以提供低延迟的分布式海量数据交互式查询。

本章首先整体介绍分布式数据查询,之后具体介绍大数据查询的 3 个组件:Hive 分布式数据仓库、Druid 时序数据仓储和 Drill 分布式实时查询。本章思维导图如图 6-0 所示。

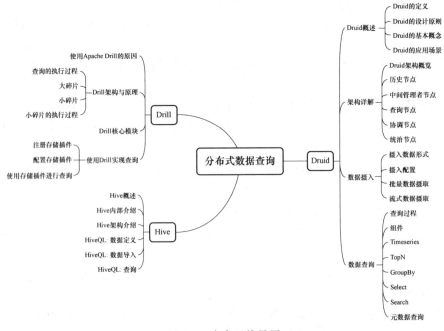

图 6-0　本章思维导图

6.1　分布式数据查询简介

自从 Google 在 2006 年的几篇论文奠定了云计算领域的基础,大数据的分布式查询分析一直是云计算中的核心问题之一,其中 GFS、MapReduce、BigTable 被称为云计算底层技术的三大基石。GFS、MapReduce 技术直接支持了 Apache Hadoop 项目的诞生;BigTable 和 Amazon Dynamo 直接催生了 NoSQL 这个崭新的数据库领域,撼动了 RDBMS 在商用数据库和数据仓库方面几十年的统治性地位。

随着时间的推移,许多分布式数据查询引擎诞生了,如国外 Facebook 公司开发的基于 MapReduce 的 Hive,广告分析公司 Metamarkets 开发的一个用于实时查询和分析的分布式实时处理系统 Druid,Google 推出的 Dremel 技术和基于 Google Dremel 开发实现的 Drill,大数据公司 Cloudera 开源的大数据查询分析引擎 Impala,Facebook 开发的数据查询引擎 Presto,UC Berkeley AMPLAB 实验室以 Spark 为核心开发的大数据查询分析引擎 Shark。这些不同的引擎各有自己擅长的范围,如实时计算、图数据计算、数据批处理等。本书主要介绍 Hive、Druid、Drill 3 个分布式数据查询引擎。

Apache Hive 是一个基于 Apache Hadoop 构建的数据仓库软件项目,用于大数据的查询和分析。Hive 提供了一个类 SQL 的接口,用于查询存储在 Hadoop 集成的各种数据库和文件系统中的数据,同时其提供的 HiveQL 可以进入 Java 底层实现查询,从而提高了工作效率。虽然最初 Hive 是由 Facebook 开发的,但其也被 Netflix 和 FINRA 等公司使用和开发,已经成为 Apache Hadoop 生态中的一个重要的组件。

Apache Druid 是广告分析公司 Metamarkets 开发的一个用于大数据实时查询和分析的分布式实时处理系统,主要用于广告分析、互联网广告系统监控、度量和网络监控。Druid 是为 OLAP 工作流的探索性分析而构建的,它支持各种过滤、聚合和查询,这也证明了 Druid 就是为数据分析而设计的。

Apache Drill 是一个能够对大数据进行交互分析、开源的分布式系统,并且基于 Google Dremel 实现,它能够运行在上千个节点的服务器集群上,能在几秒内处理拍字节级(Peta Bytes,PB)或者万亿条的数据记录。Drill 能够帮助企业用户快速、高效地进行 Hadoop 数据查询和企业级大数据分析。Drill 于 2012 年 8 月由 Apache 推出。

类似地,其他组件也具有很多优势,如 Cloudera Impala 可以直接为存储在 HDFS 或 HBase 中的 Hadoop 数据提供快速、交互式的 SQL 查询;Presto 可对 250 PB 以上的数据进行快速交互式分析,并且支持 ANSI SQL 的大多数特效,包括联合查询、左右连接、子查询以及一些聚合和计算函数,支持近似截然不同的计数(DISTINCT COUNT)等,Facebook 声称 Presto 的性能会比基于 MapReduce 的 Hive 强 10 倍;基于 Spark 的 Shark 的特点就是快,不仅是因为 Spark 平台提供的基于内存的迭代运算,在设计上还进行了进一步的改造,并且完全兼容 Hive,支持在 shell 模式下使用 rdd2sql()这样的 API,把 HQL 得到的结果集,继续在 Scala 环境下运算。

6.2 Hive 分布式数据仓库

6.2.1 Hive 概述

Hive 是一个基于 Hadoop 的数据仓库工具,可以将结构化的数据文件映射为一张数据库表,并提供简单的 SQL 查询功能,可以将 SQL 语句转换为 MapReduce 任务运行。Hive 的优点是学习成本低,可以通过类 SQL 语句快速实现简单的 MapReduce 统计,不必开发专门的 MapReduce 应用,十分适合数据仓库的统计分析。Hive 并不适合那些需要低延迟的应用,例如联机事务处理(OLTP)。Hive 查询操作过程严格遵守 Hadoop MapReduce 的作业执行模型,整个查询过程也比较慢,不适合实时数据分析。Hive 的最佳使用场合是大数据集的批处理作业,例如网络日志分析。

几乎所有的 Hadoop 环境都会配置 Hive 的应用,虽然 Hive 易用,但内部的 MapReduce 还是会带来非常慢的查询体验。

6.2.2 Hive 内部介绍

Hive 二进制分支版本核心包含 3 个部分。主要部分是 Java 代码本身。在 $HIVE 目录下可以发现有众多的 jar(Java 压缩包)文件,例如 hive-exec＊.jar 和 hive-metastore＊.jar。每个 jar 文件都实现了 Hive 功能中某个特定的部分。

$HIVE_HOME/bin 目录下包含可以执行各种各样 Hive 服务的可执行文件,包括 hive 命令行界面(也就是 CLI)。CLI 是我们使用 Hive 的最常用方式。除非有特别说明,否则我们都使用 hive(小写,固定宽度的字体)来代表 CLI。CLI 可用于提供交互式的界面,供输入语句或者可以供用户执行含有 Hive 语句的"脚本"。

Hive 还有一些其他组件。Thrift 服务组件提供了可远程访问其他进程的功能,也提供了使用 JDBC 和 ODBC 访问 Hive 的功能。这些都是基于 Thrift 服务实现的。

所有的 Hive 客户端都需要一个 metastoreservice(元数据服务),Hive 使用这个服务来存储表模式信息和其他元数据信息。通常情况下会使用一个关系型数据库中的表来存储这些信息。默认情况下,Hive 会使用内置的 Derby SQL 服务器,其可以提供有限的、单进程的存储服务。例如,当使用 Derby 时,用户不可以执行 2 个并发的 Hive CLI 实例,然而,如果在个人计算机上或者某些开发任务上使用是没问题的。对于集群来说,需要使用 MySQL 或者类似的关系型数据库。

最后,Hive 还提供了一个简单的网页界面,也就是 Hive 网页界面(HWI),提供了远程访问 Hive 的服务。

conf 目录下存放了配置 Hive 的文件。Hive 具有非常多的配置属性,这些属性控制的功能包括元数据存储(如数据存放在哪里)、各种各样的优化和"安全控制"等。

6.2.3　Hive 架构介绍

图 6-1 显示了 Hive 的主要模块以及 Hive 是如何与 Hadoop 交互工作的。

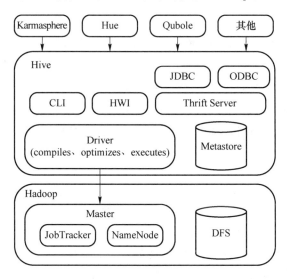

图 6-1　Hive 组件及其在 Hadoop 平台的位置

所有的命令和查询都会进入 Driver（驱动模块），通过该模块对输入进行解析编译，对需求的计算进行优化，然后按照指定的步骤执行〔通常是通过启动多个 MapReduce 任务（Job）来执行的〕。当需要启动 MapReduce 任务时，Hive 本身是不会生成 Java MapReduce 算法程序的。相反，Hive 通过一个表示"Job 执行计划"的 XML 文件驱动执行内置的、原生的 Mapper 和 Reducer 模块。换句话说，这些通用的模块函数类似于微型的语言翻译程序，而这个驱动计算的"语言"是以 XML 形式编码的。

Hive 通过和 JobTracker 通信来初始化 MapReduce 任务，而不必部署在 JobTracker 所在的管理节点上执行。在大型集群中，通常会有网关机专门用于部署像 Hive 这样的工具。在这些网关机上可通过远程操作和管理节点上的 JobTracker 通信来执行任务。通常，要处理的数据文件是存储在 HDFS 中的，而 HDFS 是由 NameNode 进行管理的。Metastore（元数据存储）是一个独立的关系型数据体（通常是一个 MySQL 实例），Hive 会在其中保存表模式和其他系统元数据。

6.2.4　HiveQL：数据定义

HiveQL 是 Hive 查询语言。和普遍使用的所有 SQL 方言一样，它不完全遵守任意一种 ANSISQL 标准的修订版。HiveQL 可能和 MySQL 的方言最接近，但是两者还是存在显著性差异的。Hive 不支持行级插入操作、更新操作和删除操作。Hive 也不支持事务。Hive 在 Hadoop 背景下可以提供更高性能的扩展，以及一些个性化的扩展，甚至还增加了一些外部程序。

1．Hive 中的数据库

Hive 中数据库的概念本质上仅仅是表的一个目录或者命名空间。然而，对于具有很多组和用户的大集群来说,这是非常有用的,因为这样可以避免表命名冲突。通常会使用数据库来将生产表组织成逻辑组。

如果用户没有显示指定数据库,那么将会使用默认数据库 default。

下面这个例子就展示了如何创建一个数据库:

```
hive > CREATE DATABASE financials;
```

如果数据库 financials 已经存在,那么将会抛出一个错误信息。使用如下语句可避免在这种情况下抛出错误信息:

```
hive > CREATE DATABASE IF NOT EXISTS financials;
```

虽然通常情况下用户还是期望在同名数据库已经存在的情况下能够抛出警告信息,但是"IF NOT EXISTS"这个子句对于那些在继续执行之前需要根据需要实时创建数据库的情况来说是非常有用的。

2. 管理表

管理表有时也被称为内部表。因为这种表,Hive 会(或多或少地)控制着数据的生命周期。Hive 默认情况下会将这些表的数据存储在由配置项 hive. metastore. warehouse. dir(例如/user/hive/warehouse)定义的子目录下。

当我们删除一个管理表时,Hive 会删除这个表中的数据。

但是,管理表不方便和其他工作共享数据。例如,假设我们有一份由 Pig(Pig 是一个基于Hadoop 的大数据分析平台,为复杂的海量数据并行计算提供了一个简单操作和编程接口)或者其他工具创建并且主要由这一工具使用的数据,同时我们还想使用 Hive 在这份数据上执行一些查询操作,可是并没有给予 Hive 对数据的所有权,我们可以创建一个外部表指向这份数据,而并不需要对其具有所有权。

3. 外部表

假设我们正在分析来自股票市场的数据。我们会定期地从特定的数据源接入关于NASDAQ 和 NYSE 的数据,然后使用很多工具来分析这两份数据。我们后面将要使用的模式和这两份源数据都是匹配的。我们假设这些数据文件位于分布式文件系统的/data/stocks 目录下。

下面的语句将创建一个外部表,其可以读取所有位于/data/stocks 目录下的以逗号分隔的数据:

```
CREATE EXTERNAL TABLE IF NOT EXISTS stocks(
    exchange STRING,
    symbol STRING,
    ymd STRING,
    price_open FLOAT,
    price_high FLOAT,
    price_low FLOAT,
    price_close FLOAT,
    volume INT,
    price_ad_close FLOAT)
ROW FORMAT DELIMITED FIELDS TERMINATED BY ','
LOCATION '/data/stocks';
```

关键字 EXTERNAL 告诉 Hive 这个表是外部的,而后面的 LOCATION…子句则用于告诉 Hive 数据位于哪个路径下。

因为表是外部的,所以 Hive 并非认为其完全拥有这份数据。因此,删除该表并不会删除这份数据,不过描述表的元数据信息会被删除。

4. 分区表

数据分区的一般概念存在已久。其可以有多种形式,但是通常使用分区来水平分散压力,将数据从物理上转移到使用最频繁的、离用户更近的地方,以及实现其他目的。

Hive 中有分区表的概念。我们可以看到分区表具有重要的性能优势,而且分区表还可以将数据以一种符合逻辑的方式进行组织,比如分层存储。

6.2.5　HiveQL:数据导入

1. 从本地文件系统中导入数据到 Hive 表

先在 Hive 里面创建好表,如下:

```
hive > create table test
    > (id int, name string,
    > age int, tel string)
    > ROW FORMAT DELIMITED
    > FIELDS TERMINATED BY '\t'
    > STORED AS TEXTFILE;
OK
Time taken: 2.832 seconds
```

本地文件系统里面有个/home/test.txt 文件,内容如下:

```
1       xw      25      231
2       tc      30      137
3       zs      34      89
```

/home/test.txt 文件中的数据列之间是使用"\t"分割的,可以通过下面的语句将这个文件里面的数据导入 test 表里面,操作如下:

```
hive > load data local inpath 'test.txt' into table test;
Copying data from file:/home/test.txt
Copying file: file:/home/test.txt
Loading data to table default.test
Table default.test stats:
[num_partitions: 0, num_files: 1, num_rows: 0, total_size: 67]
OK
Time taken: 5.967 seconds
```

这样就将 test.txt 里面的内容导入 test 表里面去了。

2. 从 HDFS 上导入数据到 Hive 表

从本地文件系统中将数据导入 Hive 表的过程中,其实是先将数据临时复制到 HDFS 的一个目录里,然后再将数据从临时目录下移动到对应的 Hive 表的数据目录里面。所以,Hive 支持将数据直接从 HDFS 上的一个目录移动到相应 Hive 表的数据目录下,假设有文件 /home/test.txt,具体的操作如下:

```
[root@master /home/q/hadoop-2.2.0] $ bin/hadoop fs -cat /home/test.txt
1        test1     23        131
2        test2     24        134
3        test3     25        132
4        test4     26        154
```

上面是需要插入数据的内容,这个文件存放在 HDFS 上/home 目录(和"1. 从本地文件系统中导入数据到 Hive 表"中提到的不同,"1. 从本地文件系统中导入数据到 Hive 表"中提到的文件存放在本地文件系统上)里面,可以通过下面的命令将这个文件里面的内容导入 Hive 表中,具体操作如下:

```
hive > load data inpath '/home/test.txt' into table test;
Loading data to table default.test
Table default.test stats:
[num_partitions: 0, num_files: 2, num_rows: 0, total_size: 215]
OK
Time taken: 0.48 seconds
hive > select * from test;
OK
         test1     23        131
         test2     24        134
         test3     25        132
         test4     26        154
Time taken: 0.083 seconds, Fetched: 4 row(s)
```

从上面的执行结果可以看到,数据导入 test 表中了。请注意"load data inpath '/home/test.txt' into table test;"里面是没有 local 这个词的,这和"1. 从本地文件系统中导入数据到 Hive 表"中的是有区别的。

3. 通过查询语句向表插入数据

INSERT 语句允许用户通过查询语句向目标表中插入数据。将表 employees 作为要导入数据的表,这里事先假设另一张名为 staged_employees 的表里已经有相关数据了。在表 staged_employees 中我们使用不同的名字来表示国家和州,分别为 cnty 和 st。

```
INSERT OVERWRITE TABLE employees
PARTITION (country = 'US', state = 'OR')
SELECT * FROM staged_employees se
WHERE se.cnty = 'USI AND se.st = OR';
```

这里使用了 OVERWRITE 关键字,因此之前分区中的内容(如果是非分区表,就是之前表中的内容)将会被覆盖掉。

如果没有使用 VERTE 关键字或者 INTO 关键字替换掉 OVERWRITE,那么 Hive 将会以追加的方式写入数据,而不会覆盖掉之前已经存在的内容。这个功能只有 Hive v0.8.0 版本以及之后的版本中才有。

这个例子展示了这个功能非常有用的一个常见的场景,即数据已经存在于某个目录下,对于 Hive 来说其为一个外部表,而现在想将其导入最终的分区表中。如果用户想将源表数据导入一个具有不同记录格式(例如具有不同字段的分割符)的目标表中,那么使用这种方式也是很好的。

4. 在单个查询语句中创建表并加载数据

用户可以在一个语句中完成创建表并将查询结果载入这个表的操作:

```
CREATE TABLE ca_employees
AS SELECT name, salary, address
FROM employees
WHERE se.state = 'CA';
```

这张表只含有 employees 表中来自加利福尼亚州的雇员的 name、salary 和 addres 字段的信息。新表的模式是根据 SELECT 语句来生成的。

使用这个功能的常见情况是从一个大的宽表中选取部分需要的数据集。

这个功能不能用于外部表。使用 ALTER TABLE 语句可以为外部表"引用"到一个分区,这里没有进行数据"装载",而是在元数据中指定一个指向数据的路径。

6.2.6 HiveQL:查询

1. 基本查询(SELECT…FROM)

(1) 全表和特定列查询

① 全表查询

```
hive (default)> SELECT * FROM emp;
```

② 特定列查询

```
hive (default)> SELECT empno, ename FROM emp;
```

(2) 列别名查询

```
hive (default)> SELECT ename AS name, deptno dn FROM emp;
```

(3) 算术运算符

```
hive (default)> SELECT sal + 1 FROM emp;
```

(4) 常用函数

① 求总行数(count)

```
hive (default)> SELECT count( * ) cnt FROM emp;
```

② 求工资的最大值(max)

```
hive (default)> SELECT max(sal) max_sal FROM emp;
```

③ 求工资的最小值(min)

```
hive (default)> SELECT min(sal) min_sal FROM emp;
```

④ 求工资的总和(sum)

```
hive (default)> SELECT sum(sal) sum_sal FROM emp;
```

⑤ limit 语句

```
hive (default)> SELECT * FROM emp limit 5;
```

典型的查询会返回多行数据。limit 子句用于限制返回的行数。

2. WHERE 语句

```
hive (default)> SELECT * FROM emp WHERE sal > 1000;
```

(1) 比较运算符(BETWEEN/IN/ IS NULL)

表 6-1 描述了谓词操作符,这些操作符同样可以用于 JOIN…ON 和 HAVING 语句中。

表 6-1　谓词操作符

操作符	支持的数据类型	描　述
A＝B	基本数据类型	如果 A 等于 B,则返回 TRUE,反之返回 FALSE
A<=>B	基本数据类型	如果 A 和 B 都为 NULL,则返回 TRUE,其他的情况和等号(＝)操作符的结果一致,如果 A 和 B 中任意一个为 NULL,则结果为 NULL
A<>B,A! ＝B	基本数据类型	A 或者 B 为 NULL,则返回 NULL;如果 A 不等于 B,则返回 TRUE,反之返回 FALSE
A<B	基本数据类型	A 或者 B 为 NULL,则返回 NULL;如果 A 小于 B,则返回 TRUE,反之返回 FALSE
A<=B	基本数据类型	A 或者 B 为 NULL,则返回 NULL;如果 A 小于等于 B,则返回 TRUE,反之返回 FALSE
A>B	基本数据类型	A 或者 B 为 NULL,则返回 NULL;如果 A 大于 B,则返回 TRUE,反之返回 FALSE
A>=B	基本数据类型	A 或者 B 为 NULL,则返回 NULL;如果 A 大于等于 B,则返回 TRUE,反之返回 FALSE
A [NOT] BETWEEN B AND C	基本数据类型	如果 A,B 或者 C 任一为 NULL,则结果为 NULL。如果 A 的值大于等于 B 而且小于等于 C,则结果为 TRUE,反之为 FALSE。如果使用 NOT 关键字则可达到相反的效果
A IS NULL	所有数据类型	如果 A 等于 NULL,则返回 TRUE,反之返回 FALSE
A IS NOT NULL	所有数据类型	如果 A 不等于 NULL,则返回 TRUE,反之返回 FALSE
IN(数值 1, 数值 2)	所有数据类型	使用 IN 运算显示列表中的值
A [NOT] LIKE B	string 类型	B 是一个 SQL 下的简单正则表达式,如果 A 与其匹配,则返回 TRUE,反之返回 FALSE。B 的表达式说明如下:'x%'表示 A 必须以字母"x"开头,'%x'表示 A 必须以字母"x"结尾,而'%x%'表示 A 包含有字母"x",可以位于开头、结尾或者字符串中间。如果使用 NOT 关键字则可达到相反的效果
A RLIKE B, A REGEXP B	string 类型	B 是一个正则表达式,如果 A 与其匹配,则返回 TRUE,反之返回 FALSE。匹配是通过 JDK 中的正则表达式接口实现的,因为正则表达式也依据其中的规则。例如,正则表达式必须和整个字符串 A 相匹配,而不是只需与其字符串匹配

案例实操如下。

查询薪水等于 5 000 的所有员工：

```
hive (default)> SELECT * FROM emp WHERE sal = 5000;
```

查询工资在 500～1 000 的员工信息：

```
hive (default)> SELECT * FROM emp WHERE sal BETWEEN 500 AND 1000;
```

查询 comm 为空的所有员工信息：

```
hive (default)> SELECT * FROM emp WHERE comm IS NULL;
```

查询工资是 1 500 和 5 000 的员工信息：

```
hive (default)> SELECT * FROM emp WHERE sal IN (1500，5000);
```

（2）LIKE 和 RLIKE

① 使用 LIKE 运算选择类似的值。

② 选择条件可以包含字符或数字："%"代表零个或多个字符（任意个字符）；"_"代表一个字符。

③ RLIKE 子句是 Hive 中这个功能的一个扩展，其可以通过 Java 的正则表达式这个更强大的语言来指定匹配条件。

④ 案例实操。

查找薪水以"2"开头的员工信息：

```
hive (default)> SELECT * FROM emp WHERE sal LIKE '2%';
```

查找薪水的第二个数值为"2"的员工信息：

```
hive (default)> SELECT * FROM emp WHERE sal LIKE '_2%';
```

查找薪水的数值中含有"2"的员工信息：

```
hive (default)> SELECT * FROM emp WHERE sal RLIKE '[2]';
```

（3）逻辑运算符（AND/OR/NOT）

逻辑运算符如表 6-2 所示。

表 6-2　逻辑运算符

操作符	含　义
AND	逻辑并
OR	逻辑或
NOT	逻辑否

案例实操如下。

查询薪水大于 1 000、部门是 30 的员工信息：

```
hive (default)> SELECT * FROM emp WHERE sal > 1000 AND deptno = 30;
```

查询薪水大于 1 000，或者部门是 30 的员工信息：

```
hive (default)> SELECT * FROM emp WHERE sal > 1000 OR deptno = 30;
```

查询除了 20 部门和 30 部门以外的员工信息：

```
hive (default)> SELECT * FROM emp WHERE deptno NOT IN(30, 20);
```

3. 分组

(1) GROUP BY 语句

GROUP BY 语句通常会和聚合函数一起使用,按照一个或者多个列队结果进行分组,然后对每个组执行聚合操作。

案例实操如下。

计算 emp 表每个部门的平均工资:

```
hive (default)> SELECT t.deptno, avg(t.sal) avg_sal FROM emp t GROUP BY t.deptno;
```

计算 emp 表每个部门中每个岗位的最高薪水:

```
SELECT t.deptno, t.job, max(t.sal) max_sal FROM emp t GROUP BY t.deptno, t.job;
```

(2) HAVING 语句

① HAVING 与 WHERE 的不同点

a. WHERE 针对表中的列发挥作用,查询数据;HAVING 针对查询结果中的列发挥作用,筛选数据。

b. WHERE 后面不能写分组函数,而 HAVING 后面可以使用分组函数。

c. HAVING 只用于 GROUP BY 分组统计语句。

② 案例实操

求平均薪水大于 2 000 的部门:

```
hive (default)> SELECT deptno, avg(sal) avg_sal FROM emp GROUP BY deptno HAVING
avg_sal > 2000;
```

4. JOIN 语句

(1) 等值 JOIN

Hive 支持通常的 SQL JOIN 语句,但是只支持等值连接,不支持非等值连接。

案例实操:根据员工表和部门表中的部门编号相等,查询员工编号、员工名称和部门编号。

```
hive (default)> SELECT e.empno, e.ename, d.deptno, d.dname FROM emp e JOIN dept d
ON e.deptno = d.deptno;
```

(2) 表的别名

```
hive (default)> SELECT e.empno, e.ename, d.deptno FROM emp e JOIN dept d ON
e.deptno = d.deptno;
```

(3) 内连接

只有进行连接的两个表中都存在与连接条件相匹配的数据,它们才会被保留下来。

```
hive (default)> SELECT e.empno, e.ename, d.deptno FROM emp e JOIN dept d ON
e.deptno = d.deptno;
```

(4) 左外连接

JOIN 操作符左边表中符合 WHERE 子句的所有记录将会被返回。

```
hive (default)> SELECT e.empno, e.ename, d.deptno FROM emp e left JOIN dept d ON
e.deptno = d.deptno;
```

（5）右外连接

JOIN 操作符右边表中符合 WHERE 子句的所有记录将会被返回。

```
hive (default)> SELECT e. empno, e. ename, d. deptno FROM emp e right JOIN dept d ON
e. deptno = d. deptno;
```

（6）满外连接

满外连接将会返回所有表中符合 WHERE 语句条件的所有记录。如果任一表的指定字段没有符合条件的值，那么就使用 NULL 值替代。

```
hive (default)> SELECT e. empno, e. ename, d. deptno FROM emp e full JOIN dept d ON
e. deptno = d. deptno;
```

（7）多表连接

连接 n 个表至少需要 $n-1$ 个连接条件。例如：连接 3 个表，至少需要两个连接条件。

```
hive (default)> SELECT e. ename, d. deptno, l. loc_name FROM emp e JOIN dept d ON
d. deptno = e. deptno JOIN locatiON l ON d. loc = l. loc;
```

说明：大多数情况下，Hive 会对每对 JOIN 连接对象启动一个 MapReduce 任务。本例中首先会启动一个 MapReduce Job 对表 e 和表 d 进行连接操作，然后会再启动一个 MapReduce Job 将第一个 MapReduce Job 的输出和表 l 进行连接。

注意：为什么不是表 d 和表 l 先进行连接操作呢？这是因为 Hive 总是按照从左到右的顺序执行。

（8）笛卡儿积

① 笛卡儿积会在这些条件下产生：省略连接条件；连接条件无效；所有表中的所有行互相连接。

② 案例实操：

```
hive (default)> SELECT empno, dname FROM emp, dept;
```

③ 调整方案：

```
SELECT t1. * , t2. * FROM
(SELECT * FROM dept) t1
JOIN
(SELECT * FROM emp) t2
ON 1 = 1;
```

5. 排序

（1）全局排序（ORDER BY）

ORDER BY：全局排序，一个 MapReduce。

① 使用 ORDER BY 子句排序。ASC(ascend)为升序（默认），DESC(descend)为降序。

② ORDER BY 子句在 SELECT 语句的结尾。

③ 案例实操。

查询员工信息并按工资升序排列：

```
hive (default)> SELECT * FROM emp ORDER BY sal;
```

查询员工信息并按工资降序排列：

```
hive (default)> SELECT * FROM emp ORDER BY sal DESC;
```

（2）按照别名排序

按照员工薪水的 2 倍排序：

```
hive (default)> SELECT ename, sal * 2 twosal FROM emp ORDER BY twosal;
```

（3）多个列排序

按照部门和工资升序排序：

```
hive (default)> SELECT ename, deptno, sal FROM emp ORDER BY deptno, sal ;
```

（4）每个 MapReduce 内部排序（SORT BY）

SORT BY：每个 MapReduce 内部进行排序，对全局结果集来说不是排序。

① 设置 reduce 个数：

```
hive (default)> SET mapreduce.job.reduces = 3;
```

② 查看设置的 reduce 个数：

```
hive (default)> SET mapreduce.job.reduces;
```

③ 根据部门编号降序查看员工信息：

```
hive (default)> SELECT * FROM emp SORT BY empno DESC;
```

④ 将查询结果导入文件中（按照部门编号降序排序）：

```
hive (default)> INSERT overwrite local directory '/opt/module/datas/sortby-result'
SELECT * FROM emp SORT BY deptno DESC;
```

（5）分区排序（DISTRIBUTE BY）

DISTRIBUTE BY：类似 MapReduce 中的 partition，进行分区，结合 SORT BY 使用。

注意，Hive 要求 DISTRIBUTE BY 语句要写在 SORT BY 语句之前。

对 DISTRIBUTE BY 进行测试，一定要分配多 reduce 进行处理，否则无法看到 DISTRIBUTE BY 的效果。

案例实操如下。

先按照部门编号分区，再按照员工编号降序排序。

```
hive (default)> SET mapreduce.job.reduces = 3;
hive (default)> INSERT overwrite local directory '/opt/module/datas/distribute-
result' SELECT * FROM emp DISTRIBUTE BY deptno SORT BY empno DESC;
```

（6）CLUSTER BY

当 DISTRIBUTE BY 和 SORT BY 字段相同时，可以使用 CLUSTER BY 方式。

CLUSTER BY 除了具有 DISTRIBUTE BY 的功能外，还兼具 SORT BY 的功能，但是其排序只能是倒序排序，不能指定排序规则为 ASC 或者 DESC。

以下两种写法等价：

```
hive (default)> SELECT * FROM emp CLUSTER BY deptno;
hive (default)> SELECT * FROM emp DISTRIBUTE BY deptno SORT BY deptno;
```

注意：按照部门编号分区，不一定就是固定死的数值，可以是 20 号和 30 号部门分到一个分区里面去。

6.3　Druid 时序数据仓储

6.3.1　Druid 概述

1. Druid 的定义

Druid 是一款支持数据实时写入、低延时、高性能的 OLAP 引擎,具有优秀的数据聚合能力与实时查询能力。在大数据分析、实时计算、监控等领域都有特定的应用场景,是大数据基础架构建设中重要的一环。

Druid 是针对时间序列数据提供的低延时数据写入以及快速交互式查询的分布式 OLAP 数据库。其两大关键点是:首先,Druid 主要针对时间序列数据提供低延时数据写入和快速聚合查询;其次,Druid 是一款分布式 OLAP 引擎。

2. Druid 的 3 个设计原则

在 Druid 设计之初,开发人员确定了 3 个设计原则。

① 快速查询:部分数据的聚合＋内存化＋索引。

② 水平扩展能力:分布式数据＋并行化查询。

③ 实时分析:不可变的过去,只追加的未来。

(1) 快速查询

对于数据分析场景,大部分情况下,我们只关心一定粒度聚合的数据,而非每一行原始数据的细节情况。因此,数据聚合粒度可以是 1 min、5 min、1 h 或 1 d 等。部分数据聚合给 Druid 争取了很大的性能优化空间。

数据内存化也是提高查询速度的撒手锏,内存和硬盘的访问速度相差近百倍。内存的大小是非常有限的,因此在内存使用方面要精细设计,比如 Druid 里面使用了 Bitmap 和各种压缩技术。

另外,为了支持 Drill-Down 某些维度,Druid 维护了一些倒排索引。这种方式可以加快 AND 和 OR 等计算操作。

(2) 水平扩展能力

Druid 查询性能在很大程度上依赖于内存的优化使用。数据可以分布在多个节点的内存中,因此当数据增长的时候,可以通过简单增加机器的方式进行扩容。为了保持平衡,Druid 按照时间范围把聚合数据进行分区处理。对于高基数的维度,只按照时间切分有时候是不够的(Druid 的每个 Segment 不超过 2 000 万行),故 Druid 还支持进一步分区。

历史 Segment 数据可以保存在深度存储系统中,存储系统可以是本地磁盘、HDFS 或远程的云服务。如果某些节点出现故障,则可借助 ZooKeeper 协调其他节点重新构造数据。

Druid 的查询模块能够感知和处理集群的状态变化,查询总是在有效的集群架构中进行的。集群上的查询可以进行灵活的水平扩展。Druid 内置提供了一些容易并行化的聚合操作,例如 Count、Mean、Variance 和其他查询统计。对于一些无法并行化的操作,例如 Median,Druid 暂时不提供支持。在支持直方图(histogram)方面,Druid 也是通过一些近似计算的方法进行支持的,以保证 Druid 整体的查询性能,这些近似计算方法还包括 HyperLogLog、

DataSketches 的一些基数计算。

（3）实时分析

Druid 提供了包括基于时间维度数据的存储服务，并且任何一行数据都是历史真实发生的事件，因此在设计之初就约定事件一旦进入系统，就不能再改变。

历史数据 Druid 以 Segment 数据文件的方式组织，并且将它们存储到深度存储系统中，例如文件系统等。当需要查询这些数据的时候，Druid 再从深度存储系统中将它们装载到内存，以供查询使用。

3. Druid 的基本概念

（1）数据存储

与许多分析数据存储一样，Druid 将数据存储在列中。根据列的类型（字符串、数字等）的不同，应用不同的压缩和编码方法。Druid 还根据列类型构建不同类型的索引。

与搜索系统类似，Druid 为字符串列构建反向索引，以便快速搜索和过滤。与时间序列数据库类似，Druid 智能地按时间划分数据，以实现面向时间的快速查询。

与许多传统系统不同，Druid 可以选择预先汇总数据。此预聚合步骤称为 roll-up，可以节省大量存储空间。

Druid 的数据结构基于 DataSource 和 Segment。DataSource 可以理解为 RDBMS 中的表。DataSource 的结构包括时间列、维度列和指标列。DataSource 是一个逻辑概念，Segment 是数据的实际物理存储格式，Druid 正是通过 Segment 实现了对数据的横纵向切割操作。通过参数 segmentGranularity 的设置，Druid 将不同时间范围内的数据存储在不同的 Segment 数据块中，这便是所谓的数据横向切割。这种设计的优点是按时间范围查询数据时，仅需要访问对应时间段内的 Segment 数据块，不需要进行全表数据范围查询。同时，在 Segment 中也面对列进行数据压缩存储，这便是所谓的数据纵向切割。在 Segment 中使用了 Bitmap 等技术对数据访问进行了优化。

（2）数据摄入

Druid 支持流式和批量摄入。Druid 连接的原始数据源，通常是分布式消息中间件，如 Apache Kafka（用于流数据加载）或分布式文件系统（如 HDFS，用于批量数据加载）。

（3）数据查询

Druid 支持通过 JSON-over-HTTP 和 SQL 查询数据。Druid 包含多种查询类型，如对用户摄入 Druid 的数据进行 TopN、Timeseries、GroupBy、Select、Search 等方式的查询，也可以查询一个数据源的 timeBoundary、segmentMetadata、dataSourceMetadata 等。

4. Druid 的应用场景

从技术定位上看，Druid 是一个分布式的数据分析平台，在功能上非常像传统的 OLAP 系统，但是在实现方式上做了很多聚焦和取舍，为了支持更大的数据量、更灵活的分布式部署、更实时的数据摄入，Druid 舍去了 OLAP 查询中比较复杂的操作，例如 JOIN 等。相比传统数据库，Druid 是一种时序数据库，按照一定的时间粒度进行聚合，以加快分析查询。

在应用场景上，Druid 从广告数据分析平台起家，已经广泛应用在各个行业和许多互联网公司中，下面介绍一些使用 Druid 的公司。

（1）国内公司

① 腾讯

腾讯是一家著名的社交互联网公司，其明星产品（如 QQ、微信）有着上亿级别的庞大用户量。在 2B 业务领域,作为中国领先的 SaaS 级社会化客户关系管理平台,腾讯企点采用了 Druid,以用于分析大量的用户行为,提升客户价值。

② 阿里巴巴

阿里巴巴是世界领先的电子商务公司。阿里搜索组使用 Druid 的实时分析功能来获取用户的交互行为。

③ 新浪微博

新浪微博是中国领先的社交平台。新浪微博的广告团队使用 Druid 构建数据洞察系统的实时分析部分,每天处理数十亿的消息。

④ 小米

小米是中国领先的专注智能产品和服务的移动互联网公司。Druid 用于小米统计的部分后台数据的收集和分析;另外,在广告平台的数据分析方面,Druid 也提供了实时的内部分析功能,支持细粒度的多维度查询。

⑤ 滴滴打车

滴滴打车是世界领先的交通平台。Druid 是滴滴实时大数据处理的核心模块,用于滴滴的实时监控系统,支持数百个关键业务指标。通过 Druid,滴滴能够快速得到各种实时的数据洞察。

拓展阅读

Druid 在滴滴应用的
实践及平台化建设

⑥ 优酷土豆

优酷土豆是中国领先的互联网视频公司,Druid 用于其广告平台的数据处理和分析。

(2) 国外公司

① 雅虎

雅虎是全球领先的互联网公司,它也是最早一批深度使用 Druid 的公司,雅虎曾经维护着世界上最大的 Hadoop 集群,但是 Hadoop 集群无法处理实时交互查询,无法支持实时数据摄入,无法灵活支持每日几百亿的事件。在尝试很多工具之后,最后雅虎还是深度拥抱了 Druid。

② PayPal

PayPal 是世界领先的互联网支付公司。2014 年年初,PayPal 的 Tracking Platform 组采用了 Druid 处理每天 70 亿～100 亿条的记录数据,查询的响应时间非常理想。如今 Druid 在 PayPal 已经有了一个非常大的集群,为业务分析组提供了各种各样的数据分析支持。

③ eBay

eBay 是互联网电子商务的领先公司。eBay 使用 Druid 聚合多个数据源,用于用户行为分析,Druid 处理消息的数量每秒超过 10 万。同时在查询方面,Druid 提供了一个自由组合的条件查询功能,支持商业分析的场景。

拓展阅读

快手万亿级实时 OLAP
平台的建设与实践

④ 思科

思科是世界领先的通信技术公司之一,使用 Druid 对网络数据流进行实时的数据分析。

总结这些公司的使用场景,Druid 确实提供了一个相对通用的数据分析平台,起源于广告数据分析,但广泛应用于用户行为分析、网络数据分析等领域。大部分公司都看中了 Druid 的大数据处理能力、数据实时性和秒级数据查询功能。

6.3.2 架构详解

1. Druid 架构概览

Druid 可以被认为是一个可拆分的数据库。Druid 的每个核心进程(摄入、查询和协调)都可以单独或联合部署在硬件上。

Druid 显式地命名每个主进程,使操作员能够根据用例和工作负载对每个进程进行调整。例如,如果工作负载需要,操作员可以将更多的资源用于 Druid 的摄入进程,而将更少的资源用于 Druid 的查询进程。

Druid 中的一个进程如果失败,不会影响其他进程。

Druid 的进程类型如下。

Historical(历史)进程是处理存储和查询"历史"数据的主要工具。Historical 进程从深层存储中下载 Segment 并响应有关这些 Segment 的查询。它们不接收写数据。

MiddleManager(中间管理者)进程处理对新数据的摄入。它们负责从外部数据源读取数据,并发布新的 Segment 数据文件。

Broker(查询)进程从外部客户端接收查询,并将这些查询转发给 Historicals 和 MiddleManagers。当 Brokers 从这些子查询中收到结果时,Brokers 会合并这些结果并将它们返回给调用者。最终用户通常会查询 Brokers,而不是直接查询 Historicals 或 MiddleManagers。

Coordinator(协调)进程监视 Historical 进程。它们负责将 Segment 分配给特定服务器,并确保 Segment 在 Historical 进程之间保持平衡。

Overlord(统治)进程监视 MiddleManager 进程,并且是数据读入 Druid 的控制器。它们负责将摄取任务分配给 MiddleManagers 并协调 Segment 发布。

Router(路由)进程是可选的进程,它们在 Druid Brokers、Overlords 和 Coordinators 之前提供统一的 API 网关。它们是可选的,因为可以直接联系 Druid Brokers、Overlords 和 Coordinators。

Druid 进程可以单独部署(物理服务器、虚拟服务器或容器都可以部署),也可以在共享服务器上共存。一个常见的部署计划是:

① "数据"服务器运行 Historical 和 MiddleManager 进程;

② "查询"服务器运行 Broker 和 Router 进程(可选);

③ "Master"服务器运行 Coordinator 和 Overlord 进程,也可以运行 ZooKeeper。

除了这些进程类型外,Druid 还有 3 个外部依赖项。这 3 个外部依赖项旨在能够利用现有的基础设施。

① DeepStorage(深度存储),每个 Druid 服务器都可以访问共享文件存储。这通常是像 S3 或 HDFS 这样的分布式对象存储,或者是网络安装的文件系统。Druid 使用它来存储系统中已经读取的任何数据。

② Metadata Store(元数据库),共享元数据存储。这通常是一个传统的 RDBMS,如 PostgreSQL 或 MySQL。

③ ZooKeeper(分布式协调服务),用于内部服务发现、协调和领导人选举。

图 6-2 显示了查询和数据如何在此架构中流动。

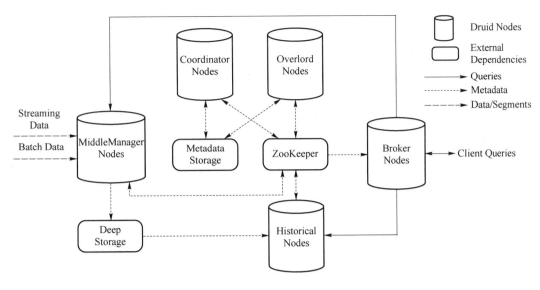

图 6-2　Druid 架构

2. 历史节点

历史节点(Historical Node)负责加载已生成好的数据文件以提供数据查询。由于 Druid 的数据文件有不可更改性,因此历史节点的工作就是专注于提供数据查询。

历史节点在启动的时候,首先会检查自己的本地缓存中已存在的 Segment 数据文件,然后从 DeepStorage 中下载属于自己但目前不在自己本地磁盘上的 Segment 数据文件。无论是何种查询,历史节点都会首先将相关 Segment 数据文件从磁盘加载到内存,然后再提供查询服务。

历史节点的查询效率受内存空间富余程度的影响很大:内存空间富余,查询时需要从磁盘加载数据的次数就少,查询速度就快;反之,查询时需要从磁盘加载数据的次数就多,查询速度就相对慢。因此,原则上历史节点的查询速度与其内存空间大小和所负责的 Segment 数据文件大小之比成正比关系。

历史节点拥有极佳的可扩展性与高可用性。新的历史节点被添加后,会通过 ZooKeeper 被协调节点发现,然后协调节点会自动分配相关的 Segment 给它;原有的历史节点被移出集群后,同样会被协调节点发现,然后协调节点将原本分配给它的 Segment 重新分配给其他处于工作状态的历史节点。

3. 中间管理者节点

中间管理者节点(MiddleManager Node)主要负责摄入新的数据,以及发布 Segment 数据文件。

Segment 数据文件从制造到传播要经历一个完整的流程,步骤如下。

① 中间管理者节点生产出 Segment 数据文件,并将其上传到 DeepStorage 中。

② Segment 数据文件的相关元数据信息被存放到 MetaStore(即 MySQL)里。

③ 协调节点从 MetaStore 里得知 Segment 数据文件的相关元数据信息后,将根据规则的设置将其分配给符合条件的历史节点。

④ 历史节点得到指令后会从 DeepStore 里拉取指定的 Segment 数据文件,并通过 ZooKeeper 向集群声明其负责提供该 Segment 数据文件的查询服务。

⑤ 中间管理者节点丢弃该 Segment 数据文件,并向集群声明其不再提供该 Segment 数据文件的查询服务。

4. 查询节点

查询节点(Broker Node)对外提供数据查询服务,并同时从中间管理者节点与历史节点中查询数据,合并后返回给调用方。

查询节点的缓存使用 LRU 缓存失效策略。查询节点的缓存按 Segment 存储结果。缓存可以是每个代理节点的本地缓存,也可以使用外部分布式缓存。

当查询节点收到一个查询时,它会将其映射到一组 Segment。这些 Segment 的子集可能已经存在缓存中,并且可以直接从缓存中提取结果。对于缓存中不存在的 Segment,查询节点将查询转发到历史节点。一旦历史节点返回其结果,查询节点将这些结果存储在缓存中。

实时数据一直在变化,缓存是不可靠的。因此实时数据请求将转发到中间管理者节点。

5. 协调节点

协调节点(Coordinator Node)负责历史节点的数据负载均衡,以及通过规则管理数据的生命周期。

很多分布式项目往往采用主从(Master-Slave)节点的架构,比如 HDFS、YARN 等。该架构的优势在于集群比较容易通过 Master 节点进行管理;缺点是 Master 节点容易出现单点失效的问题,以及集群的扩展性有时受限于 Master 节点的能力。对于整个 Druid 集群来说,其实并没有实际意义上的 Master 节点,因为中间管理者节点与查询节点能自行管理并不听从于任何其他节点;但是,对于历史节点来说,协调节点便是其 Master 节点,因为协调节点会给历史节点分配数据,完成数据分布在历史节点间的负载平衡。当协调节点不可访问时,历史节点虽然还能向外提供查询服务,但已经不再接收新的 Segment 数据了。

Druid 利用针对每个 DataSource 设置的规则来加载或丢弃具体的数据文件,以管理数据的生命周期。可以对一个 DataSource 按顺序添加多条规则,对于一个 Segment 数据文件来说,协调节点会逐条检查规则,当碰到当前 Segmen 数据文件符合某条规则的情况时,协调节点会立即命令历史节点对该 Segment 数据文件执行这条规则——加载或丢弃,并停止检查余下的规则,否则继续检查下一条设置好的规则。

Druid 允许用户对某个 DataSource 定义其 Segment 数据文件在历史节点中的副本数量。副本数量默认为 1,即仅有一个历史节点提供某 Segment 数据文件的查询,故存在单点问题。如果用户设置了更多的副本数量,则意味着某 Segment 数据文件在集群中存在于多个历史节点中,当某个历史节点不可访问时还能从其他同样拥有该 Segment 数据文件副本的历史节点中查询到相关数据——Segment 数据文件的单点问题便迎刃而解。

对于协调节点来说,高可用性的问题十分容易解决——只需要在集群中添加若干个协调节点即可。当某个协调节点退出服务时,集群中的其他协调节点依然能够自动完成相关工作。

6. 统治节点

统治节点(Overlord Node)对外负责接收任务请求,对内负责将任务分解并下发到中间管理者节点上。统治节点有以下两种运行模式。

① 本地模式:默认模式。在该模式下,统治节点不仅负责集群的任务协调分配工作,也能够负责启动一些苦工(peon)来完成一部分具体的任务。

② 远程模式:在该模式下,统治节点与中间管理者节点分别运行在不同的节点上,统治节点仅负责集群的任务协调分配工作,不负责完成任何具体的任务。

统治节点控制台可用于查看任务的状态。该控制台通过 http://< OVERLORD_IP >：< port >/console. html 网址访问。

6.3.3　数据摄入

1. 摄入数据形式

Druid 能够以 JSON、CSV、TSV 或任何自定义格式摄取非规范化数据。

（1）格式化数据

下面给出了 Druid 支持的数据格式。

① JSON

```
{"timestamp": "2013-08-31T01:02:33Z", "page": "Gypsy Danger", "language" : "en"}
{"timestamp": "2013-08-31T03:32:45Z", "page": "Striker Eureka", "language" : "en"}
{"timestamp": "2013-08-31T07:11:21Z", "page": "Cherno Alpha", "language" : "ru"}
```

② CSV

```
2013-08-31T01:02:33Z,"Gypsy Danger","en","nuclear","true","true","false","false"
2013-08-31T03:32:45Z,"Striker Eureka","en","speed","false","true","true","false"
2013-08-31T07:11:21Z,"Cherno Alpha","ru","masterYi","false","true","true","false"
```

③ TSV（一种数据文件格式，使用 Tab 键分隔数据）

```
2013-08-31T01:02:33Z    "Gypsy Danger"  "en"    "nuclear"   "true" "true" "false"
2013-08-31T03:32:45Z    "Striker Eureka" "en"   "speed" "false" "true"  "true"
2013-08-31T07:11:21Z    "Cherno Alpha"  "ru"    "masterYi" "false" "true"  "true"
```

（2）自定义格式

Druid 支持自定义数据格式，并且可以使用正则解析器或 JavaScript 解析器来解析这些格式。

2. 摄入配置

使用 Druid 进行数据摄取时，需要一个配置文件去指定数据摄取的相关参数，在 Druid 系统中这个配置文件称为 Ingestion Spec。

Ingestion Spec 是一个 JSON 格式的文本，由三部分构成。

```
{
    "dataSchema" :{...},  #JSON 对象，指明数据源格式、数据解析、维度
    "ioConfig" : {...},  #JSON 对象，指明数据如何在 Druid 中存储
    "tuningConfig" : {...} #JSON 对象，指明存储优化配置
}
```

以下是 3 个部分的简述。

（1）dataSchema

dataSchema 为关于数据源的描述，包含数据类型、数据由哪些列构成，以及哪些是列等。具体格式如下：

```
{
    "datasource": "...", #string 类型,数据源名字
    "parser"; {...}, #JSON 对象,包含了如何解析数据的相关内容
    "metricsSpec": [...], #list 包含了所有的指标列信息
    "granularitySpec"; ... #JSON 对象,指明数据的存储和查询力度
}
```

① parser

parser 声明了如何去解析一条数据。Druid 提供的 parser 支持解析 string、protobuf 格式,同时社区贡献了一些插件以支持其他数据格式,比如 avro 等。本书主要涉及 string 格式。parser 的数据结构如下:

```
"parser": {
    "type":" ...", #string 数据类型
    "parseSpec": {... } #JSON 对象
}
```

parseSpec 指明了数据源格式,比如维度列表、指标列表、时间戳列名等。接下来简述在日常开发中运用比较多的 3 种数据格式(JSON、CSV、TSV)。

a. JSON parseSpec:

```
"parseSpec":{
    "format":"json",
    "timestampSpec":{...} # JSON 对象,指明时间戳列名和格式
    "dimensionsSpec":{...} #JSON 对象,指明维度的设置
    "flattenSpec" :{...}# JSON 对象,若 JSON 有嵌套层级,则需要指定
}
```

其中 timestampSpec 如下:

```
"timestampSpec": {
    "column":" ...",. #string, 时间戳列名
    "format":"..." #iso/millis/posix/auto/Joda,时间截格式,默认为 auto
}
```

dimensionsSpec 如下:

```
"dimensionsSpec": {
    "dimensions":[...],. #list[string],维度名列表
    " dimensionExclusions":[...] # list[string],剔除的维度名列表;可选
    "spatialDimensions":[...]#list[string],空间维度名列表,主要用于地理几何
        运算;可选
}
```

b. CSV parseSpec

```
"parseSpec"; {
    "format": "csv",
    "timestampSpec":{ ...} #JSON 对象,指明时间戳列名和格式
    "dimensionsSpec":{...} #JSON 对象,指明维度的设置
    "columns": [...] #list[string],CSV 数据列名
    "listDelimiter":"..." #string,多值维度列,数据分隔符;可选
}
```

其中 timestampSpec 和 dimensionsSpec 请参考前文。

c. TSV parseSpec

```
"parseSpec"; {
    "format": "tsv",
    "timestampSpec":{ ...} #JSON 对象,指明时间戳列名和格式
    "dimensionsSpec":{...} #JSON 对象,指明维度的设置
    "columns": [...] #list[string],TSV 数据列名
    "listDelimiter":"..." #string,多值维度列,数据分隔符;可选
    "delimiter":"..." #string,数据分隔符,默认值为\t;可选
}
```

② metricsSpec

metricsSpec 是一个 JSON 数组,指明所有的指标列和所使用的聚合函数。数据格式如下:

```
"metricsSpec": [
    {
        "type": "...", #count/longSum 等聚合函数类型
        "fieldName":"...", #string,聚合函数运用的列名;可选
        "name"; "..." #string,聚合后指标列名
    },
    ...
]
```

③ granularitySpec

granularitySpec 指定 Segment 的存储粒度和查询粒度。具体的数据格式如下:

```
"granularitySpec":{
    "type": "uniform",
    "segmentGranularity":"...",  #string, Segment 的存储粒度 HOUR、DAY 等
    "queryGranularity":"...", #string,最小查询粒度 MINUTE、HOUR 等
    "intervals: [ ... ]#摄取的数据时间段,可以有多个值;
                      #可选,对于流式数据 Pull 方式可以忽略
}
```

（2）ioConfig

ioConfig 指明了真正的具体数据源,以 Pull 流式摄取为例,它的格式如下:

```
"ioConfig": {
    "type": "realtime",
    "firehose":{...}, #指明数据源,例如本地文件、Kafka 等
    "plumber": "realtime"
}
```

不同的 firehose 格式不太一致,下面以 Kafka 为例,说明 firehose 的格式。

```
{
    "firehose": {
        "consumerProps": {
            "auto.comit.enable": "false",
            "autoffset.reset": "largest",
            "fetchmessage.max.bytes": "1048586",
            "group.id":"druid-example",
            "zookeeper.connect": "locathost:2181",
            "zookeeper.connection.timeout.ms": "15000",
            "zookeeper.session.timeout.ms": "15000",
            "zookeeper.sync.time.ms":"5000"
        }
    "feed":"wikipedia",
    "type":"kafka-0.8"
    }
}
```

（3）tuningConfig

这部分配置可以用于优化数据摄取的过程,以 Pull 流式摄取为例,具体格式如下:

```
"tuningConfig": {
    "type": "realtime",
    "maxRowsInMemory":"...", #在存盘之前内存中最大的存储行数,指聚合后的行数
    "windowPeriod": "...", #最大可容忍时间窗口,超过窗口,丢弃
    "intermediatePersistPeriod":"...", #多长时间数据临时存盘一次
    "basePersistDirectory": "...", #临时存盘目录
    "versioningPolicy": "...", #如何为 Segment 设置版本号
    "rejectionPolicy": "...", #数据丢弃策略
    "maxPendingPersists": ..., #最大同时存盘请求数,达到上限,摄取将会暂停
    "shardSpec": {...}, #分片设置
    "buildV9Directly":..., #是否直接构建 v9 版本的索引
    "persistThreadPriority": "...", #存盘线程优先级
    "mergeThreadPriority": "...", #存盘归并线程优先级
    "reportParseExceptions": ... #是否汇报数据解析错误
}
```

3. 批量数据摄取

（1）以索引服务方式摄取

我们可以通过索引服务方式批量摄取数据，需要通过统治节点提交一个索引任务。例如，把用户行为数据批量导入系统中。用户行为数据示例如下：

```
{"timestamp":"2016-07-17T02：50：00.563Z","event_name" ："browse_commodity",
"user_id":1,"age": "90 + ","city" ："Beijing","commodity":"xxxx","category":"3c",
"count":1}

{"timestamp":"2016-07-17T02：51：00.563Z","event_name" ："browse_commodity",
"user_id":1,"age": "90 + ","city" ："Beijing","commodity":"xxxx","category":"3c",
"count":1}

{"timestamp":"2016-07-17T02：52：00.563Z","event_name" ："browse_commodity",
"user_id":1,"age": "90 + ","city" ："Beijing","commodity":"xxxx","category":"3c",
"count":1}

{"timestamp":"2016-07-17T02：53：00.563Z","event_name" ："browse_commodity",
"user_id":1,"age": "90 + ","city" ："Beijing","commodity":"xxxx","category":"3c",
"count":1}

{"timestamp":"2016-07-17T02：54：00.563Z","event_name" ："browse_commodity",
"user_id":1,"age": "90 + ","city" ："Beijing","commodity":"xxxx","category":"3c",
"count":1}

{"timestamp":"2016-07-17T02：55：00.563Z","event_name" ："browse_commodity",
"user_id":1,"age": "90 + ","city" ："Beijing","commodity":"xxxx","category":"3c",
"count":1}

{"timestamp":"2016-07-17T02：56：00.563Z","event_name" ："browse_commodity",
"user_id":1,"age": "90 + ","city" ："Beijing","commodity":"xxxx","category":"3c",
"count":1}
```

启动索引任务，所需的 Ingestion Spec 文件见附录 1-Native Batch Ingestion。

（2）以 Hadoop 方式摄取

Druid Hadoop Index Job 支持从 HDFS 上读取数据，并摄入 Druid 系统中。启动一个 Hadoop Index Job，需要 POST 一个请求到 Druid 统治节点。沿用之前的案例，启动一个 Hadoop Index Job，向统治节点 POST 的启动任务的数据见附录 2-Hadoop Batch Ingestion。

附录 1-Native Batch Ingestion

附录 2-Hadoop Batch Ingestion

启动任务：

```
curl -X 'POST '-H 'Content-Type：application/json ' -d @ hadoop-index-task. json
http://10.24.199.8：8090/druid/indexer/v1/task
```

测试数据如下：

```
2016-07-19T08:36:29,浏览商品,1,90＋,Beijing,xxxxx,3c,1
2016-07-19T12:36:29,浏览商品,1,90＋,Beijing,yyyyy,3c,1
2016-07-19T16:36:29,浏览商品,1,90＋,Beijing,zzzzz,3c,1
2016-07-19T23:36:29,浏览商品,1,90＋,Beijing,aaaaa,3c,1
```

Druid 会提交一个 MapReduce 任务到 Hadoop 系统,所以这种方式非常适合大批量摄入。

4. 流式数据摄取

在一个网站的运营工作中,网站的运营人员常常需要对用户行为进行分析,而进行分析前的重要工作之一便是对用户行为数据进行格式定义与摄取方式的确定。当使用 Druid 来完成用户行为数据摄取的工作时,我们可以使用一个 DataSource 来存储用户行为,使用类似如下的 JSON 数据来定义 DataSource 的格式。

```json
{
    "age":"90＋",
    "category":"3C",
    "city": "Beijing",
    "count"; 1,
    "event name":"browse_comodity",
    "timestamp", "2016-07-04T13:30:21.563Z",
    "user_id": 123
}
```

(1) 以 Pull 方式摄取

首先,若以 Pull 的方式摄取数据,则需要启动一个实时节点。而启动实时节点,则需要一个 Spec 配置文件。Spec 配置文件是一个 JSON 文件。我们要把上述的 JSON 格式的行为数据通过实时节点从 Kafka 中 Pull 数据到 Druid 系统,该 Spec 配置文件的内容见附录 3-Kafka Indexing Service。

附录 3-Kafka Indexing Service

在使用上述 Spec 配置文件启动实时节点后,实时节点就会自动地从 Kafka 通过 Pull 的方式摄取数据。

(2) 以 Push 方式摄取

以 Push 方式摄取,需要索引服务,所以要先启动中间管理者节点和统治节点。

① 启动索引任务

启动索引任务需要向索引服务中的统治节点发送一个 HTTP 请求,并向该请求 POST 一份 Ingestion Spec。我们接着用用户行为数据摄取的例子,Ingestion Spec 见附录 4-Stream Push。

附录 4-Stream Push

下面以这份 Ingestion Spec 启动索引任务。

```
curl -X'POST'-H'Content-Type:application/json'-d @my-index-task.json OVERLORD_
IP:PORT/druid/ indexer/v1/task
```

这样会把任务分配给中间管理者节点,用于接收数据。

② 发送数据

```
curl -X 'POST' -H 'Content-Type:application/json' -d '[{"timestamp":"2016-07-13T06:
17:29","event_ name":"浏览商品","user_ id":1,"age":"90 + ","city":"Beijing",
"commodity":"xxxxx","category":"3c", "count":1}]' peonhost:port/druid/worker/v1/
chat/dianshang_order/push-events
```

6.3.4　数据查询

1. 查询过程

查询节点接收外部 Client 的查询请求,并根据查询中指定的 interval 找出相关的
Segment,然后找出包含这些 Segment 的中间管理者节点和历史节点,再将请求分发给相应的
中间管理者节点和历史节点,最后将来自中间管理者节点和历史节点的查询结果合并,之后返回
给调用方。其中,查询节点通过 ZooKeeper 来发现历史节点和中间管理者节点的存活状态。

查询过程如下。

① 查询请求首先进入查询节点,查询节点将与已知存在的 Segment 进行匹配查询。

② 查询节点选择一组可以提供所需要的 Segment 的历史节点和中间管理者节点,将查询
请求分发到这些机器上。

③ 历史节点和中间管理者节点都会进行查询处理,然后返回结果。

④ 查询节点将历史节点和中间管理者节点返回的结果合并,返回给查询请求方。

2. 组件

(1) dataSources

Druid 的数据源(datasource)相当于数据库中的表。

表数据源(table data source)是最常见的类型。它的表示如下:

```
{
    "type": "table",
    "name": "< string_value >"
}
```

联合数据源(union data source)联合了两个或多个表数据源。它的表示如下:

```
{
    "type": "union",
    "dataSources": ["< string_value1 >", "< string_value2 >", "< string_value3 >", ... ]
}
```

查询数据源(query data source)用于嵌套的 groupBys,目前只支持 groupBys。它的表示
如下:

```
{
    "type": "query",
    "query": {
        "type": "groupBy",
        ...
    }
}
```

（2）Filters

Filter 即过滤器，在查询语句中创建一个 JSON 对象，用来对维度进行筛选，表示维度满足 Filter 的行是我们需要的数据，类似于 SQL 中的 where 子句。Filter 包含如下类型。

① Selector Filter

Selector Filter 的功能类似于 SQL 中的 where key＝value。Selector Filter 的 JSON 示例如下：

```
"filter":{"type":"selector","dimension":<dimension_string>,"value":
<dimension_value_string>}
```

② Regex Filter

Regex Filter 允许用户用正则表达式来筛选维度，任何标准的 Java 支持的正则表达式 Druid 都支持。Regex Filter I 的 JSON 示例如下：

```
"filter":{"type":"regex","dimension":<dimension_string>,"pattern":
<pattern_string>}
```

③ Logical Expression Filter

Logical Expression Filter 包含 and、or 和 not 3 种过滤器。每一种都支持嵌套，可以构建丰富的逻辑表达式，与 SQL 中的 and、or 和 not 相似。JSON 表达式示例如下：

```
"filter":{"type":"and","fields":[<filter>,<filter>,...]}
"filter":{"type":"or","fields":[<filter>,<filter>,...]}
"filter":{"type":"not","fields":<filter>}
```

④ Search Filter

Search Filter 通过字符串匹配过滤维度，支持多种匹配方式。JSON 示例如下：

```
{
    "filter":{
        "dimension":"product",
        "query":{
            "type":"insensitive_contains",
            "value":"foo"
        },
        "type":"search"
    }
}
```

其中，query 中不同的 type 代表不同的匹配方式。

⑤ In Filter

In Filter 类似于 SQL 中的"in：WHERE outlaw IN ('Good','Bad','Ugly')"。JSON 的示例如下：

```
{
    "type":"in",
    "dimension":"outlaw",
    "values":["Good","Bad","Ugly"]
}
```

⑥ Bound Filter

Bound Filter 其实就是比较过滤器,包含大于、小于和等于 3 种算子。Bound Filter 支持字符串比较,而且默认就是字符串比较,并基于字典序。如果要使用数字比较,则需要在查询中设定 alphaNumeric 的值为 true。需要注意的是,Bound Filter 默认的大小比较为">="或"<=",因此如果要使用">"或"<",则需要指定 lowerStrict 的值为 true 或 upperStrict 的值为 true。具体的 JSON 表达式示例见附录 5-Bound Filter。

附录 5-Bound Filter

⑦ JavaScript Filter

如果上述 Filter 不能满足要求,Druid 还可以通过自己写 JavaScript Filter 来过滤维度,但是只支持一个入参,就是 Filter 里指定的维度的值,返回 true 或 false。JSON 表达式示例如下:

```
{
    "type":"javascript",
    "dimension":<dimension_string>,
    "function" : "function(value) {<…> }"
}
```

例如 foo <= name <= hoo:

```
{
    "type": "javascript",
    "dimension" "name",
    "function":"function(x) { return(x >= 'foo'&& x <= 'hoo') }"
}
```

(3) Aggregator

Aggregator 即聚合器,若在摄入阶段就指定,则会在 roll up 时就进行计算;当然,也可以在查询时指定。聚合器包括如下几种类型。

① Count Aggregator

Count Aggregator 计算 Druid 的数据行数,而 count 就是反映被聚合的数据的计数。如果查询 roll up 后有多少条数据,查询语句 JSON 示例如下:

```
("type" : "count", "name" : <output_name>}
```

如果要查询摄入了多少条原始数据,在查询时使用 longSum。JSON 示例如下:

```
{"type":"longSum","name": <output_name>, "fieldName":"count"}
```

② Sum Aggregator

第一类是 longSum Aggregator,它负责 64 位有符号整型的求和。JSON 示例如下:

```
{"type" : "longSum", "name":<output _name>, "fieldName" : <metric_name>}
```

第二类是 doubleSum Aggregator,它负责 64 位浮点数的求和。JSON 示例如下:

```
{"type" : "doubleSum", "name":<output_name>, "fieldName" ; <metric _name> }
```

第三类是 floatSum Aggregator,它负责 32 位浮点数的求和。JSON 示例如下:

```
{"type" : "floatSum", "name":<output_name>, "fieldName" ; <metric _name> }
```

③ Min / Max Aggregator

第一类是 doubleMin Aggregator,它负责计算指定 Metric 的值和 Double. POSITIVE_INFINITY 的最小值。

```
{ "type" : "doubleMin", "name" :<output_name>, "fieldName":<metric_name> }
```

第二类是 doubleMax Aggregator,它负责计算指定 Metric 的值和 Double. NEGATIVE_INFINITY 的最小值。

```
{ "type" : "doubleMax", "name":<output_name>, "fieldName":<metric_name> }
```

第三类是 floatMin Aggregator,它负责计算指定 Metric 的值和 Float. POSITIVE_INFINITY 的最小值。

```
{ "type" : "floatMin", "name" :<output_name>, "fieldName" :<metric_name> }
```

第四类是 floatMax Aggregator,它负责计算指定 Metric 的值和 Float. NEGATIVE_INFINITY 的最小值。

```
{ "type" : "floatMax", "name" :<output_name>, "fieldName" :<metric_name> }
```

第五类是 longMin Aggregator,它负责计算指定 Metric 的值和 Long. MAX_VALUE 的最小值。

```
{ "type" : "longMin", "name" :<output_name>, "fieldName" :<metric_name> }
```

第六类是 longMax Aggregator,它负责计算指定 Metric 的值和 Long. MIN_VALUE 的最大值。

```
{ "type" : "longMax", "name" :<output_name>, "fieldName" :<metric_name> }
```

④ Cardinality Aggregator

在查询时,Cardinality Aggregator 使用 HyperLogLog 算法计算给定维度集合的基数。需要注意的是,Cardinality Aggregator 比 HyperUnique Aggregator 要慢很多,因为 HyperUnique Aggregator 在摄入阶段就会为 Metric 做聚合,因此在通常情况下,对单个维度求基数,推荐使用 HyperUnique Aggregator。

JSON 示例如下:

```
{
    "type": "cardinality",
    "name":"<output_name>",
    "fieldNames": [<dimension1>, <dimension2>, ...],
    "byRow": <false| true> # (optional,defaults to false)
}
```

byRow 为 false 时,类似于以下 SQL:

```
SELECT COUNT(DISTINCT(value)) FROM (
SELECT dim_1 as value FROM <datasource>
UNION
SELECT dim_2 as value FROM <datasource>
UNION
SELECT dim_3 as value FROM <datasource>
)
```

byRow 为 true 时，类似于以下 SQL：

```
SELECT COUNT( * ) FROM ( SELECT dim1，dim2，dim3 FROM < datasource > GROUP BY dint，din2,dim3 )
```

⑤ HyperUnique Aggregator

HyperUnique Aggregator 使用 HyperLogLog 算法计算指定维度的基数。在摄入阶段指定 Metric，从而在查询时使用。JSON 示例如下：

```
{"type":"hyperUnique","name":< output_name >, "fieldName":< metric_name >}
```

⑥ Filtered Aggregator

Filtered Aggregator 可以在 Aggregation 中指定 Filter 规则，只对满足规则的维度进行聚合，以提升聚合效率。JSON 示例如下：

```
{
    "type" : "filtered",
    "filter" :{
        "type" : "selector",
        "dimension": < dimension >,
        "value" : < dimension_value >
        }
    "aggregator" : < aggregation >
}
```

其中 aggregator 部分的拼写参照其他 Aggregator 的规则。

⑦ JavaScript Aggregator

如果上述聚合器无法满足需求，Druid 还提供了 JavaScript Aggregator。用户可以自己写 JavaScript function，其中指定的列即 function 的入参。但是 JavaScript Aggregator 的执行性能要比本地 Java Aggregator 慢很多。因此，如果要追求性能，就需要用户自己实现本地 Java Aggregator。JavaScript Aggregator 的 JSON 示例如下：

```
{
    "type": "javascript",
    "name": "< output name >",
    "fieldNames" : [ <column1>, <column2>, ... ],
    "fnAggregate": "function(current, column1, column2, ... ) {
                    <updates partial aggregate (current) based on the current
                    row values >
                    return < updated partial aggregate >
                    }",
    "fnCombine":"function(partialA, partialB) {return < combined partial results >;}",
    "fnReset":"function() {return < initial value >; }"
}
```

例子如下：

```
{
    "type" : "javascript",
    "name" : "sum(log(x) * y) + 10",
    "fieldNames" : ["x" "y"],
    "fnAggregate" : "function(current, a, b) { return current + (Math.log(a) * b)",
    "fnCombine" : "function(partialA, partialB) { return partialA + partialB; }",
    "fnReset" : "function() { return 10;}"
}
```

（4）Post-Aggregator

Post-Aggregator 可以对 Aggregator 的结果进行二次加工并输出。最终的输出既包含 Aggregation 的结果，也包含 Post-Aggregator 的结果。如果使用 Post-Aggregator，则必须包含 Aggregator。Post-Aggregator 包含以下几种类型。

① Arithmetic Post-Aggregator

Arithmetic Post-Aggregator 支持对 Aggregator 的结果和其他 Arithmetic Post-Aggregator 的结果进行加、减、乘、除和"quotient"计算。需要注意的是：对于除，如果分母为 0，则返回 0，"quotient"不判断分母是否为 0。

当 Arithmetic Post-Aggregator 的结果参与排序时，默认使用 float 类型。用户可以手动通过 ordering 字段指定排序方式。

JSON 示例如下：

```
"postAggregation" : {
    "type" : "arithmetic",
    "name" : <output_name>,
    "fn" : <arithmetic_function>,
    "fields" : [<post_aggregator>, <post_aggregator>, ...],
    "ordering" : <null (default), or "numericFirst">
}
```

② Field Accessor Post-Aggregator

Field Accessor Post-Aggregator 返回指定的 Aggregator 的值，在 Post-Aggregator 中大部分情况下使用 fieldAccess 来访问 Aggregator。在 fieldName 中指定 Aggregator 里定义的 name，如对 HyperUnique 的结果进行访问，则需要使用 hyperUniqueCardinality，Field Accessor Post-aggregator 的 JSON 示例如下：

```
{
    "type" : "fieldAccess",
    "name" : <output_name>,
    "fieldName" : <aggregator_name>
}
```

③ Constant Post-Aggregator

Constant Post-Aggregator 会返回一个常数，比如 100 可以将 Aggregator 返回的结果转

换为百分比。JSON 示例如下：

```
{
    "type" : "constant",
    "name" : <output_name>,
    "value" : <numerical value>
}
```

④ HyperUnique Cardinality Post-Aggregator

HyperUnique Cardinality Post-Aggregator 得到 HyperUnique Aggregator 的结果，使之能参与到 Post-Aggregator 的计算中。JSON 示例加下：

```
{
    "type " : "hyperUniqueCardinality",
    "name" : <output_name>,
    "fieldName": <the name field value of the hyperUnique aggregator>
}
```

（5）Granularity

粒度（Granularity）决定了数据如何在时间维度中存储，或者数据是如何按分钟、小时、日等进行聚合的。

可以用字符串来表示简单粒度，用对象来表示任意粒度。

① Simple Granularity

简单粒度（Simple Granularity）用字符串表示，用来处理以 UTC 时间格式为时间戳的数据。

其支持的粒度有 all、none、second、minute、fifteen_minute、thirty_minute、hour、day、week、month、quarter 和 year。all 表示把所有数据装进一个桶里。none 不存储数据，这实际上意味着使用索引的最小粒度——毫秒粒度。

② Duration Granularity

持续粒度（Duration Granularity）以毫秒为单位，时间戳以 UTC 的格式返回。持续粒度还支持指定一个可选的来源，它定义了从哪里开始计数时间桶（默认值为 1970-01-01T00:00:00Z）。

每两小时聚合一次数据。JSON 例子如下：

```
{"type": "duration", "duration": 7200000}
```

以半小时为单位聚合每个小时的数据。JSON 例子如下：

```
{"type": "duration", "duration": 3600000, "origin": "2012-01-01T00:30:00Z"}
```

③ Period Granularity

周期粒度（Period Granularity）是按照 ISO 8601 格式的年、月、周、小时、分钟和秒的任意组合（例如 P2W、P3M、PT1H30M、PT0.750S）。周期粒度支持指定一个时区，该时区确定时间段边界从何处开始，以及返回的时间戳的时区。默认情况下，年份从 1 月 1 日开始，月份从月份的第一天开始，周从星期一开始，除非指定了起始时间。

时区是可选的（默认为 UTC）。起始时间是可选择的（在给定的时区中，默认为 1970-01-01T00:00:00）。

在太平洋时区以两天为单位聚合数据。JSON 示例如下：

```
{"type": "period", "period": "P2D", "timeZone": "America/Los_Angeles"}
```

在太平洋时区,从 2 月开始以 3 个月为单位聚合数据。JSON 示例如下:

```
{"type": "period", "period": "P3M", "timeZone": "America/Los_Angeles",
"origin": "2012-02-01T00:00:00-08:00"}
```

（6）DimensionSpec

维度规范(DimensionSpec)定义在聚合之前如何转换维度值。

① Default DimensionSpec

默认维度规范(Default DimensionSpec)按原样返回维度值,并可选择重命名维度。JSON 示例如下:

```
{
    "type" : "default",
    "dimension" : <dimension>,
    "outputName": <output_name>,
    "outputType": <"STRING"|"LONG"|"FLOAT">
}
```

在数字列上指定维度规范时,用户应将列的类型写在 outputType 中。如果未指定,则 outputType 默认为字符串。

② Extraction DimensionSpec

提取维度规范(Extraction DimensionSpec)使用给定的提取函数转换维度的值。JSON 示例如下:

```
{
    "type" : "extraction",
    "dimension" : <dimension>,
    "outputName" : <output_name>,
    "outputType": <"STRING"|"LONG"|"FLOAT">,
    "extractionFn" : <extraction_function>
}
```

outputType 还可以在 Extraction 维度规范中指定类型转换,以便在合并之前将类型转换应用于结果。如果未指定,则 outputType 默认为字符串。

（7）Context

Context 可以在查询中指定一些参数。Context 并不是查询的必选项,因此在查询中不指定 Context 时,则会使用 Context 中的默认参数。Context 支持的字段如表 6-3 所示。

表 6-3　Context 支持的字段

字段名	默认值	描　　述
timeout	0(未超时)	查询超时时间,单位是毫秒
priority	0	查询优先级
queryId	自动生成	唯一标识一次查询的 id,可以用该 id 取消查询
useCache	true	指定此次查询是否利用查询缓存,如果手动指定,则会覆盖查询节点或历史节点配置的值

字段名	默认值	描　述
popularCache	true	指定此次查询的结果是否缓存,如果手动指定,则会覆盖查询节点或历史节点配置的值
bySegment	false	指定为 ture 时,将在返回结果中显示关联的 Segment
finalize	true	指定是否返回 Aggregator 的最终结果,例如 HyperUnique,指定为 false 时,将返回序列化的结果,而不是估算的基数数值
chunkPeriod	0(off)	指定是否将长时间跨度的查询切分为多个短时间跨度进行查询,需要配置 druid. processing、numThreads 的值
minTopNThreshold	1 000	配置每个 Segment 返回的 TopN 的数量,用于合并,从而得到最终的 TopN
maxResults	500 000	配置 GroupBy 最多能处理的结果集条数,默认值在历史节点的配置项 druid. query. groupBy. maxIntermediateRows 中指定,查询时该字段的值只能小于配置项的值
maxIntermediateRows	50 000	指定一些查询参数,如结果是否进缓存
groupByIsSingleThreaded	false	指定是否使用单线程执行 GroupBy,默认值在历史节点的配置项 druid. query. groupBy. singleThreaded 中指定

3. Timeseries

对于统计一段时间内的汇总数据,或者是指定时间粒度的汇总数据,Druid 通过 Timeseries 来完成。例如,对指定客户 id 和 host,统计一段时间内的访问次数、访客数、新访客数、点击按钮数、新访客比率与点击按钮比率,具体查询语句和查询结果见附录 6-Timeseries。

附录 6-Timeseries

Timeseries 查询包含如表 6-4 所示的部分。

表 6-4　Timeseries 查询的字段名及其描述

字段名	描　述	是否必需
queryType	对于 Timeseries 查询,该字段的值必须是 Timeseries	是
dataSource	要查询数据集 dataSource 的名字	是
intervals	查询时间范围,ISO-8601 格式	是
granularity	查询结果进行聚合的时间粒度	是
filter	过滤器	否
aggregations	聚合器	是
postAggregations	后聚合器	否
descending	是否降序	否
context	指定一些查询参数,如结果是否进缓存等	否

Timeseries 输出每个时间粒度内指定条件的统计信息,通过 filter 指定过滤条件,通过 aggregation 和 postAggregation 指定聚合方式。

Timeseries 不能输出维度信息,granularity 支持 all、none、second、minute、fifteen_minute、thirty_minute、hour、day、week、month、quarter、year。

① all,汇总为一条输出。

② none,不被推荐使用。

③ 其他,输出相应粒度的统计信息。

Timeseries 查询默认会给没有数据的 buckets 填 0,例如,granularity 设置为 day,查询 2012-01-01 到 2012-01-03 的数据,但是如果 2012-01-02 没有数据,会收到如下结果:

```
[
    {
        "timestamp": "2012-01-01T00:00:00. 000Z",
        "result": { "sample_name1": < some_ value > }
    },
    {
        "timestamp":"2012-01-02T00: 00: 00.000Z",
        "result":{ "sample_ name1": 0 }
    },
    {
        "timestamp": "2012-01-03T00:00:00. 000Z",
        "result": { "sample name1": < some_value >}
    }
]
```

如果不希望 Druid 自动补 0,可以在请求的 context 中指定 skipEmptyBuckets 为 true,例子如下:

```
{
    "queryType":"timeseries",
    "dataSource":"sample_dataSource",
    "granularity":"day",
    "aggregations": [
        {
            "type": "longSum",
            "name":"sample_name1",
            "fieldName":"sample_fieldName1"
        }
    ],
    "intervals": [ "2012-01-01T00:00:00.000/2012-01-04T00.00:00. 000"],
    "context" :{
        "skipEmptyBuckets":"true"
    }
}
```

但是需要注意的是,如果 2012-01-02 对于 Segment 不存在,即使不设置 skipEmptyBuckets 为 true,Druid 也不会补 0。

4. TopN

TopN 是常见的查询类型,返回指定维度和排序字段的有序 top-n 序列。TopN 支持返回

前 N 条记录,并支持指定 Metric 为排序依据。例如,对指定广告主 id＝
2852199100 和指定 host＝www.mejia.wang,以及来自 PC 或手机的访问,希
望获取访客数最高的 3 个 ad_source,以及每个 ad_source 对应的访问次数、
访客数、新访客数、点击按钮数、新访客比率、点击按钮比率、ad_campaign
与 ad_media 的组合个数,查询示例和结果见附录 7-TopN。

附录 7-TopN

TopN 查询包含如表 6-5 所示的部分。

表 6-5　TopN 查询的字段名及其描述

字段名	描　述	是否必需
queryType	对于 TopN 查询,该字段的值必须是 topN	是
dataSource	要查询数据集 dataSource 的名字	是
intervals	查询时间范围,ISO-8601 格式	是
granularity	查询结果进行聚合的时间粒度	是
filter	过滤器	否
aggregations	聚合器	是
postAggregations	后聚合器	否
dimension	进行 TopN 查询的维度,一个 TopN 查询指定且只能指定一个维度,如 URL	是
threshold	TopN 中 N 的取值	是
metric	进行统计并排序的 Metric	是
context	指定一些查询参数,如结果是否进缓存等	否

上述查询的 JSON 基本包含了 TopN 查询能用到的所有特性。

① filter:过滤指定的条件,支持 and、or、not、in、regex、search、bound。

② aggregations:聚合器,用到的聚合函数和字段需要在 metricsSpec 中定义。
HyperUnique 采用 HyperLogLog 近似对指定字段求基数,这里用来算出各种行为的访客数。
cardinality 用来计算指定维度的基数,它与 HyperUnique 不同的是支持多个维度,但是性能
比 HyperUnique 差。

③ postAggregations:对 aggregation 的结果进行二次加工,支持加、减、乘、除等运算。

④ metric:TopN 专属,指定排序数据。它有如下使用方式:

```
"metric":"<metric_name>" //默认方式,升序排列
"metric": {
    "type": "numeric",//指定按照 numeric 降序排列
    "metric": "<metric_name>"
}

"metric":{
    "type": "inverted",//指定按照 numeric 升序排列
    "metric": <delegate_top_n_metric_spec>
}
```

```
"metric": {
    "type": "lexicographic", //指定按照字典序排序
    "previousStop": "<previousStop_value>" //如"b",按照字典序,排到"b"开头为止
}
```

```
"metric": {
    "type": "alphalumeric", //指定数字排序
    "previousStop": "<previousStop value>"
}
```

需要注意的是,TopN 是一个近似算法,每一个 Segment 返回前 1 000 条进行合并再得到最后的结果,如果 dimension 的基数在 1 000 以内,则是准确的,超过 1 000 就是近似值了。

5. GroupBy

GroupBy 类似于 SQL 中的 group by 操作,能对指定的多个维度进行分组,也支持对指定的维度进行排序,并输出 limit 行数;同时,支持 having 操作。GroupBy 与 TopN 相比,可以指定更多的维度,但性能比 TopN 要差很多。如果对时间范围进行聚合,输出各个时间的统计数据,类似于 group by hour 之类的操作,通常应该使用 Timeseries。如果对单个维度进行 group by,则应尽量使用 TopN。这两者的性能比 GroupBy 要好很多。GroupBy 支持 limit,在 limitSpec 中按照指定的 Metric 排序,不过不支持 offset。

附录 8-GroupBy

例如,希望查询每组 ad_source、ad_campaign 和 ad_media 对应的访客数、新访客数、点击按钮数、新访客比率和点击按钮比率,查询示例见附录 8-GroupBy。

GroupBy 查询包含如表 6-6 所示的部分。

表 6-6　GroupBy 查询包含的字段名及其描述

字段名	描　述	是否必需
queryType	对于 GroupBy 查询,该字段的值必须是 groupBy	是
dataSource	要查询数据集 dataSource 的名字	是
dimensions	进行 GroupBy 查询的维度集合	是
limitSpec	对统计结果进行排序,取 limit 的行数	否
having	对统计结果进行筛选	否
intervals	查询时间范围,ISO-8601 格式	是
granularity	查询结果进行聚合的时间粒度	是
filter	过滤器	否
aggregations	聚合器	是
postAggregations	后聚合器	否
context	指定一些查询参数,如结果是否进缓存等	否

GroupBy 特有的字段为 limitSpec 和 having。

(1) limitSpec

指定排序规则和 limit 的行数。JSON 示例如下:

```
{
    "type":"default",
    "limit" : <integer_value>,
    "columns" : [list of OrderByColumnSpec],
}
```

其中 columns 是一个数组，可以指定多个排序字段，排序字段可以是 dimension 或 metric，指定排序规则的拼写方式：

```
{
    "dimension" : "<Any dimension or metric name>",
    "direction" : <"ascending"|"descending">
}
```

示例如下：

```
"limitSpec": {
    "type":"default",
    "limit": 1000,
    "columns": [
        {
            "dimension": "visitor_count",
            "direction":" descending"
        },
        {
            "dimension": "click_ visitor_count",
            "direction": "ascending"
        }
    ]
}
```

（2）having

类似于 SQL 中的 having 操作，对 GroupBy 的结果进行筛选，支持大于、等于、小于、selector、and、or 和 not 等操作。JSON 示例见附录 9-GroupBy having。

GroupBy 可以在 context 中指定使用新算法，指定方式为：

附录 9-GroupBy having

```
"context":{ "groupByStrategy":"v2" }
```

如果不指定，默认使用 v1。

6. Select

Select 类似于 SQL 中的 select 操作，Select 用来查看 Druid 中存储的数据，并支持按照指定过滤器和时间段查看指定维度和 Metric，能通过 descending 字段指定排序顺序，并支持分页拉取，但不支持 aggregations 和 postAggregations。具体查询示例见附录 10-Select。

附录 10-Select

在 pagingSpec 中指定分页拉取的 offset 和条目数，在结果中会返回下次拉取的 offset。

JSON 示例如下：

```
{
    ...
    "pagingSpec": {"pagingIdentifiers": {},"threshold": 5,"fromNext": true}
}
```

7. Search

Search 查询返回匹配中的维度，类似于 SQL 中的 like 操作，但是 Search 支持更多的匹配操作。

```
{
    "type":"insensitive_contains",
    "value" :" some _value"
}
```

```
{
    "type" : "fragment",
    "case_ sensitive": false,
    "values" : ["fragment1", "fragment2"]
}
```

```
{
    "type" : "contains",
    "case_ sensitive": true,
    "value" : "some_value"
}
```

```
{
    "type" :"regex",
    "pattern": "some_pattern"
}
```

Search 查询的 JSON 示例和查询结果见附录 11-Search。

需要注意的是，Search 只是返回匹配中的维度，不支持其他聚合操作。如果要将 Search 作为查询条件进行 TopN、GroupBy 或 Timeseries 等操作，则可以在 filter 字段中指定各种过滤方式。filter 字段也支持正则匹配。

附录 11-Search

8. 元数据查询

Druid 支持对 DataSource 的基础元数据进行查询。可以通过 timeBoundary 查询 DataSource 的最早和最晚的时间点；通过 segmentMetadata 查询 Segment 的元信息，如有哪些 column、metric、aggregator 和查询粒度等信息；通过 dataSourceMetadata 查询 DataSource 的最后一次插入数据的时间戳。查询 JSON 示例分别如下。

（1）timeBoundary

```
{
    "queryType":"timeBoundary",
    "dataSource":"sample_datasource",
    "bound": <"maxTime" | "minTime">
}
```

返回结果如下：

```
[
    {
        "result": {
        "maxTime":"2013-05-09T18:37:00.000Z",
        "minTime": "2013-05-09T18:24:00.000Z"
        },
        "timestamp": "2013-05-0918:24:00.000Z"
    }
]
```

（2）segmentMetadata

```
{
    "queryType":"segmentMetadata",
    "dataSource":"sample_datasource",
    "intervals":["2013-01-01/2014-01-01"]
}
```

附录 12-segment
Metadata Result

返回结果见附录 12-segmentMetadata Result。

segmentMetadata 支持更多的查询字段，不过这些字段都不是必需的，其简介如表 6-7
所示。

表 6-7　segmentMetadata 支持的查询字段

字段名	描　　述	是否必需
toInclude	可以指定哪些 column 在返回结果中呈现，可以填 all、none、list	否
merge	将多个 Segment 的元信息合并到一个返回结果中	否
analysisTypes	指定返回 column 的哪些属性，如 size、intervals 等	是
lenientAggregatorMerge	true 或 false，设置为 true 时，将不同的 aggregator 合并显示	否
context	查询 Context，可以指定是否缓存查询结果等	否

toInclude 的使用方式如下：

```
"toInclude":{ "type": "all"}
"toInclude":{ "type": "none"}
"toInclude":{ "type": "list", "columns": [<string list of column names>]}
```

analysisTypes 支持指定属性：cardinality、min、max、size、intervals、queryG-ranularity、 aggregators。

（3）dataSourceMetadata

```
{
    "queryType" : "dataSourceMetadata",
    "dataSource": "sample_datasource"
}
```

返回结果如下：

```
[{
    "timestamp" : "2013-05-09T18:24:00.000Z",
    "result":{
        "maxIngestedEventTime":2013-05-09T18:24:09.007Z
    }
}]
```

6.4　Drill 分布式实时查询

6.4.1　使用 Apache Drill 的原因

随着大数据时代的发展，对于 Hadoop 中存储的信息，越来越多的用户需要一种快速的交互性分析方法。然而目前的大多数分析查询都十分缓慢且不具有交互性，以 MapReduce 为例，它可以执行 Hadoop 数据的批处理分析，但 Map 和 Reduce 阶段的一系列处理都耗时较长，难以提供交互性的体验。

从 SQL 的角度进行考虑，SQL 解决方案都依赖于在集中式存储中手动创建元数据定义或者模式的传统过程，而这个过程要求预先执行昂贵的 ETL（Extract，Transform，and Load）操作，以便将数据转换成 SQL 引擎可以提取的格式。数据拥有者需要使用更多的存储空间，用以存储元数据和转换后的数据；数据使用者则需要等待更多的时间才能使用数据。这意味着这样的大数据分析系统需要更长的开发周期，限制了用户快速浏览新数据从而做出决策的速度，最终也限制了大数据分析本身的功能。这些工具例如 Kafka、Logstash 都在一定程度上解决了数据类型的问题，但正如上所说，耗时较长会降低开发效率。

后来随着大数据技术的发展，Google Dremel 进入了人们的视野，Dremel 是一种分析信息的方式，可以跨越数千台服务器运行，允许"查询"大量的数据，如 Web 文档集合或者数字图书馆。如此多的服务器使 Dremel 可以以拍字节（petabyte，PB，1 PB＝1 024 TB）的数量级进行查询，而且可以在几秒内完成数据的查询。如此强大的 Dremel 对应的开源版本就是 Apache Drill。

Apache Drill 是一个低延迟的分布式海量数据（涵盖结构化、半结构化以及嵌套数据）交互式查询引擎，使用 ANSI SQL 兼容语法，支持本地文件、HDFS、HBase、MongoDB 等存储，支持 Parquet（列式存储文件类型）、JSON、CSV、TSV、PSV 等数据格式。Drill 即插即用的特性保证它可以在现有的 HBase 或者 Hive 中方便地进行部署,并且提供高性能的分析。

本质上 Apache Drill 是一个分布式的 mpp(大规模并行处理)查询层。Drill 的目的在于支持更广泛的数据源、数据格式,以及查询语言。受 Google 的 Dremel 启发,Drill 满足上千节点的拍字节级别数据的交互式商业智能分析场景。总体来说,Drill 具有以下特性。

- 上手容易,操作简便。
- 支持 Hive 表交互式查询。
- 复杂、半结构化数据的现场查询。
- 适用于现有的标准 BI 工具。
- 支持 JDBC/ODBC 的相关操作。
- 可扩展性强。

6.4.2 Drill 架构与原理

Apache Drill 的核心是 DrillBit 服务,其主要负责接收客户端请求,处理查询,并将结果返回给客户端。DrillBit 能够被安装和运行在 Hadoop 集群中有需要的节点上并形成一个分布式环境。当 DrillBit 运行在集群的每个节点上时,能够最大限度地实现数据的本地化执行,并能够最大化地去执行查询而不需要在网络和节点间移动数据。Drill 使用 ZooKeeper 来维护和管理集群节点和节点的健康状况。

尽管 Drill 运行在 Hadoop 集群中,但是它不依赖 Hadoop 集群,可以运行在任何的分布式集群中。

1. 查询的执行过程

当提交 Drill 查询时,客户端或应用程序会以 SQL 语句的形式将查询发送到 DrillBit 服务所在的 Drill 集群中。DrillBit 是在每个活动的 Drill 节点上运行的进程,用于协调、计划和执行查询,以及以最佳的工作效率完成跨集群的分发查询工作。

图 6-3 显示了客户端、应用程序和 DrillBit 服务之间的通信。

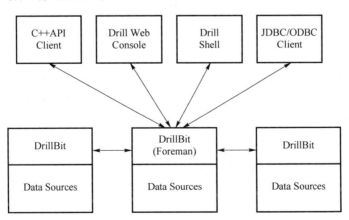

图 6-3 DrillBit、客户端、应用程序之间的通信

从客户端或应用程序接收查询的 DrillBit 会转变为 Foreman 角色并驱动整个查询,Foreman 中的解析器解析 SQL,应用自定义规则将特定 SQL 运算符转换为 Drill 可以理解的特定逻辑运算符语法。这个逻辑运算符的集合会形成一个逻辑计划。逻辑计划描述生成了查

询结果所需的工作,并最终定义了数据源和具体操作。

Foreman 将逻辑计划发送到优化器以优化语句中 SQL 运算符的顺序,并读取逻辑计划。优化程序应用各种类型的规则,将操作符和函数重新排列,以便让其达到最优的效果。最后优化程序会将逻辑计划转换为描述如何进行查询的可执行的物理计划,图 6-4 为该转换过程的具体流程。

图 6-4　优化程序转换过程

Foreman 中的并行化程序将物理计划转换为多个阶段,分为大碎片和小碎片。这些碎片会创建一个多层次的执行树,重新配置数据源并重写查询和执行的过程,最终会将结果发送回客户端或应用程序。图 6-5 展示的是上述过程的流程图。

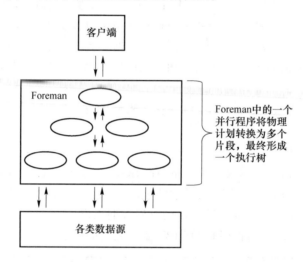

图 6-5　Foreman 并行化程序的处理流程

2. 大碎片

大碎片(MajorFragment)是抽象的概念,代表查询执行的一个阶段,这个阶段由一个或多个操作组成。Drill 为每个大碎片分配一个 ID。例如,执行两个文件的哈希聚合,Drill 为这个计划创建两个大碎片,可以理解为两个阶段,第一个阶段用于扫描两个文件,第二个阶段用于数据的聚合。流程如图 6-6 所示。

图 6-6　大碎片的工作流程

Drill 通过一个交换操作符分离两个碎片,交换过程是物理计划上并行的改变数据的位置。一个交换过程内部包含一个发送器和一个接收器,在过程中允许数据在节点之间移动。

进一步来说,大碎片不执行任何的查询任务,每个大碎片被划分为一个或多个小碎片,这些小碎片执行实际所需完成的查询操作,并将操作结果返回给客户端。

3. 小碎片

每个大碎片都是由多个并行的小碎片（MinorFragment）组成的，一个小碎片是内部运行线程的逻辑作业单元。在 Drill 中，一个逻辑单元也被称为切片（slice）。Drill 产生的执行计划是由一个或多个小碎片组成的，类似大碎片，Drill 也会给每个小碎片分配一个 ID。

Foreman 在并行化的执行期间会从一个大碎片中创建一个或多个小碎片，分解的大碎片与多个小碎片一样能同时运行在集群中。大碎片的分解过程如图 6-7 所示。

Drill 根据其上游数据的要求，会尽快在其自己的线程中执行每个小碎片，Drill 会在具有数据位置的节点上以局部的方式完成对小碎片的调度，否则，Drill 会利用现有的可用的 DrillBit 以循环的方式去进行调度。

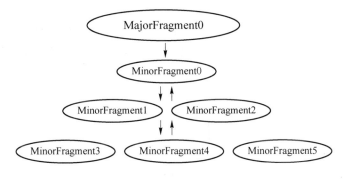

图 6-7 大碎片的分解

小碎片包含一个或多个关系运算符，例如 SCAN、FILTER、JOIN 以及 GROUP BY，这些都属于一个关系运算符。每个运算符都有特定的运算符类型和 OperatorID，每个 OperatorID 都隶属于小碎片，如图 6-8 所示。

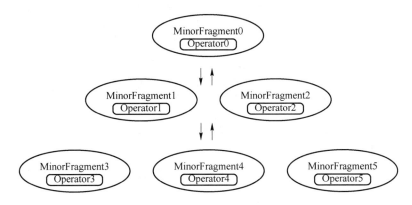

图 6-8 小碎片和 Operator 的关系

例如，当对两个文件做哈希聚合操作时，针对第一个阶段 Drill 会去扫描两个小碎片，每个小碎片都包含扫描文件的操作符，用以扫描文件；针对第二个阶段 Drill 会去扫描 4 个小碎片，每个小碎片均包含散列聚集操作符，用以对文件进行散列操作。

另外需要注意的是，用户不能修改计划内的小碎片的个数，但是可以在 Drill Web Console 的 Profiles 栏目中查看查询的相关细节，并修改部分配置项，改变小碎片的操作，例如最大切片数。

4. 小碎片的执行过程

小碎片可以作为 Root、Intermediate、Leaf 3 种类型的片段运行。一个执行树只包括一个 Root 片段,执行树的编号从 Root 开始,下标索引为 0,数据流是从下流的 Leaf 片段流向 Root 片段的。

运行在 Foreman 的 Root 片段负责:接收传入的查询,从表中读取元数据,重新查询并路由到下一级任务树上。下一级任务树包含 Intermediate 和 Leaf 类型的片段。

运行在 Foreman 的 Intermediate 片段负责:当数据可用或者其他片段可提供时,Intermediate 片段可以启动作业;执行数据操作并将数据发送到下游处理。它们也会汇总结果并将其传递给 Root 片段,该片段会进行进一步聚合,以将查询结果提供给客户端或者应用程序。

运行在 Foreman 的 Leaf 片段负责:在并行的情况下对表进行扫描;与存储层通信或访问本地磁盘数据。Leaf 片段会将部分结果传递给 Intermediate 片段,并执行并行操作于 Intermediate 片段之上。

上述流程如图 6-9 所示。

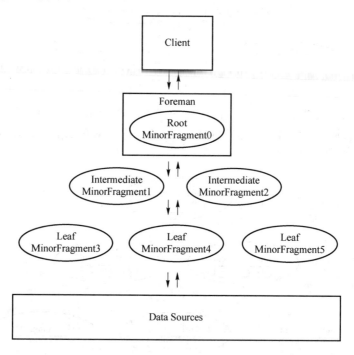

图 6-9　小碎片的执行过程

6.4.3 Drill 核心模块

图 6-10 介绍了每个 DrillBit 中的组件。

下面对 DrillBit 的各个关键组件进行介绍。

• RPC(远程过程调用)端点(RPC Endpoint):Drill 提供了一个低开销的基于 protobuf 的 RPC 协议,用于与客户端进行通信。此外,C++和 Java API 层也可供应用程序与 Drill 进行交互。客户端可以直接与特定的 DrillBit 通信,也可以在提交查询之前通过

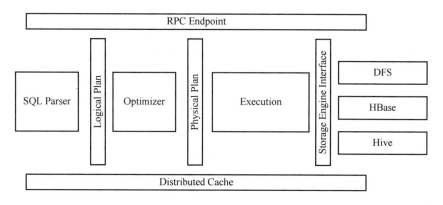

图 6-10　DrillBit 的组件

ZooKeeper 去发现可用的 DrillBits。官方建议客户端使用 ZooKeeper 去管理集群的复杂性,例如添加和删除节点。

- SQL 解析器(SQL Parser):Drill 使用开源的 SQL 解析器框架 Calcite 来解析传入的查询请求,该解析器的组件是无关具体的语言的,能够友好地表示逻辑查询计划。
- 存储插件接口:Drill 充当多个数据源之上的查询层。存储插件在 Drill 中使用一个抽象层来与数据源进行交互,存储插件为 Drill 提供以下消息。
  - 可用的元数据。
  - 用于读取和写入数据源的接口。
  - 数据的位置和优化规则,能够高效、快速地帮助指定的数据源完成查询。

在 Hadoop 环境中,Drill 为分布式文件系统和 HBase 提供了存储插件,当然,也集成了 Hive 的存储插件。

当用户使用 Drill 查询文件和 HBase 时,如果存在元数据定义,则可以直接去处理或者通过 Hive 处理。需要注意的是,Drill 和 Hive 集成的仅仅是元数据,Drill 不会为任何请求调用 Hive 的执行引擎。

6.4.4　使用 Drill 实现查询

一个存储插件就是一个连接 Drill 数据源的软件模块。存储插件可以优化 Drill 查询执行,提供数据的位置,并配置读取数据的工作空间和文件格式。一些存储插件被安装在 Drill 中,通过配置这些存储插件可以使其适用于用户的工作环境。通过存储插件,Drill 连接到数据源,比如数据库、本地文件或分布式文件系统,或是 Hive 元数据。

用户可以修改默认的配置 X 存储插件,并给新的存储插件配置一个唯一的名称 Y。本书中提到的 Y 是不同的存储插件,虽然它实际上只是一个重新配置的原始接口。

图 6-11 展示了存储插件位于 Drill 和数据源之间。

1. 注册存储插件

通过存储插件,用户可以连接文件系统、Hive、HBase,或其他的数据源。在 Drill 的 Web 控制台的存储插件栏中,用户可以查看和重新设置存储插件。如果 HTTPS 未启用(默

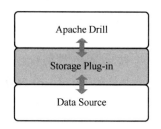

图 6-11　存储插件的位置

认），使用 http：//< IP address >:8047/storage 去查看和重新设置插件。IP address 可以是主机名或是 IP 地址。如果 HTTPS 启用，访问 https：//< IP address >:8047/storage。

Drill 集成了 cp、dfs、hbase、hive 和 mongo 等默认的存储插件配置。

- cp：指向 jar 文件到 Drill 的 classpath，例如用户可以查询 employee. json。
- dfs：执行本地的文件系统，用户可以配置该存储插件指向任何的分布式文件系统，例如 Hadoop 或 S3 文件系统。
- hbase：提供连接到 HBase。
- hive：将 Drill 与文件、HBase 和 Hive 元数据抽象集成，从而读取数据并在 SerDes 和 UDF 上运行。
- mongo：提供连接到 MongoDB 数据。

在 Drill 的沙盒中，dfs 存储插件配置连接到用户的 Hadoop 环境。如果用户安装了 Drill，dfs 会连接到用户文件系统的根目录。

（1）注册存储插件配置

为了注册一个新的存储插件配置，进入 Web 控制台的存储插件栏，点击“Create”，提供一个可配置的界面，用户可以配置成 JSON 格式，然后点击“Update”。

（2）存储插件配置持久化

Drill 将存储插件的配置保存在一个临时的目录（嵌入模式）或 ZooKeeper 中（分布式模式）。例如，在 MacOS X 系统中，Drill 使用/tmp/drill/sys. storage_plugins 来保存存储插件配置。当用户重启后，临时目录会被清除。当用户以嵌入模式运行时，则需要添加 sys. store. provider. local. path 选项到 drill-override. conf 文件，并指定存储插件的路径。例如：

```
drill.exec：{
    cluster-id："drillbits1"，
    zk.connect："localhost:2181"，
    sys.store.provider.local.path = "/mypath"
}
```

2．配置存储插件

（1）插件基础设置

如果用户在集群中安装了多个 Drill，当在一个 Drill 节点上添加或更新存储插件配置时，Drill 会广播信息给其他的 Drill 节点来同步存储插件配置。当用户新增和更新存储插件时，则不需要重启任何的 DrillBit 服务。

（2）使用 Drill Web 控制台

用户可以使用 Drill Web 控制台来更新和新增一个新的存储插件配置。首先要启动 Web 控制台，确保 Drill 的服务是正常运行的。创建一个新的存储插件的过程如下。

① 打开 Drill 服务。

② 打开 Web 控制台。

③ 在 Storage 栏，输入名称到“New Storage Plugin”模块下，每个注册的插件名字必须唯一，名字是区分大小写的，如图 6-12 所示。

④ 点击“Create”。

⑤ 在配置时，使用 JSON 格式去修改复制一个已存在的配置。通过复制已存在的配置来减少 JSON 编码的出错。

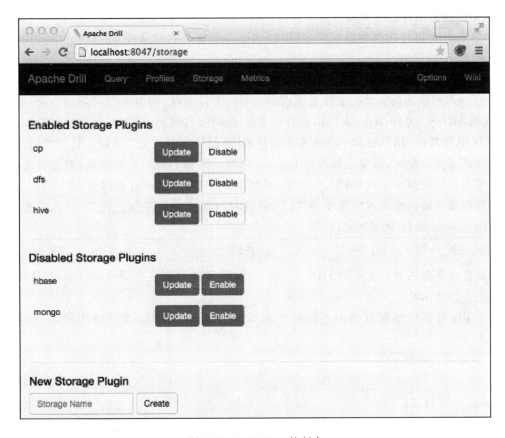

图 6-12　Drill Web 控制台

⑥ 点击"Create"。

(3) 存储插件的属性

图 6-13 展示了基础存储插件关键的属性。

```
{
    "type": "file", ─────────── Type of storage plugin: file, hbase, hive, or mongo
    "enabled": true, ─────────── State of the storage plugin
    "connection": "file:///", ─────────── Connection string to the data source, such as the distributed or embedded file system
    "workspaces": {
        "root": {
            "location": "/", ─────────── Path to workspace
            "writable": false, ─────────── Allows or disallows creating a table or a view in the workspace
            "defaultInputFormat": null ─── Default format Drill reads regardless of extension
        },
. . .
    },
    "formats": {
        "psv": { ─────────── Data format name
            "type": "text", ─────────── Type of formatting
            "extensions": [
                "tbl" ─────────── Extension of files Drill can read for this type of format
            ],
            "delimiter": "|" ─────────── Character that Drill recognizes as the delimiter for the text format
        },
    . . .
}
```

图 6-13　基础存储插件关键的属性

3. 使用存储插件进行查询

由于 Drill 可以连接多种数据源,因此 Drill 也包含多类存储插件,在这里介绍文件系统存储插件和 Hive 存储插件。

(1) 文件系统存储插件

通过 Drill 可以连接本地的文件系统或是分布式文件系统,例如在 Hadoop 的 core-site. xml 中的 S3 或 HDFS。另外,Apache Drill 包含一个存储插件,名叫 dfs,其指向本地的文件系统。

在 Drill 集群中,用户通常不查询本地文件系统,而是分布式文件系统。目前,当需要使用一个分布式文件系统时,需要连接多个 DrillBit 以得到完整一致的查询结果,通过将文件复制到每个节点可以模拟一个分布式文件系统,或使用 NFS,如 Amazon 的静态文件系统。

通过配置存储插件的连接属性,可以 Drill 连接分布式文件系统。例如,客户端通过以下连接可以让 Drill 连接 HDFS 集群:

```
"connection": "hdfs://< IP Address >:< Port >/"
```

若需要在集群的节点上查询 HDFS 上的文件,简单地改变连接即可,在 dfs 存储插件中,将 file:/// 改为 hdfs:///。

改变 dfs 存储插件配置指向不同的本地或分布式文件系统,主要使用的是 connection 属性。

• 本地文件系统示例:

```
{
"type": "file",
"enabled": true,
"connection": "file:///",
"workspaces": {
  "root": {
    "location": "/user/max/donuts",
    "writable": false,
    "defaultInputFormat": null
  }
},
"formats": {
  "json": {
    "type": "json"
  }
}
}
```

• 分布式文件系统示例:

```
{
"type" : "file",
"enabled" : true,
"connection" : "hdfs://10.10.30.156:8020/",
```

```
"workspaces" : {
  "root" : {
    "location" : "/user/root/drill",
    "writable" : true,
    "defaultInputFormat" : null
  }
},
"formats" : {
  "json" : {
    "type" : "json"
  }
}
}
}
```

为了连接 Hadoop 文件系统,配置中需要包含 IP 地址和端口号。

以下示例展示一个文件类型的存储插件配置,在名叫 json_files 的工作区间中。配置指向 Drill 的本地文件系统中的 /users/max/drill/json/ 目录。

```
{
  "type" : "file",
  "enabled" : true,
  "connection" : "file:///",
  "workspaces" : {
    "json_files" : {
      "location" : "/users/max/drill/json/",
      "writable" : false,
      "defaultInputFormat" : json
    }
  }
}
```

该 connection 参数是配置 "file:///",即连接 Drill 到本地文件系统。

当查询的文件在示例工作区间 json_files 中时,用户可以使用 USE 命令告诉 Drill 使用 json_files 的工作区间,内容如下:

```
USE dfs.json_files;
SELECT * FROM donuts.json WHERE type = 'frosted'
```

如果 json_files 工作区间不存在,用户查询需要包含 donuts.json 文件的全路径:

```
SELECT * FROM dfs.`/users/max/drill/json/donuts.json` WHERE type = 'frosted';
```

拓展阅读

Spark SQL vs. Apache Drill-War of the SQL-on-Hadoop Tools

上述命令即可实现 Drill 对各类文件系统的查询功能。

（2）Hive 存储插件

Drill 1.1 和之后的版本都支持 Hive 1.0。为了访问 Hive 表使用的 SerDes（SerDes 是 Serialize/Deserilize 的简称，目的是用于序列化和反序列化）或输入/输出格式，所有正在运行的 DrillBit 服务节点工作的文件在< drill_installation_directory >/jars/3rdparty 文件下，必需包含 SerDes 或输入/输出格式的 jar 文件。

在 Drill Web 控制台，选择 Storage 栏，可以对 Hive 存储插件进行更新。从 Drill Web 控制台中列出的已经被禁止的存储插件中，点击 hive 的"Update"按钮进行配置。默认的配置信息如下：

```
{
    "type": "hive",
    "enabled": false,
    "configProps": {
        "hive.metastore.uris": "",
        "javax.jdo.option.ConnectionURL": "jdbc:derby:;databaseName = ../sample-
data/drill_hive_db;create = true",
        "hive.metastore.warehouse.dir": "/tmp/drill_hive_wh",
        "fs.default.name": "file:///",
        "hive.metastore.sasl.enabled": "false"
    }
}
```

Hive 远程仓库作为一个独立的服务运行。Drill 能够通过 Hive 远程仓库的 Thrift 服务进行查询。元数据服务与 Hive 的数据库通过 JDBC 进行数据交互。

按照下面的步骤来使 Drill 连接到 Hive 的元数据服务。（注意：在验证 Hive 元数据服务之前，用户必需启动 Hive 的远程元数据服务。）

① 在 Hive 节点上启动 hive.metastore.uris，命令如下：

```
hive --service metastore &
```

② 在 Drill Web 控制台，进入"Storage"栏。

③ 在列出的存储插件中，点击 hive 的"Update"按钮。

④ 在配置窗口，增加 Thrift URI 和 hive.metastore.uris 的端口。例如：

```
...
"configProps": {
"hive.metastore.uris": "thrift://< host >:< port >",
...
```

⑤ 改变默认的文件位置来满足用户的环境。例如，改变 fs.default.name 属性，将 file:///改为 hdfs:// 或者是 hdfs://< host name >:< port >。fs.default.name 包含主机名和端口，必需指明主控制节点。例如：

```
{
"type": "hive",
"enabled": false,
```

```
"configProps": {
"hive.metastore.uris": "thrift://hdfs41:9083",
"hive.metastore.sasl.enabled": "false",
"fs.default.name": "hdfs://10.10.10.41/"
}
}
```

⑥ 如果用户不查询 Hive 表而是使用了 HBaseStorageHandler，就可以跳过该步骤；否则，增加 ZooKeeper 的主机名（数量）和端口号，例如 2181 端口。

```
{
"type": "hive",
"enabled": false,
"configProps": {
.
.
.
"hbase.zookeeper.quorum": "zkhost1,zkhost2,zkhost3",
"hbase.zookeeper.property.clientPort:" "2181"
}
}
```

⑦ 点击 "Enable"。

在按照上述步骤配置完 Hive 存储插件后，就可以开始查询 Hive 表了。可以根据以下的步骤创建一个 Hive 表并使用 Drill 进行查询。

① 通过下述命令进入 Hive 命令行：

```
hive
```

② 使用下述命令创建一个用来查询的表格：

```
hive > create table customers(FirstName string, LastName string, Company string,
Address string, City string, County string, State string, Zip string, Phone string,
Fax string, Email string, Web string) row format delimited fields terminated by ','
stored as textfile;
```

③ 将 CSV 文件中的数据导入该表中：

```
hive > load data local inpath '/< directory path >/customers.csv' overwrite into
table customers;
```

④ 退出 Hive 命令行，并打开 Drill 的命令行模式。

⑤ 输入下述命令，进行查询：

```
0: jdbc:drill:schema = hiveremote > SELECT firstname,lastname FROM hiveremote.
customers limit 10;
```

返回以下结果：

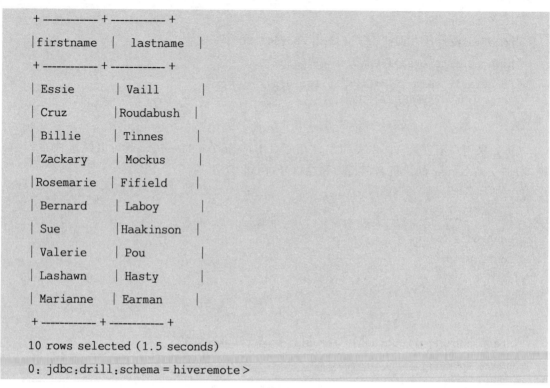

```
+ ----------- + ----------- +
| firstname  |  lastname  |
+ ----------- + ----------- +
| Essie      | Vaill       |
| Cruz       | Roudabush   |
| Billie     | Tinnes      |
| Zackary    | Mockus      |
| Rosemarie  | Fifield     |
| Bernard    | Laboy       |
| Sue        | Haakinson   |
| Valerie    | Pou         |
| Lashawn    | Hasty       |
| Marianne   | Earman      |
+ ----------- + ----------- +
10 rows selected (1.5 seconds)
0: jdbc:drill:schema = hiveremote >
```

至此,实现了连接 hive 的数据源并进行查询的功能。

本章课后习题

1. 分布式数据仓库 Hive 的整体架构是什么?

2. 分布式数据仓库 Hive 的工作原理是什么?

3. 时序数据仓储 Druid 的整体架构是什么?

4. 时序数据仓储 Druid 的数据摄入与数据查询各有哪几种方式?

5. 分布式实时查询 Drill 中的大碎片和小碎片是什么关系? 小碎片的作用是什么?

6. 简述分布式实时查询 Drill 实现一次查询的过程。

本章参考文献

[1] Hive 查询详解[EB/OL]. (2018-08-06)[2019-02-15]. https://blog. csdn. net/luomingkui1109/ article/details/82082312.

[2] Hive 四种数据导入方式介绍[EB/OL]. (2018-05-21)[2019-02-16]. https://www. cnblogs. com/shujuxiong/p/9067651. html,2018-5-21.

[3] 卡普廖洛,万普勒,卢森格林. Hive 编程指南[M]. 曹坤,译. 北京:人民邮电出版社,2013.

［4］ 欧阳辰,刘麒赟,张海雷,等. Druid 实时大数据分析原理与实践［M］. 北京:电子工业出版社,2017.

［5］ What is Druid［EB/OL］.［2019-02-15］. http://druid. io/docs/latest/design/.

［6］ 刘博宇. Druid 在滴滴应用实践及平台化建设［EB/OL］.（2018-06-06）［2019-02-06］. https://yq. aliyun. com/articles/600128? utm_content＝m_1000000412.

［7］ Apache Druid Documentation［EB/OL］.［2019-05-19］. http://drill. apache. org/docs/.

［8］ Apache Drill 中文参考手册［EB/OL］.［2019-05-22］. https://drill. smartloli. org/.

第 7 章
大数据分析——Kylin 分布式多维数据分析

本章思维导图

在目前的大数据时代,Hadoop 已经成为大数据事实上的标准规范,一大批工具陆陆续续围绕着 Hadoop 平台被构建,用来解决不同场景下的需求。在相关技术的支持下,各个应用的数据已突破了传统 OLAP 所能支持的容量上界,亟须一个基于 Hadoop 的分布式分析引擎,Apache Kylin 应运而生。它是一个开源的分布式分析引擎,提供 Hadoop/Spark 之上的 SQL 查询接口及多维分析(OLAP)能力以支持超大规模数据。它能在亚秒内查询巨大的 Hive 表,并与流行的商业智能(BI)工具无缝接合,解决了大数据生态圈数据分析的痛点问题。

本章主要讲述的内容包括:使用 Apache Kylin 的原因、Kylin 学习的前奏、Kylin 工作原理、Kylin 架构、Kylin 快速入门、增量构建、查询和可视化、Cube 优化。希望读者在学习完本章内容后,能够基本了解数据仓库、多维分析、Kylin 的基本概念和原理,并结合书中的实践部分亲自动手使用 Kylin 以加深对它的理解。本章思维导图如图 7-0 所示。

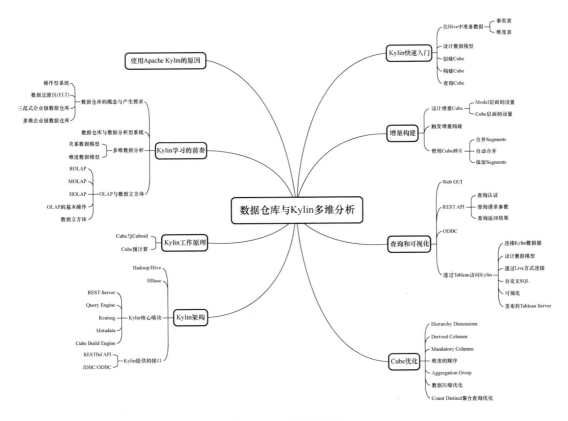

图 7-0 本章思维导图

7.1 使用 Apache Kylin 的原因

自从 Hadoop 诞生以来,大数据的存储和批处理问题均得到了妥善解决,而如何高速地分析数据也就成了下一个挑战。于是各式各样的"SQL on Hadoop"技术应运而生,其中以 Hive 为代表,Impala、Presto、Phoenix、Drill、Spark SQL 等紧随其后。它们的主要技术是大规模并行处理(Massive Parallel Processing,MPP)和列式存储(Columnar Storage)。大规模并行处理可以调动多台机器一起进行并行计算,用线性增加的资源来换取计算时间的线性下降。列式存储则将记录按列存放,这样做不仅可以在访问时只读取需要的列,还可以利用存储设备擅长连续读取的特点,大大地提高读取的速率。这两项关键技术使得 Hadoop 上的 SQL 查询速度从小时级别提高到了分钟级别。

然而分钟级别的查询响应仍然离交互式分析的现实需求还很远。分析师敲入查询指令,按下回车键,还需要去倒杯咖啡,静静地等待查询结果。得到结果之后才能根据情况调整查询,再做下一轮分析。如此反复,一个具体的场景分析常常需要几小时甚至几天才能完成,效率低下。

在目前的大数据时代,Hadoop 已经成为大数据事实上的标准规范,一大批工具陆陆续续围绕着 Hadoop 平台被构建,用来解决不同场景下的需求。

比如,Hive 是基于 Hadoop 的一个用来做企业数据仓库的工具,可以将存储在 HDFS 分布式文件系统上的数据文件映射为一张数据库表,并提供 SQL 查询功能,Hive 执行引擎可以将 SQL 转换为 MapReduce 任务来运行,因此它非常适合数据仓库的数据分析。

再如,HBase 是基于 Hadoop,实现高可用性、高性能、面向列、可伸缩的分布式存储系统,Hadoop 架构中的 HDFS 为 HBase 提供了高可靠性的底层存储支持。

但是缺少一个基于 Hadoop 的分布式分析引擎,虽然目前存在业务分析工具,如 Tableau 等,但是它们往往存在很大的局限,比如难以水平扩展,无法处理超大规模数据,同时也缺少 Hadoop 的支持。此外,Hadoop 以及相关大数据技术提供了一个几近无限扩展的数据平台,在相关技术的支持下,各个应用的数据已突破了传统 OLAP 所能支持的容量上界。每天千万、数亿条的数据,提供若干维度的分析模型,大数据 OLAP 最迫切所要解决的问题就是大量实时运算导致的响应时间迟滞。

举一个现实生活中的例子,联通集团的 BI 是 2010 年建设的,由于全国有 4 亿用户的明细数据需要集中处理,再加上对移动互联网用户流量日志的采集,使得数据量急增。截至 2013 年其数据量已达拍字节级规模,并仍以指数级速度增长,传统数据仓库不堪重负,数据的存储和批量处理成了瓶颈。此外 BI 上提供的面向用户的数据查询和多维分析服务,使得后台生产的 Cube 越来越多,几年下来已有七八千个。用户需求对某一维度的改变往往会造成一个新 Cube 产生,耗费资源不说,也为管理带来了极大的不便。2013 年年底联通集团在传统数据仓库之外搭建了第一个 Hadoop 平台,节点数也从最初的几十个发展到了 3 500 个,大大地提高了系统的存储及计算能力,为联通集团大数据对内对外的发展都起到了至关重要的作用。美中不足的是分布式存储和并行计算只解决了系统的性能问题,尽管也部署了像 Hive、Impala 这样的 SQL on Hadoop 技术,但在 Hadoop 体系上的多维联机分析却始终得不到满意的结果。Oracle + Hadoop 的混搭架构还因为有对 OLAP 的需求而继续维持着,零散的 Cube 数还在继续增长,架构师们还在继续寻找奇迹方案。

Apache Kylin 能够基于 Hadoop 很好地解决上面的问题。它提供 Hadoop 之上的 SQL 查询接口及多维分析能力以支持大规模数据,能够处理太字节乃至拍字节级别的分析任务,能够在亚秒级查询巨大的 Hive 表,并支持高并发。

Apache Kylin 通过空间换时间的方式,实现在亚秒级别延迟的情况下,对 Hadoop 上的大规模数据集进行交互式查询;Kylin 通过预计算,把计算结果集保存在 HBase 中,原有的基于行的关系模型被转换成基于键值对的列式存储;通过维度组合作为 HBase 的 Rowkey,在查询访问时不再需要昂贵的表扫描,这为高并发分析带来了可能;Kylin 提供了标准 SQL 查询接口,支持大多数的 SQL 函数,同时也支持 ODBC/JDBC 方式和主流的 BI 产品无缝集成。

同时,Apache Kylin 是目前国内少有的几个通过了 Cloudera 公司产品工程认证的大数据分析和查询引擎。Cloudera 公司相信,作为唯一一个来自中国的 Apache 顶级开源项目,Apache Kylin 不仅仅代表了中国对国际开源社区的参与,同时也将为我国及全球企业用户探索大数据价值的进程做出卓越的贡献。

7.2 Kylin 学习的前奏

7.2.1 数据仓库的概念与产生需求

数据仓库(Data Warehouse,DW)是一个面向主题的、集成的、随时间变化的、非易失的数

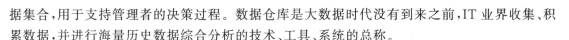

据集合,用于支持管理者的决策过程。数据仓库是大数据时代没有到来之前,IT 业界收集、积累数据,并进行海量历史数据综合分析的技术、工具、系统的总称。

数据仓库的结构如图 7-1 所示。

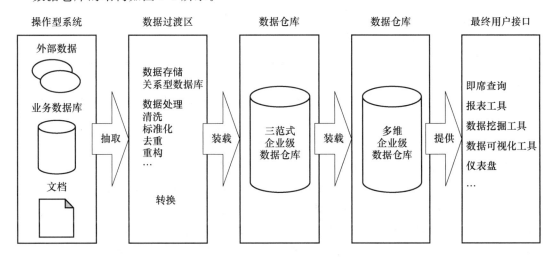

图 7-1 数据仓库的结构

- 操作型系统:操作型系统又叫源系统,为数据仓库提供数据。它收集业务处理过程中产生的销售、市场、材料、物流等数据,并将数据以多种形式进行存储。
- 数据过渡区:经由 ETL(Extract-Transform-Load)过程,将数据从来源端经过抽取(extract)、转换(transform)、加载(load)至目的端。ETL 是构建数据仓库的重要一环,它从操作型系统抽取数据,然后将数据转换成一种标准形式,最终将转换后的数据装载到企业级数据仓库中。
- 三范式企业级数据仓库:它是该架构中的核心组件,也是一个细节数据的集成资源库。其中的数据以最低粒度级别被捕获,存储在满足三范式设计的关系型数据库中。
- 多维企业级数据仓库:包含高粒度的企业数据,使用多维模型设计,这也意味着数据仓库由星形模式的维度表和事实表构成。分析系统或报表工具可以直接访问多维数据仓库里的数据。

由此可见,数据仓库汇聚存储数据,并基于数据挖掘获取数据价值,支持企业决策(如营销策略、生产计划安排)。所以,从这个角度说,数据的存储/分析/应用系统和技术,从源数据被计算机信息化开始,到数据仓库阶段,是一个经典的海量业务数据(主要是关系型数据)被收集、长久存储、挖掘、得到商业应用的过程。

但传统的数据仓库不是基于分布式集群存储、分布式并行计算基数的,因此传统数据仓库在 Hadoop 生态出现后,逐渐被替代(甚至是淘汰),目前较为典型的替代方式是 MapReduce + HDFS + Hive 的新数据仓库方案。

终于,数据库单机容量可以水平灵活扩展,一个涉及几十万甚至更多的历史数据查询统计变得可分布式并行执行了。大数据、Hadoop 海量数据处理,或是基于 Hadoop 构建企业级数据平台,与它们相关的书籍、文章、方案将传统数据仓库生态完全淹没,甚至洗去。但企业级结构化数据分析的需求并没有改变,知识数据量更大,还需要分布式集群方案。

7.2.2　数据仓库与数据分析型系统

首先区分两个概念:数据生产型系统与数据分析型系统。

数据生产型系统:数据生产型系统是一类专门用于管理面向事务的应用信息系统,它的开发多是为了满足某种业务功能的需求。典型的数据生产型系统包括电商系统、学校教务课程管理系统等。

数据生产型系统的特征是大量短的事务,并强调快速处理查询。每秒处理事务数是生产型系统的一个有效度量指标。在数据库的使用上,生产型系统常用的操作是增、删、改、查,并且通常是插入与更新密集型的,同时会对数据库进行大量的并发查询,而删除操作相对较少。生产型系统一般都直接在数据库上修改数据,没有中间过渡区。

数据分析型系统:数据分析型系统是指为了从海量综合性、长期性数据中获取新的有价值结论的系统。在计算机领域,数据分析型系统是一种快速响应多维分析查询的实现方式。它也是更广泛范畴的所谓商业智能的一部分(商业智能还包含数据库、报表系统、数据挖掘、数据可视化等研究方向)。数据分析型系统的典型应用包括销售业务分析报告、市场管理报告、业务过程管理(BPM)、预算和预测、金融分析报告及其类似的应用。

数据分析型系统的特征是相对少量的事务,但查询通常非常复杂并且会包含聚合计算,例如今年和去年同时期的数据对比、百分比变化趋势等。分析型数据库中的数据一般来自一个企业级数据仓库,是整合过的历史数据。对于数据分析型系统,吞吐量是一个有效的性能度量指标。在数据库层面,数据分析型系统操作被定义成少量的事务、复杂的查询、处理归档和历史数据。这些数据很少被修改,从数据库抽取数据是最多的操作,也是识别这种系统的关键特征。分析型数据库基本上都是读操作。

通过对两种系统的描述,我们可以对比它们的很多方面。表7-1总结了两种系统的主要区别。

表 7-1　数据生产型系统和数据分析型系统对比

对比项	数据生产型系统	数据分析型系统
数据源	最原始的数据	历史的、归档的数据,一般来源于数据仓库
数据更新	插入、更新、删除数据,要求快速执行,立即返回结果	大量数据装载,花费时间很长
数据模型	实体关系模型	多维数据模型
数据的时间范围	从天到年	几年或者几十年
查询	简单查询,快速返回查询结果	复杂查询,执行聚合汇总操作
速度	快,大表上需要建索引	相对较慢,需要更多的索引
所需空间	小,只需存储操作数据	大,需要存储大量历史数据

对比这两种系统可以发现,数据生产型系统更适合对已有数据的更新,所以是日常处理工作或在线系统的选择。相反,数据分析型系统提供在大量存储数据上的分析能力,所以这类系统更适合报表类应用。数据分析型系统通常查询历史数据,这有助于得到更准确的分析报告。数据生产型系统通常使用规范化设计,为普通查询和数据修改提供更好的性能。此外,分析型数据库具有典型的数据仓库组织形式。

　　从上可知,数据仓库是数据分析型系统,那么如何设计才可以得到一个更好的数据仓库来支持数据分析呢?

　　这方面的理论从 20 世纪 90 年代起发展了二十多年,已经非常成熟,感兴趣的读者可以查阅《Hadoop 构建数据仓库实践》一书。下面简要介绍相关概念和方法。

7.2.3　多维数据分析

　　本节介绍关系数据模型、维度数据模型,以及与之相关的多维数据分析设计方法。

1. 关系数据模型

　　关系数据模型是由 E. F. Codd 在 1970 年提出的一种通用数据模型。由于关系数据模型简单明了,并且有坚实的数学理论基础,所以一经推出就受到了业界的高度重视。关系数据模型被广泛应用于数据处理和数据存储,尤其是在数据库领域,现在主流的数据库管理系统几乎都是以关系数据模型为基础实现的。下面介绍一些关系数据模型中的术语和相关概念。

　　在关系型数据库中,数据结构用单一的二维表来表示实体以及实体间的联系。

　　① 关系(relation):一个关系对应一个二维表,二维表表名就是关系名。

　　② 属性(attribute):二维表中的列(字段)称为属性。

　　③ 属性域(domain):属性的取值范围。

　　④ 关系模型(relation schema):在二维表中的行定义(记录的型),即对关系的描述称为关系模型。

　　⑤ 元组(tuple):二维表中的一行(记录的值)称为一个元组。

　　⑥ 超键(super key):一个列或者列集唯一标识表中的一条记录。

　　⑦ 候选键(candidate key):仅包含唯一标识记录所必需的最小数量列的超键。

　　⑧ 主键(primary key):唯一标识表中记录的候选键。主键是唯一、非空的。

　　⑨ 外键(foreign key):外键是一个或多个列的集合,匹配其他表中的候选键,代表两张表记录之间的关系。

2. 维度数据模型

　　维度数据模型简称维度模型(Dimensional Model,DM),是一套技术和概念的集合,用于数据仓库设计。

　　事实和维度是两个维度模型中的核心概念。事实表示业务数据的度量,而维度是观察数据的角度。事实通常是数字类型的,可以进行聚合和计算,而维度通常是一组层次关系或描述信息,用来定义事实。例如,销售金额是一个事实,而销售时间、销售的产品、购买的顾客、商店等都是销售事实的维度。

　　维度模型通常以一种被称为星形模式的方式构建。所谓星形模式,就是以一个事实表为中心,周围环绕着多个维度表。星形模式的结构如图 7-2 所示。

　　事实表里面主要包含两方面的信息:维和度量。维的具体描述信息记录在维表,事实表中的维属性只是一个关联到维表的键,并不记录具体信息;度量一般都会记录事件的相应数值,比如这里的产品的购买数量、实付金额。维表中的信息一般是可以分层的,比如时间维的年月日、地域维的省市县等,这类分层的信息就是为了满足事实表中的度量可以在不同的粒度上完成聚合。

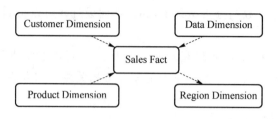

图 7-2 星形模式结构图

7.2.4 OLAP 与数据立方体

OLAP(On-Line Analytical Processing,联机分析处理)是在基于数据仓库多维模型的基础上实现的面向分析的各类操作的集合。

1. OLAP 的分类

(1) ROLAP

ROLAP(Relational OLAP,关系 OLAP)将分析用的多维数据存储在关系型数据库中,并根据应用的需要,有选择地定义一批实视图作为表,它也存储在关系数据库中。不必将每一个 SQL 查询都作为实视图保存,只定义那些应用频率比较高、计算工作量比较大的查询作为实视图。对每个针对 OLAP 服务器的查询,优先利用已经计算好的实视图来生成查询结果以提高查询效率。同时,用作 ROLAP 存储器的 RDBMS 也针对 OLAP 作相应的优化,比如并行存储、并行查询、并行数据管理、基于成本的查询优化、位图索引、SQL 的 OLAP 扩展(cube、rollup)等。

(2) MOLAP

MOLAP(Multidimensional OLAP,多维 OLAP)将 OLAP 分析所用到的多维数据物理上存储为多维数组的形式,形成"立方体"的结构。维的属性值被映射成多维数组的下标值或下标的范围,而汇总数据作为多维数组的值存储在数组的单元中。MOLAP 采用了新的存储结构,从物理层实现起,因此又称为物理 OLAP(Physical OLAP);而 ROLAP 主要通过一些软件工具或中间软件实现,物理层仍采用关系数据库的存储结构,因此 ROLAP 又称为虚拟 OLAP(Virtual OLAP)。

(3) HOLAP

HOLAP(Hybrid OLAP,混合型 OLAP)表示基于混合数据组织的 OLAP 实现,如低层是关系型的,高层是多维矩阵型的。这种方式具有更好的灵活性。其特点是将明细数据保留在关系型数据库的事实表中,但是聚合后的数据保存在 Cube 中,聚合时需要比 ROLAP 更多的时间,查询效率比 ROLAP 高,但低于 MOLAP。

2. OLAP 的基本操作

我们已经知道 OLAP 的操作是以查询——也就是数据库的 SELECT 操作——为主,但是查询可以很复杂,比如基于关系型数据库的查询可以多表关联,可以使用 COUNT、SUM、AVG 等聚合函数。OLAP 正是基于多维模型定义了一些常见的面向分析的操作类型,使这些操作显得更加直观。

OLAP 的多维分析操作包括钻取(drill-down)、上卷(roll-up)、切片(slice)、切块(dice)以及旋转(pivot),下面选取一个图例进行说明,如图 7-3 所示。

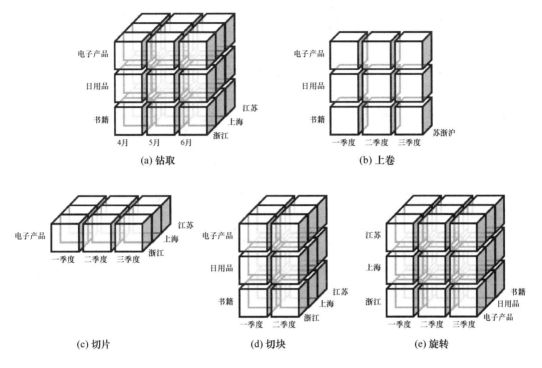

图 7-3 OLAP 基本操作示例

- 钻取:在维的不同层次间的变化,从上层降到下一层,或者说是将汇总数据拆分到更细节的数据,比如通过对 2016 年第二季度的总销售数据进行钻取来查看 2016 年第二季度 4 月、5 月、6 月每个月的消费数据,如图 7-3(a)所示;当然也可以钻取江苏省来查看南京市、苏州市、宿迁市等城市的销售数据。上面所说的所有数据都已经在预处理中根据维度组合计算出了度量结果。

- 上卷:钻取的逆操作,即从细粒度数据向更高汇总层的聚合,如将江苏省、上海市和浙江省的销售数据进行汇总来查看苏浙沪地区的销售数据,如图 7-3(b)所示。

- 切片:选择维中特定的值进行分析,比如只选择电子产品的销售数据,或者 2016 年第二季度的数据,如图 7-3(c)所示。

- 切块:选择维中特定区间的数据或某批特定值进行分析,比如选择 2016 年第一季度到 2016 年第二季度的销售数据,或者是电子产品和日用品的销售数据,如图 7-3(d)所示。

- 旋转:即维的位置的互换,就像是二维表的行列转换,图 7-3(e)通过旋转实现产品维和地域维的互换。

3. 数据立方体

什么是数据立方体(data cube)?很多读者可能在其他地方听说过,或者在实际开发中也有所涉及。数据立方体说白了就是我们可以从 3 个维度衡量和展示数据,比如时间、地区、产品构成 3 个维度的立方体。专业解释为:数据立方体允许多维对数据进行建模和观察,它由维和事实定义。

其实数据立方体只是对多维模型的一个形象的说法。从表面看,数据立方体是三维的,但是多维模型不仅限于三维模型,可以组合更多的模型,如四维、五维等,比如,我们根据时间、地域、产品和产品型号这 4 个维度,统计销售量等指标。图 7-4 是一个数据立方体的示例,方便读者理解。

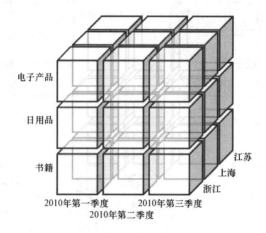

图 7-4 数据立方体示例

7.3 Kylin 工作原理

简单来说,Kylin 的核心思想是预计算,即对多维分析可能用到的度量进行预计算,将计算好的结果保存成 Cube 并存在 HBase 中,供查询时直接访问。把高复杂度的聚合运算、多表连接等操作转换成对预计算结果的查询,这决定了 Kylin 能够拥有很好的快速查询和高并发能力。

Kylin 的理论基础:空间换时间。

7.3.1 Cube 与 Cuboid

首先我们要介绍两个概念。

① Cube:Kylin 中将所有维度组合成一个 Cube,即包含所有的 Cuboid。

② Cuboid:Kylin 中将维度任意组合成一个 Cuboid。

图 7-5 所示就是一个 Cube 的例子,假设我们有 4 个 dimensions(维度,包括 time、item、location、supplier),这个 Cube 中每个节点(称作 Cuboid)都是这 4 个 dimension 的不同组合,每个组合都定义了一组分析的 dimension(如 group by time,item),measure(度量)的聚合结果就保存在每个 Cuboid 上。查询时根据 SQL 找到对应的 Cuboid,读取 measure 的值,即可返回。

7.3.2 工作流程

Kylin 的工作原理就是对数据模型做 Cube 预计算,并利用计算的结果加速查询,具体工作过程如下。

① 指定数据模型,定义维度和度量。

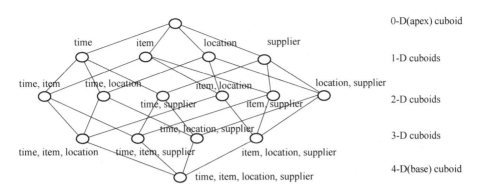

图 7-5 一个四维 Cube 的例子

② 指定预计算 Cube,计算所有 Cuboid 并将其保存为物化视图。

③ 执行查询时,读取 Cuboid,运算并产生查询结果。

由于 Kylin 的查询过程不会扫描原始记录,而是通过预计算预先完成表的关联、聚合等复杂运算,并利用预计算的结果来执行查询,因此相比非预计算的查询技术,其速度一般要快一到两个数量级,并且这点在超大的数据集上优势更明显。当数据集达到千亿乃至万亿级别时,Kylin 的速度甚至可以超越其他非预计算技术 1 000 倍以上。

7.4 Kylin 架构

Kylin 的系统可以分为在线查询和离线构建两部分,技术架构如图 7-6 所示,在线查询模块主要处于上半区,而离线构建则处于下半区。

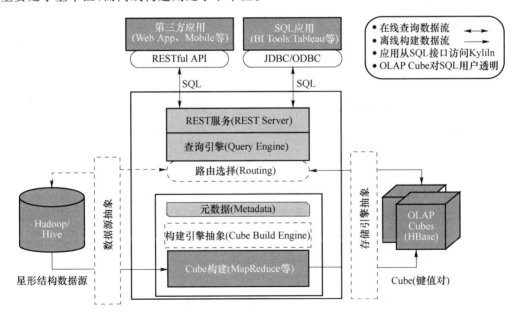

图 7-6 Kylin 的系统架构

下面我们对 Kylin 系统架构中的各个模块进行介绍。

模块一：Hadoop/Hive(图 7-6 的左下部分)。

Kylin 是一个 MOLAP 系统，并将 Hive 中的数据进行预计算，利用 Hadoop 的 MapReduce 分布式计算框架来实现。

Kylin 获取的表是星形模型结构的，也就是目前建模仅支持一张事实表、多张维表。如果业务需求比较复杂，那么就要考虑在 Hive 中进行进一步处理，比如生成一张大的宽表或者采用 view 代替。

模块二：HBase(图 7-6 的右下部分)。

HBase 是 Kylin 中用来存储 OLAP 分析的 Cube 数据的地方，实现多维数据集的交互式查询。

模块三：Kylin 的核心模块(图 7-6 的中间部分)，包含如下几个部分。

（1）REST Server

REST Server 提供 RESTful 接口，例如，我们可以通过此接口来实现创建 Cube、构建 Cube、刷新 Cube、合并 Cube 等 Cube 相关操作，Kylin 的 Projects、Tables 等元数据的管理，用户访问权限控制，系统参数动态配置或修改等。

另外还有一点也很重要，就是我们可以通过 RESTful 接口实现 SQL 的查询，不论是通过第三方程序，还是通过使用 Kylin 的 Web 界面。

（2）Query Engine

目前 Kylin 使用开源的 Calcite 框架来实现 SQL 解析，可以理解为 SQL 引擎层。其实采用 Calcite 框架的产品还有很多，比如 Apache 顶级项目 Drill，它的 SQL Parser 部分采用的也是 Apache Calcite，Calcite 实现的功能是提供了 JDBC interface，接收用户的查询请求，然后将 SQL Query 语句转换成 SQL 语法树，也就是逻辑计划。

（3）Routing

Routing 负责将解析 SQL 生成的执行计划转换成 Cube 缓存的查询，Cube 是通过预计算缓存在 HBase 中的，这部分查询是可以在秒级甚至毫秒级完成的，还有一些操作需要查询原始数据(存储在 Hadoop 的 HDFS 中通过 Hive 查询)，这部分查询的延迟比较长。

（4）Metadata

Kylin 中有大量的元数据信息，包括 Cube 的定义、星形模型的定义、Job 和执行 Job 的输出信息、模型的维度信息等。Kylin 的元数据和 Cube 都存储在 HBase 中，存储的格式是 json 字符串。

（5）Cube Build Engine

这个模块的内容非常重要，它也是所有模块的基础，主要负责在 Kylin 预计算中创建 Cube，创建的过程是首先通过 Hive 读取原始数据，然后通过一些 MapReduce 或 Spark 计算生成 HTable，最后将数据 load 到 HBase 表中。

模块四：Kylin 提供的接口(图 7-6 的中间正上面)。

这部分模块主要提供了 RESTful API 和 JDBC/ODBC 接口，方便第三方 Web APP 产品和基于 SQL 的 BI 工具的接入，比如 Apache Zeppelin、Tableau、Power BI 等。

Kylin 提供的 JDBC 驱动的 classname 为 org. apache. kylin. jdbc. Driver，使用的 URL 的前缀为 jdbc:kylin:，使用 JDBC 接口的查询走的流程和使用 RESTful 接口的查询走的流程内部是相同的。这类接口也使得 Kylin 很好地兼容 Tableau 等 BI 工具。

7.5　Kylin 快速入门

7.5.1　在 Hive 中准备数据

之前我们介绍了 Kylin 中的常见概念。本节将介绍准备 Hive 数据的一些注意事项。需要被分析的数据必须先保存为 Hive 表的形式，然后 Kylin 才能从 Hive 中导入数据，创建 Cube。

Apache Hive 作为基于 Hadoop 的数据仓库工具，提供了多种方式（如命令行、API 和 Web 服务等），可供第三方方便地获取和使用元数据并进行查询。目前，Hive 已经成为 Hadoop 数据仓库的首选，是 Hadoop 上不可或缺的一个重要组件，很多项目都已兼容或集成了 Hive。基于此情况，Kylin 选择 Hive 作为原始数据的主要来源。

在 Hive 中准备待分析的数据是使用 Kylin 的前提：将数据导入 Hive 表中的方法有很多，用户管理数据的技术和工具也各式各样，因此具体步骤不在本章介绍。如有需要可以参考 Hive 的使用文档。这里仅以 Kylin 自带的 Sample Data 为例进行说明。

Sample Data 可以帮助我们快速地体验 Apache Kylin。运行"＄{KYLIN_HOME}/bin/sample.sh"来导入 Sample Data，然后就能按照下面的流程继续创建模型和 Cube。

Sample Data 测试的样例数据集总共就 1 MB 左右，共计 3 张表，其中事实表有 10 000 条数据。因为数据规模较小，故有利于在虚拟机中进行快速实践和操作。数据集是一个规范的星形模型结构，它包含的 3 张数据表如下。

拓展阅读

Kylin 备份元数据

- KYLIN_SALES 是事实表，保存了销售订单的明细信息。各列分别保存着卖家、商品分类、订单金额、商品数量等信息，每一行对应着一笔交易订单。
- KYLIN_CATEGORY_GROUPINGS 是维表，保存了商品分类的详细介绍，例如商品分类名称等。
- KYLIN_CAL_DT 也是维表，保存了时间的扩展信息，如单个日期所在的年始、月始、周始、年份、月份等。

这 3 张表一起构成了整个星形模型。

7.5.2　设计数据模型

数据模型（Model）是 Cube 的基础，它主要用于描述一个星形模型。有了数据模型以后，定义 Cube 的时候就可以直接从此模型定义的表和列中进行选择了，省去了重复指定连接（join）条件的步骤。基于一个数据模型还可以创建多个 Cube，以方便减少用户的重复性工作。

在 Kylin 界面的"Models"页面中，单击"New"→"New Model"，开始创建数据模型，给模型输入名称之后，选择一个事实表（必需的），然后添加维度表（可选），如图 7-7 所示。

添加维度表的时候，需要选择连接的类型：Inner 或 Left。然后选择连接的主键和外键，这里也支持多主键，如图 7-8 所示。

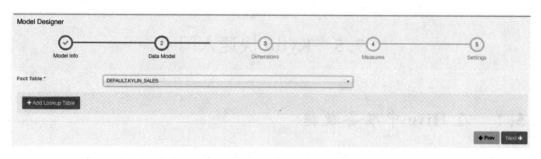

图 7-7 选择事实表

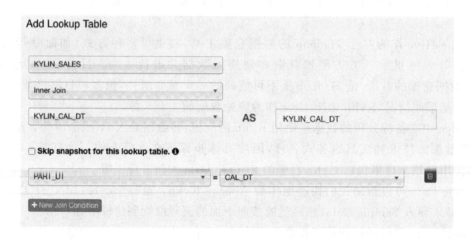

图 7-8 添加维度表

接下来选择会用作维度和度量的列。这里只是选择一个范围,不代表这些列将来一定要用作 Cube 的维度或度量,可以把所有可能会用到的列都选进来,后续创建 Cube 的时候,将只能从这些列中进行选择。

选择维度列时,维度可以来自事实表或维度表,如图 7-9 所示。

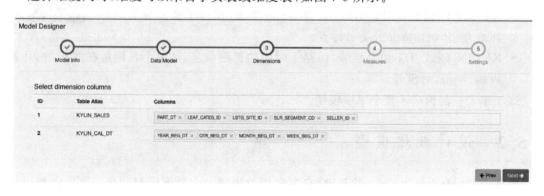

图 7-9 选择维度列

选择度量列时,度量只能来自事实表,如图 7-10 所示。

最后一步是为模型补充分割时间列信息和过滤条件。如果此模型中的事实表记录是按时间增长的,那么可以指定一个日期/时间列作为模型的分割时间列,从而可以让 Cube 按此列做增量构建。

Model Designer
Model Info
Data Model
Dimensions
Measures
Settings
Select measure columns
ID
Table Alias
Columns
1
KYLIN_SALES
PRICE
ITEM_COUNT
BUYER_ID
Prev
Next

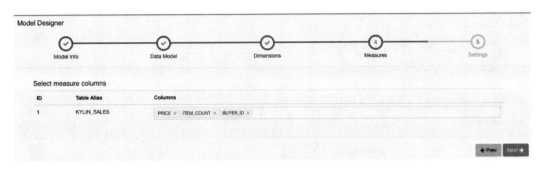

图 7-10　选择度量列

过滤(Filter)条件是指，如果想把一些记录忽略掉，那么这里可以设置一个过滤条件。Kylin 在向 Hive 请求源数据的时候，会带上此过滤条件。在图 7-11 所示的示例中，会直接排除掉金额小于等于 0 的记录。

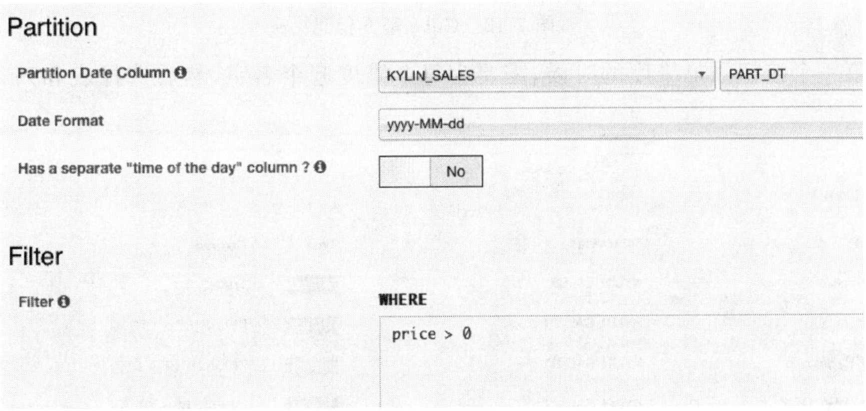

Partition
Partition Date Column
KYLIN_SALES
PART_DT
Date Format
yyyy-MM-dd
Has a separate "time of the day" column ?
No
Filter
Filter
WHERE
price > 0

图 7-11　选择分区列和设定过滤器

7.5.3　创建 Cube

本节将快速介绍创建 Cube 时的各种配置选项，但是由于篇幅限制，这里将不会对 Cube 的配置和 Cube 的优化进行深入的展开介绍。读者可以在后续的章节中找到关于 Cube 的更详细的介绍。接下来开始 Cube 的创建，单击“New”，选择“New Cube”，会开启一个包含若干步骤的向导。

第一步，选择要使用的数据模型，并为此 Cube 输入一个唯一的名称(必需的)和描述(可选的)，如图 7-12 所示；这里还可以输入一个邮件通知列表，用于在构建完成或出错时接收通知。

第二步，选择 Cube 的维度。可以通过以下两个按钮来添加维度。

- Add Dimensions：逐个添加维度，可以是普通维度，也可以是衍生(derived)维度。
- Auto Generator：批量选择并添加，让 Kylin 自动完成其他信息。

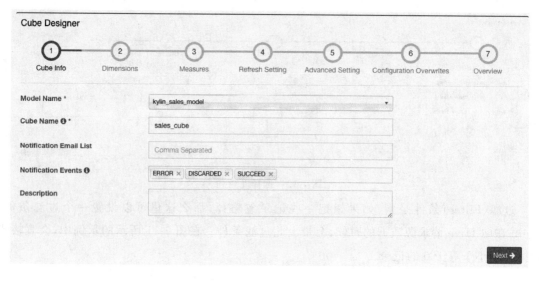

图 7-12　Cube 基本信息

使用第一个按钮添加维度的时候,需要为每个维度起个名字,然后选择表和列,如图 7-13 所示。

ID	Name	Table Alias	Type	Column	Actions
1	TRANS_ID	KYLIN_SALES	normal	TRANS_ID	🖊 🗑
2	YEAR_BEG_DT	KYLIN_CAL_DT	derived	["YEAR_BEG_DT"]	🖊 🗑
3	MONTH_BEG_DT	KYLIN_CAL_DT	derived	["MONTH_BEG_DT"]	🖊 🗑
4	WEEK_BEG_DT	KYLIN_CAL_DT	derived	["WEEK_BEG_DT"]	🖊 🗑
5	USER_DEFINED_FIELD1	KYLIN_CATEGORY_GROUPINGS	derived	["USER_DEFINED_FIELD1"]	🖊 🗑
6	USER_DEFINED_FIELD3	KYLIN_CATEGORY_GROUPINGS	derived	["USER_DEFINED_FIELD3"]	🖊 🗑
7	META_CATEG_NAME	KYLIN_CATEGORY_GROUPINGS	normal	META_CATEG_NAME	🖊 🗑
8	CATEG_LVL2_NAME	KYLIN_CATEGORY_GROUPINGS	normal	CATEG_LVL2_NAME	🖊 🗑
9	CATEG_LVL3_NAME	KYLIN_CATEGORY_GROUPINGS	normal	CATEG_LVL3_NAME	🖊 🗑
10	LSTG_FORMAT_NAME	KYLIN_SALES	normal	LSTG_FORMAT_NAME	🖊 🗑
11	SELLER_ID	KYLIN_SALES	normal	SELLER_ID	🖊 🗑
12	BUYER_ID	KYLIN_SALES	normal	BUYER_ID	🖊 🗑

图 7-13　添加普通维度

如果是衍生维度,则必须来自某个维度表,一次可以选择多个列;由于这些列值都可以从该维度表的主键值中衍生出来,所以实际上只有主键会被 Cube 加入计算。

使用第二个按钮添加维度的时候,Kylin 会用一个树状结构呈现出所有的列,用户只需要勾选所需要的列即可,Kylin 会自动补齐其他信息,从而方便用户的操作。

第三步,创建度量。Kylin 默认会创建一个 Count(1)的度量。可以单击"＋Measure"按钮来添加新的度量。Kylin 支持的度量有 SUM、MIN、MAX、COUNT、COUNT DISTINCT、TOP_N、RAW 等。请选择需要的度量类型,然后再选择适当的参数(通常为列名)。图 7-14

是已添加好的度量示例。

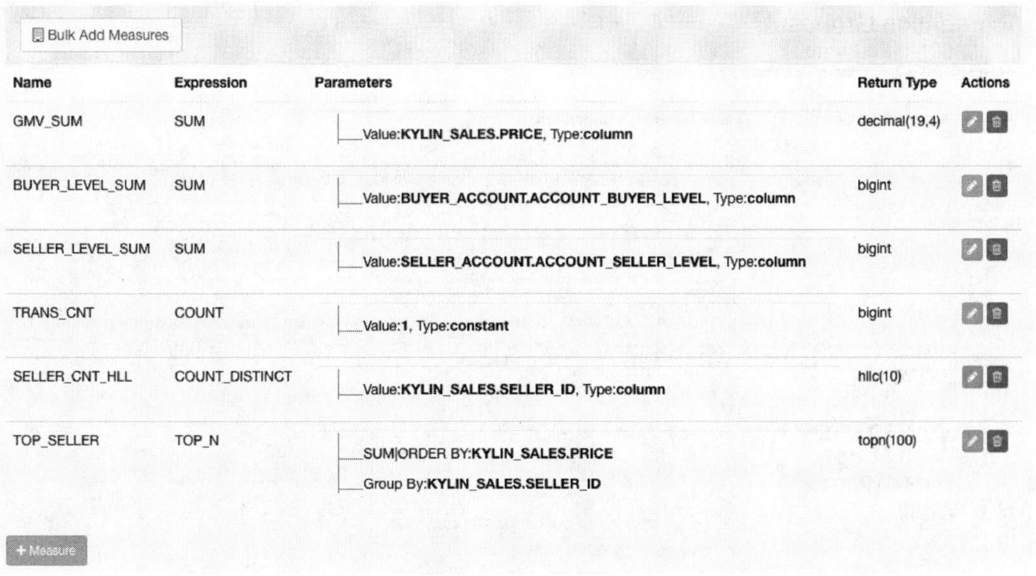

图 7-14　度量列表

添加度量完成后,单击"Next",进行下一步。

第四步,关于 Cube 数据刷新的设置。在这里可以设置自动合并的阈值、数据保留的最短时间,以及第一个 Segment 的起点时间(如果 Cube 有分割时间列),如图 7-15 所示。

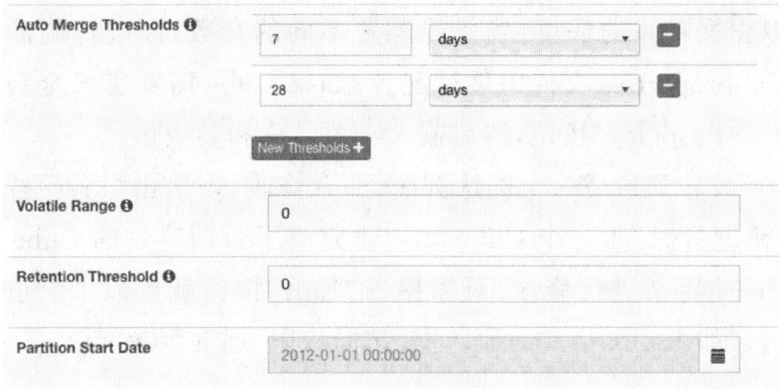

图 7-15　刷新设置

第五步,高级设置。在此页面上可以设置聚合组和 Rowkey,如图 7-16 所示。

Kylin 默认会把所有维度都放在同一个聚合组中;如果维度较多(例如大于 10),那么建议用户根据查询的习惯和模式,单击"New Aggregation Group＋",将维度分为多个聚合组。通过使用多个聚合组,可大大降低 Cube 中的 Cuboid 数量。例如,一个 Cube 有 $m+n$ 个维度,那么默认它会有 2^{m+n} 个 Cuboid;如果把这些维度分为两个不相交的聚合组,那么 Cuboid 的数量将被减少为 2^m+2^n。

各维度在 Rowkeys 中的顺序,对于查询的性能会产生较明显的影响。在这里用户可以根据查询的模式和习惯,通过拖曳的方式调整各个维度在 Rowkeys 上的顺序。通常的原则是,将过滤频率较高的列放置在过滤频率较低的列之前,将基数高的列放置在基数低的列之前。

这样做的好处是,充分利用过滤条件来缩小在 HBase 中扫描的范围,从而提高查询的效率。

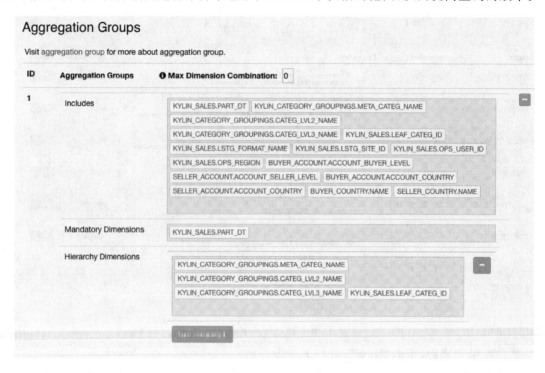

图 7-16　高级设置

第六步,为 Cube 配置参数。和其他 Hadoop 工具一样,Kylin 使用了很多配置参数以提高灵活性,用户可以根据具体的环境、场景等配置不同的参数,以进行调优。Kylin 全局的参数值可在 conf/kylin. properties 文件中进行配置;如果 Cube 需要覆盖全局设置,则需要在此页面中指定。单击"＋Property"按钮,然后输入参数名称和参数值。

然后单击"Next"跳转到最后一个确认页面,如有修改,则单击"Prev"按钮返回以修改,最后再单击"Save"按钮进行保存,一个 Cube 就创建完成了。创建好的 Cube 会显示在"Cubes"列表中,如要对 Cube 的定义进行修改,只需单击"Edit"按钮就可以了。也可以展开此 Cube 行以查看更多的信息,如 JSON 格式的元数据、访问权限、通知列表等。

7.5.4　构建 Cube

新建的 Cube 只有定义,而没有计算的数据,它的状态是"DISABLED",是不会被查询引擎选中的。要让 Cube 有数据,还需要对它进行构建。Cube 的构建方式通常有两种:全量构建和增量构建。两者的构建步骤是完全一样的,区别只在于构建时读取的数据是全集还是子集。

Cube 的构建包含如下步骤,由任务引擎来调度执行。

① 创建临时的平表(从 Hive 读取数据)。

② 计算各维度的不同值,并收集各 Cuboid 的统计数据。

③ 创建并保存字典。

④ 保存 Cuboid 统计信息。

⑤ 创建 HTable。

⑥ 计算 Cube(一轮或若干轮 MapReduce)。

⑦ 将 Cube 的计算结果转成 HFile。

⑧ 加载 HFile 到 HBase。

⑨ 更新 Cube 元数据。

⑩ 垃圾回收。

以上步骤中,前 5 步是为计算 Cube 而做的准备工作,例如,遍历维度值来创建字典,对数据做统计和估算以创建 HTable 等;第⑥步是真正的 Cube 计算,取决于所使用的 Cube 算法,它可能是一轮 MapReduce 任务,也可能是 N(在没有优化的情况下,N 可以被视作维度数)轮迭代的 MapReduce。由于 Cube 运算的中间结果是以 SequenceFile 的格式存储在 HDFS 上的,所以为了导入 HBase 中,还需要第⑦步将这些结果转换成 HFile(HBase 文件存储格式)。第⑧步通过使用 HBase BulkLoad 工具,将 HFile 导入 HBase 集群,这步完成之后,HTable 就可以查询到数据了。第⑨步更新 Cube 的数据,将此次构建的 Segment 的状态从"NEW"更新为"READY",表示已经可供查询了。最后一步,清理构建过程中生成的临时文件等垃圾,释放集群资源。

Monitor 页面会显示当前项目下近期的构建任务。可单击展开以查看任务每一步的详细信息,如图 7-17 所示。

图 7-17　任务监控

如果任务中的某一步是执行 Hadoop 任务,那么会显示 Hadoop 任务的链接,单击即可跳转到对应的 Hadoop 任务检测页面,如图 7-18 所示。

如果任务执行中的某一步出现报错,那么任务引擎会将任务状态置为"ERROR"并停止后续的执行,等待用户排错。在错误排除之后,用户可以单击"Resume"从上次失败的地方恢复执行。如果需要修改 Cube 或重新开始构建,那么用户需要单击"Discard"来丢弃此次构建。

拓展阅读

优化 Cube 构建

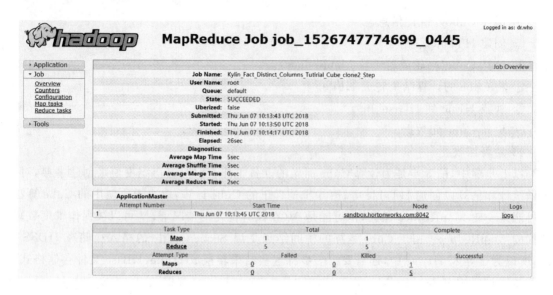

图 7-18　MapReduce 任务检测页面

7.5.5　查询 Cube

Cube 构建好以后,状态变为"READY",就可以进行查询了。Kylin 的查询语言是标准 SQL 的 SELECT 语句,这是为了获得与大多数 BI 系统和工具无缝集成的可能性。

需要了解的是,只有当查询的模式跟 Cube 定义相匹配的时候,Kylin 才能够使用 Cube 的数据来完成查询。Group By 的列和 Where 条件里的列,必须是在 Dimension 中定义的列,而 SQL 中的度量,应该跟 Cube 中定义的度量相一致。

在一个项目下,如果有多个基于同一模型的 Cube,而且它们都满足查询对表、维度和度量的要求,那么,Kylin 会挑选一个"最优的"Cube 来进行查询。这是一种基于成本(cost)的选择,Cube 的成本计算中包括多方面的因素,例如 Cube 的维度数、度量、数据模型的复杂度等。查询引擎将为每个 Cube 完成此 SQL 估算一个成本值,然后选择成本最小的 Cube 来完成此查询。

如果查询是在 Kylin 的 Web GUI 上进行的,那么查询结果会以表的形式展现出来,所执行的 Cube 名称也会一同显示。用户可以单击" Visualization"按钮生成简单的可视化图形,或单击"Export"按钮将结果集下载到本地。

7.6　增量构建

每次 Cube 的构建都会从 Hive 中批量读取数据,而对于大多数业务场景来说,Hive 中的数据处于不断增长的状态。为了支持 Cube 中的数据能够不断地得到更新,并且无须重复地为已经处理过的历史数据构建 Cube,对于 Cube 引入了增量构建的功能。

我们将 Cube 划分为多个 Segment,每个 Segment 都用起始时间和结束时间来标志。

Segment 代表一段时间内源数据的预计算结果。一个 Segment 的起始时间等于它之前那个 Segment 的结束时间；同理，它的结束时间等于它后面那个 Segment 的起始时间。同一个 Cube 下不同的 Segment 除了背后的源数据不同之外，其他如结构定义、构建过程、优化方法、存储方式等都完全相同。

7.6.1　设计增量 Cube

创建增量 Cube 的过程和创建普通 Cube 的过程基本类似，只是增量 Cube 会有一些额外的配置要求。

1. Model 层面的设置

每个 Cube 背后都关联着一个 Model，Cube 之于 Model 就好像 Java 中的 Object 之于 Class。增量构建的 Cube 需要制订分割时间列，同一个 Model 下不同分割时间列的定义应该是相同的，因此我们将分割时间列的定义放到了 Model 之中。在 Model Designer 的最后一步 Settings 添加分割时间列，如图 7-19 所示。

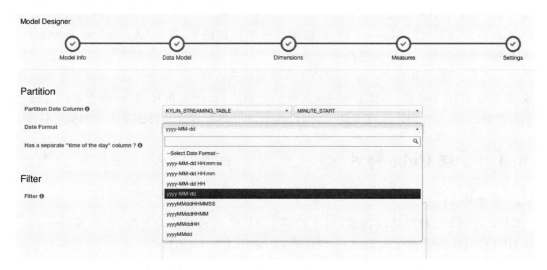

图 7-19　定义分割时间列

目前分割时间列必须是事实表上的列，一般来说如果年月日已经足够帮助分割不同的 Segment，那么在大部分情况下日期是分割时间列的首选。当用户需要更细的分割粒度时，例如，用户需要每 6 小时增量构建一个新的 Segment，那么对于这种情况，则需要挑选包含年月日时分秒的列作为分割时间列。

2. Cube 层面的设置

进入 Cube Designer 的"Refresh Settings"。这里的设置目前包含"Auto Merge Thresholds" "Retention Threshold"和" Partition Start Date"。"Partition Start Date"是指 Cube 默认的第一个 Segment 的起始时间。同一个 Model 下不同的 Cube 可以指定不同的起始时间，因此该设置项出现在 Cube Designer 之中。"Auto Merge Thresholds"用于指定 Segment 自动合并的阈值，而 "Retention Threshold"则用于指定将过期的 Segment 自动抛弃。

7.6.2 触发增量构建

在 Web GUI 上触发 Cube 的增量构建与触发全量构建的方式基本相同。在 Web GUI 的 Model 页面中,选中想要增量构建的 Cube,单击"Action"→ "Build"。

不同于全量构建,增量构建的 Cube 会在此时弹出对话框,让用户选择"End Date",目前 Kylin 要求增量 Segment 的起始时间等于 Cube 中最后一个 Segment 的结束时间,因此当我们 为一个已经有 Segment 的 Cube 触发增量构建的时候,"Start Date"的值已经被确定了,并且 不能修改。如果在触发增量构建的时候 Cube 中不存在任何的 Segment,那么"Start Date"的 值会被系统设置为"Partition Start Date"的值。

仅当 Cube 中不存在任何 Segment,或者不存在任何未完成的构建任务时,Kylin 才接收 该 Cube 上新的构建任务。未完成的构建任务不仅包含正在运行中的构建任务,还包括已经 出错并处于 ERROR 状态的构建任务。如果存在一个 ERROR 状态的构建任务,那么用户需 要先处理好该构建任务,然后才能成功地向 Kylin 提交新的构建任务。处理 ERROR 状态的 构建任务的方式有两种。比较正常的做法是首先在 Web GUI 或后台的日志中查找构建失败 的原因,解决问题后回到 Monitor 页面,选中失败的构建任务,单击"Action"→"Resume",恢 复该构建任务的执行。我们知道构建任务分为多个子步骤,Resume 操作会跳过之前所有已 经成功了的子步骤,直接从第一个失败的子步骤重新开始执行。举例来说,如果某次构建任务 失败,我们在后台 Hadoop 的日志中发现失败的原因是 Mapper 和 Reducer 分配的内存过小导 致了内存溢出,那么我们可以在更新了与 Hadoop 相关的配置之后再恢复失败的构建任务。

7.6.3 管理 Cube 碎片

1. 合并 Segments

Kylin 提供了一种简单的机制,用于控制 Cube 中 Segment 的数量:合并 Segments。在 Web GUI 中选中需要进行 Segments 合并的 Cube,单击"Action"→"Merge",然后在对话框中 选中需要合并的 Segments,可以同时合并多个 Segments,但是这些 Segments 必须是连续的。 单击提交后系统会提交一个类型为"MERGE"的构建任务,它以选中的 Segments 中的数据作 为输入,将这些 Segments 的数据合并封装成一个新的 Segment。这个新的 Segment 的起始时 间为选中的最早的 Segment 的起始时间,它的结束时间为选中的最晚的 Segment 的结束 时间。

在 MERGE 类型构建完成之前,系统将不允许提交这个 Cube 上任何类型的其他构建任 务。但是在 MERGE 类型构建结束之前,所有选中用来合并的 Segments 仍然处于可用的状 态。当 MERGE 构建任务结束的时候,系统将选中合并的 Segments 替换为新的 Segments,而 被替换下来的 Segments 将被当作垃圾回收和清理,以节省系统资源。

2. 自动合并

在 Cube Designer 的"Refresh Setting"页面中有"Auto Merge Thresholds"和"Retention Threshold"两个设置项,可以用来帮助管理 Segment 碎片。虽然这两项设置还不能完美地解 决所有业务场景的需求,但是灵活地搭配使用这两项设置可以大大地减少对 Segments 进行 管理的麻烦。

"Auto Merge Thresholds"允许用户设置几个层级的时间阈值,层级越靠后,时间阈值就越大。举例来说,用户可以为一个 Cube 指定(7 天、28 天)这样的层级。每当 Cube 中有新的 Segment 状态变为 READY 的时候,就会触发一次系统试图自动合并的尝试。系统首先会尝试最大一级的时间阈值,结合上面的(7 天、28 天)层级的例子,首先查看是否能将连续的若干个 Segments 合并成一个超过 28 天的大 Segment,在挑选连续 Segments 的过程中,如果遇到个别 Segment 的时间长度本身已经超过了 28 天,那么系统会跳过该 Segment,从它之后的所有 Segments 中挑选连续的累积超过 28 天的 Segments。如果满足条件的连续 Segments 还不能够累积超过 28 天,那么系统会使用下一个层级的时间阈值重复寻找的过程。每当找到了能够满足条件的连续 Segments 时,系统就会触发一次自动合并 Segments 的构建任务,在构建任务完成之后,新的 Segment 被设置为 READY 状态,自动合并的整套尝试又需要重新再来一遍。

"Auto Merge Thresholds"的设置非常简单,在 Cube Designer 的"Refresh Setting"中单击"Auto Merge Thresholds"右下侧的"New Thresholds＋"按钮,即可在层级的时间阈值中添加一个新的层级,层级一般按照升序进行排列(如图 7-20 所示)。从前面的介绍中不难得出结论,除非人为地增量构建一个非常大的 Segment,在自动合并的 Cube 中,最大的 Segment 的时间长度等于层级时间阈值中最大的层级。也就是说,如果层级被设置为(7 天、28 天),那么 Cube 中最长的 Segment 也不过是 28 天,不会出现横跨半年甚至一年的大 Segment。

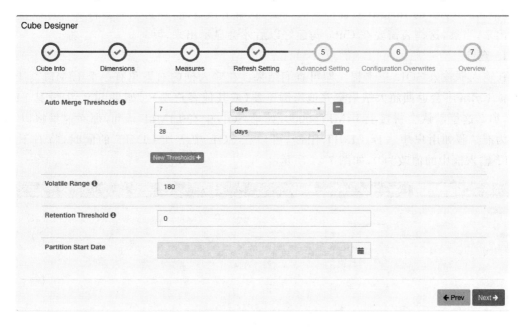

图 7-20　设置自动合并阈值

3. 保留 Segments

从碎片管理的角度来说,自动合并是将多个 Segments 合并为一个 Segment,以达到清理碎片的目的。保留 Segments 则是从另外一个角度帮助实现碎片管理,那就是清理不再使用的 Segments。在很多业务场景中,只会对过去一段时间内的数据进行查询,例如对于某个只显示过去 1 年数据的报表,支撑它的 Cube 事实上只需要保留过去一年内的 Segments 即可。由于数据在 Hive 中往往已经存在备份,因此无须再在 Kylin 中备份超过一年的历史数据。

在这种情况下,我们可以将"Retention Threshold"设置为 365。每当有新的 Segment 状态变为 READY 的时候,系统会检查每一个 Segment:如果它的结束时间距离最晚的一个 Segment 的结束时间已经大于"Retention Threshold",那么这个 Segment 将被视为无须保留,系统会自动地从 Cube 中删除这个 Segment。

如果启用了"Auto Merge Thresholds",那么在使用"Retention Threshold"的时候需要注意,不能将"Auto Merge Thresholds"的最大层级设置得太高。假设我们将"Auto Merge Thresholds"的最大一级设置为 1 000 天,而将"Retention Threshold"设置为 365 天,那么受到自动合并的影响,新加入的 Segments 会不断地被自动合并到一个越来越大的 Segment 之中,糟糕的是,这会不断地更新这个大 Segment 的结束时间,从而导致这个大 Segment 永远不会得到释放。因此,推荐自动合并的最大一级的时间不要超过 1 年。

7.7 查询和可视化

7.7.1 Web GUI

Apache Kylin 的 Insight 页面即为查询页面,单击该页面,左边侧栏会将所有可以查询的表列出来,当然,这些表需要在 Cube 构建好以后才会显示出来。

1. 查询

在输入框输入 SQL,单击提交即可查询结果。在输入框的右下角有一个 LIMIT 字段,用来保护 Kylin 不会返回超大结果集并拖垮浏览器(或其他客户端)。如果 SQL 中没有 LIMIT 子句,那么这里默认会拼接上 LIMIT50000;如果 SQL 中有 LIMIT 子句,那么这里将以 SQL 中的为准。假如用户想去掉 LIMIT 限制,可以在 SQL 中不加 LIMIT 的同时,将右下角的 LIMIT 输入框中的值改为 0,如图 7-21 所示。

图 7-21 查询页面

这里我们已经写入了一个 SQL 语句,接下来查看它的查询结果。

拓展阅读

2．显示结果

对于上面的查询,默认会以表格(grid)的形式显示结果,如果需要以图表的形式展示数据,则可单击表格右上角的"Visualization"按钮,如图 7-22 所示。

Kylin 支持的 SQL
语法快速参考

目前前端图形化支持折线图(line)、柱状图(bar)、饼图(pie)这 3 种类

图 7-22　表格展示结果集

型(如图 7-23、图 7-24、图 7-25 所示)。这 3 种图形是比较常见的数据展示图,折线图可以展现数据在不同时间内的变化趋势,柱状图可以展示数据在不同条件下的对比情况,饼图可以较好地展现数据在全局所占比例的大小。

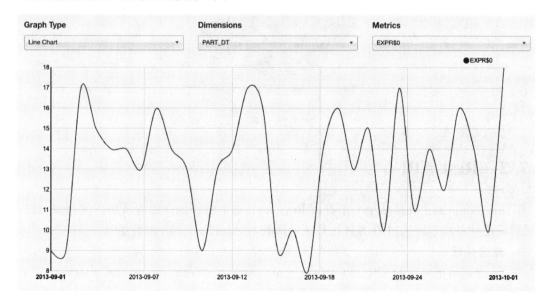

图 7-23　折线图

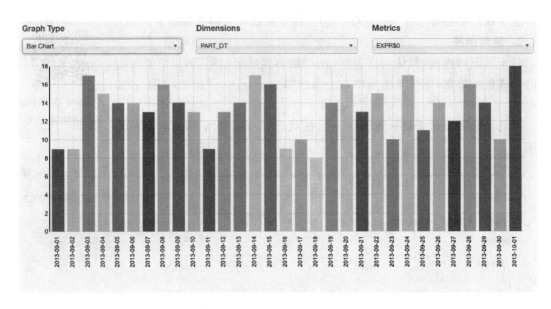

图 7-24　柱状图

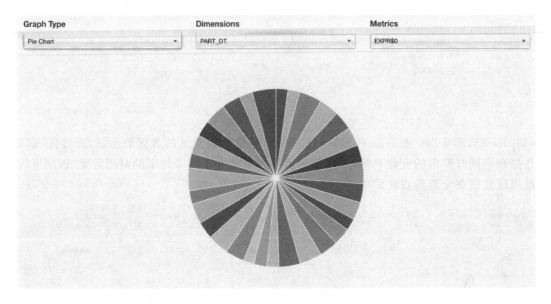

图 7-25　饼图

7.7.2　Rest API

Kylin 查询页面主要是基于一个查询 Rest API,这里将详细介绍应该如何使用该 API,读者了解后便可以基于该 API 在各种场景下灵活获取 Apache Kylin 的数据了。

1. 查询认证

Kylin 查询请求对应的 URL 为 http://< hostname >:< port >/kylin/api/query,HTTP 的请求方式为 POST。Kylin 所有的 API 都是基于 Basic Authentication 认证机制的,Basic Authenticaion 是一种非常简单的访问控制机制,它先对账号密码基于 Base4 编码,然后将其

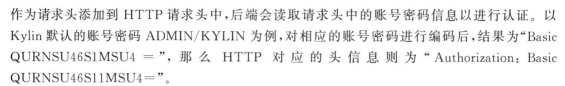

作为请求头添加到 HTTP 请求头中,后端会读取请求头中的账号密码信息以进行认证。以 Kylin 默认的账号密码 ADMIN/KYLIN 为例,对相应的账号密码进行编码后,结果为"Basic QURNSU46S1MSU4＝",那么 HTTP 对应的头信息则为"Authorization：Basic QURNSU46S11MSU4＝"。

2. 查询请求参数

查询 API 的 Body 部分要求发送一个 JSON 对象,下面对请求对象的各个属性逐一进行说明。

- sql:必填,字符串类型,请求的 SQL。
- offset:可选,整型,查询默认从第一行返回结果,可以设置该参数以决定返回数据从哪一行开始往后返回。
- limit:可选,整型,加上 limit 参数后会从 offset 开始返回相应的行数,返回数据行数小于 limit 的将以实际行数为准。
- acceptPartial:可选,布尔类型,默认是 true,如果为 true,那么实际上最多会返回 100 万行数据;如果要返回的结果超过了 100 万行,那么该参数需要设置为 false。
- project:可选,字符串类型,默认为 DEFAULT,在实际使用时,如果对应查询的项目不是 DEFAULT,那就需要设置为自己的项目。

下面是一个 HTTP 请求内容的完整示例,读者通过这个示例可以明白查询的请求体是一个什么样的结构:

```
{
    "sql": "select * from TEST_KYLIN_FACT",
    "offset": 0,
    "limit":50000,
    "acceptPartial": false,
    "project": "DEFAULT"
}
```

3. 查询返回结果

查询返回结果也是一个 JSON 对象,下面给出的是返回对象中每一个属性的解释。

- columnMetas:每个列的元数据信息。
- results:返回的结果集。
- cube:这个查询对应使用的 CUBE。
- affectedRowCount:这个查询关系到的总行数。
- isException:这个查询的返回是否异常。
- exceptionMessage:如果查询返回异常,则给出对应的内容。
- duration:查询消耗的时间,单位为毫秒。
- partial:这个查询结果是否仅为部分结果,这取决于请求参数中的 acceptPartial 为 true 还是 false。

下面是一个查询返回格式示例:

```
{
    "columnMetas": [
```

```
        {
            "isNullable": 1,
            "displaySize": 0,
            "label": "CAL_DT",
            "name": "CAL_DT",
            "schemaName": null,
            "catelogName": null,
            "tableName": null,
            "precision": 0,
            "scale": 0,
            "columnType": 91,
            "columnTypeName": "DATE",
            "readOnly": true,
            "writeable": false,
            "caseSensitive": true,
            "searchable": false,
            "currency": false,
            "signed": true,
            "autoIncrement": false,
            "definitelyWritable": false,
        }
        …… //此处省略
    ],
    "results": [
        {
            "2013-08-07",
            "32996",
            "15",
            "15",
            "Auction",
            "10000000",
            "49.048952730908745",
            "49.048952730908745",
            "49.048952730908745",
            "1",
        }
        …… //此处省略
    ],
    "cube": "test_kylin_cube_with_slr_desc",
```

```
    "affectedRowCount": 0,
    "isException": false,
    "exceptionMessage": null,
    "duration": 3451,
    "partial": false,
}
```

7.7.3　ODBC

Apache Kylin 提供了 32 位和 64 位两种 ODBC 驱动，支持 ODBC 的应用可以基于该驱动访同 Kylin。该驱动程序目前只提供 Windows 版本，在 Tableau 和 Microsoft Excel 上已经过充分的测试。

在安装 Kylin ODBC 之前，需要先安装 Microsoft Visual C++ 2012 Redistributable，其在 Kylin 的官网上可以下载。此外，因为 ODBC 需要从 Rest API 获取数据，所以在使用之前需要确保有正在运行的 Apache Kylin 服务，有可以访问的 Rest API 接口。最后，如果以前安装过 Apache Kylin ODBC 驱动，那么需要先卸载老版本。

到 Apache Kylin 官网下载 ODBC 驱动，上面分别提供了 KylinODBCDriver(x86).exe 和 KylinODBCDriver(x64).exe，供 32 位和 64 位的操作系统使用。

安装好驱动后，需要继续配置 DSN，下面分步介绍如何配置 DSN。

第一步，打开 ODBC Data Source Administrator，然后安装驱动。这里又涉及如下两种情况：

① 安装 32 位驱动时，对应的打开位置为 C:\Windows\SysWOW64\odbcad32.exe；

② 安装 64 位驱动时，依次打开 Windows 的控制面板→管理工具→数据源（ODBC）。

第二步，打开"System DSN"，单击"Add"，找到 KylinODBCDriver 这个选项，单击"Finish"继续下一步。

第三步，在弹出的对话框中，填上对应的选项，服务器地址和端口分别为对应 Rest API 的 IP 和端口。

第四步，单击"Done"按钮，在 DSN 中就可以看到新建的 DSN 了。

7.7.4　通过 Tableau 访问 Kylin

Tableau 是一款应用比较广泛的商业智能工具软件，有着很好的交互体验，可基于拖拽的方式生成各种可视化图表，相信很多读者已经了解或使用过该产品。本节会讲解如何使用 Tableau 访问 Apache Kylin 的数据。基于 Apache Kylin 提供的 ODBC 驱动，Tableau 可以很好地对接大数据，让用户以更友好的方式对大数据进行交互式的分析。

本书基于 Tableau 9.1 版本讲解，在使用 Tableau 之前，请确保已经安装了 ODBC 驱动。

1. 连接 Kylin 数据源

通过驱动连接 Kylin 数据源的方式为：启动 Tableau 9.1 桌面版，单击左边面板中的"Other Databases(ODBC)"，在弹出的窗口中选择"KylinODBCDriver"，如图 7-26 所示。

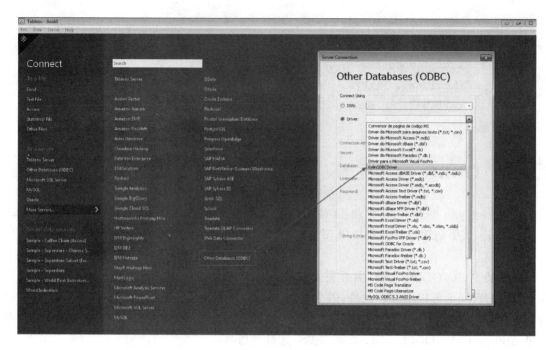

图 7-26　在 Tableau 中选择 Apache Kylin ODBC 驱动

　　在弹出的驱动连接窗口中填写服务器、认证、项目，单击"Connect"按钮，将会看到所有用户有权限访问的项目，如图 7-27 所示。

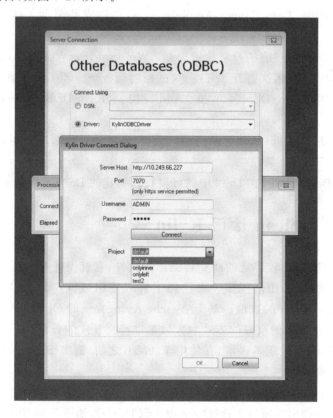

图 7-27　Apache Kylin 连接信息

2. 设计数据模型

在 Tableau 客户端的左面板中，选择"defaultCatalog"作为数据库，在搜索框中单击 "Search"将会列出所有的表，可通过拖拽的方式把表拖到右边的面板中，给这些表设置正确的连接方式，如图 7-28 所示。

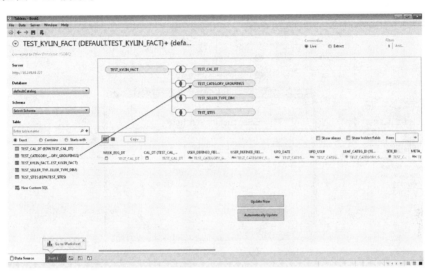

图 7-28　在 Tableau 中设计数据模型

3. 通过 Live 方式连接

模型设计完成之后，我们需要选择 Tableau 与后端交互的连接方式，如图 7-29 所示。 Tableau 支持两种连接方式，分别为 Live 和 Extract。Extract 模式会把全部数据加载到系统内存，查询的时候直接从内存中获取数据，它是非常不适合大数据处理的一种方式，因为大数据无法被全部驻留在内存中。Live 模式会实时发送请求到服务器查询，配合 Apache Kylin 亚秒级的查询速度，能够很好地实现交互式的大数据可视化分析。请选择 Live 为连接 Apache Kylin 的连接方式。

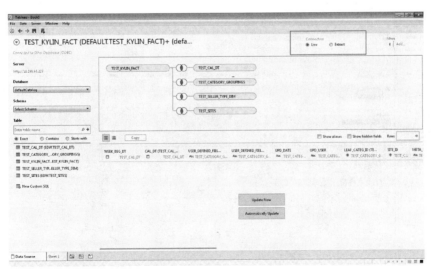

图 7-29　选择连接方式

4. 自定义 SQL

如果用户想通过自定义 SQL 进行交互,可以单击图 7-30 左下角的"New Custom SQL",在弹出的对话框中输入 SQL 即可实现。

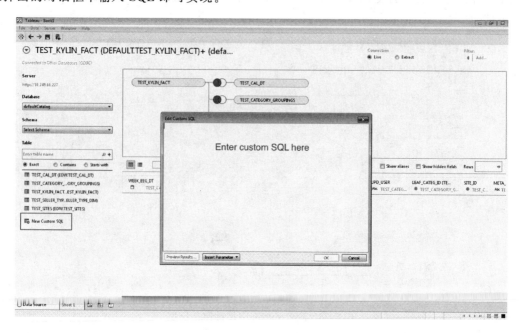

图 7-30 "New Custom SQL"对话框

5. 可视化

在 Tableau 右侧面板中,我们可以看到有列框(Columns)和行框(Rows),把度量拖到列框中,把维度拖到行框中,就可以生成自己的图表了,如图 7-31 所示。

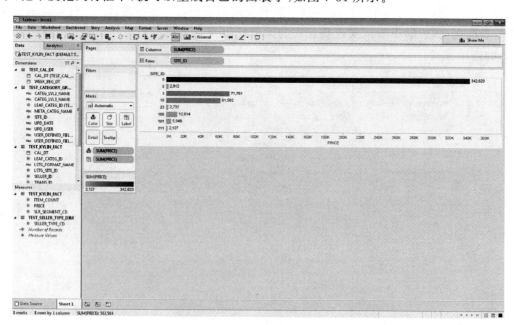

图 7-31 在 Tableau 中拖曳行列框展示数据

6. 发布到 Tableau Server

如果想将本地 Dashboard 发布到 Tableau Server，则展开上边的"Server"按钮，然后单击"Publish Workbook"即可，如图 7-32 所示。

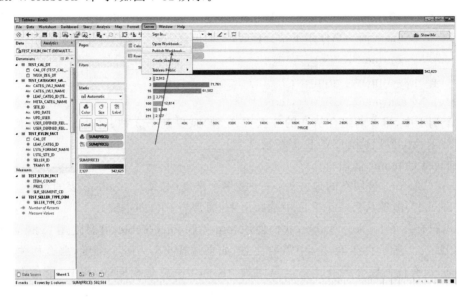

图 7-32　发布到 Tableau Server

7.8　Cube 优化

本节我们来一起研究 Kylin 中设计 Cube 维度时的几个优化方面，Cube 的优化主要是通过"高级设置"那一步实现的，如图 7-33 所示。

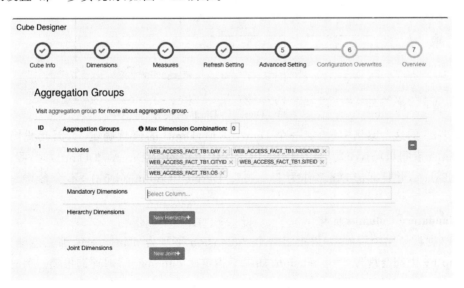

图 7-33　Cube 高级设置

这些内容的优化,我们曾在创建 Cube 时有所提及,这里再全面地补充一下。

1. Hierarchy Dimensions 优化

理论上对于 N 维度,我们可以进行 2 的 N 次方的维度组合。然而对于一些维度的组合来说,有时是没有必要的。例如,如果我们使用 3 个维度(continent、country 和 city),在 Hierarchy 中,最大的维度排在最前面。当使用下钻分析时,我们仅仅需要下面的 3 个维度的组合:

① group by continent;

② group by continent, country;

③ group by continent, country, city。

在这个例子中,维度的组合从 2 的 3 次方(8 种)减少到了 3 种,这是一个很好的优化,同样适合 YEAR、MONTH 和 DATE 等场景。

2. Derived Columns 优化

Derived Columns 被用在的地方为:一个或多个维度(必须是 Lookup 表的维度,这些字段被称为"Derived")能够从另一个字段中推断出来(通常为 PK,即主键)。

假如我们有一个 Lookup Table,我们使用 join 关联 Fact Table,并且使用"where DimA = DimX",如图 7-34 所示。在 Kylin 中需要注意,如果选择 FK 为一个维度,那么相关的 PK 将自动可查询,没有任何额外的开销。这是因为 FK 和 PK 总是相同的,Kylin 能够首先在 FK 上使用 filters/groupby,并且能将它们透明地替换为 PK。这个表明如果想在 Cube 中用 DimA(FK)、DimX(PK)、DimB 和 DimC,我们可以安全地仅仅选择 DimA、DimB 和 DimC。

Fact Table	(joins)	Lookup Table
column1, column2,…,DimA(FK)		DimX(PK), DimB, DimC

图 7-34 Fact Table 和 Lookup Table 的 join 关联

如图 7-35 所示,维度 DimA 到 DimB 有一个映射。

DimA	DimB	DimC
1	a	?
2	b	?
3	c	?
4	a	?

图 7-35 DimA 到 DimB 的映射

在图 7-35 的这个案例中,给定一个 DimA 的值,DimB 的值就确定了,因此我们说 DimB 能够从 DimA 获得(Derived)。当我们 build 一个 Cube(包含 DimA 和 DimB)时,我们能够简单地包含 DimA,并且标记 DimB 作为 Derived。Derived Column(DimB)不会参与 cuboids 的生成。

3. Mandatory Columns 优化

这种维度设计比较简单,如果指定某个 dimension 字段为 mandatory,那么意味着每次查询的 group by 中都会携带此 dimension;如果不指定此 dimension,则查询报错。另外,如果将某一个 dimension 字段设置为 mandatory,可以将 cuboid 的个数大大减少。

比如 A、B 和 C 3 个维度,原始维度组合为 A、B、C、AB、AC、BC、ABC。如果将 A 设为 mandatory,则维度组合为 A、AB、AC、ABC。

如果在某张有主键的维度表上有多个维度,那么可以将其维度设置为 Derived Dimension,在 Kylin 内部会将其统一用维度表的主键来替换,以此来降低维度组合的数目,当然在一定程度上 Derived Dimension 会降低查询效率。在查询时,Kylin 使用维度表主键进行聚合后,通过主键和真正维度列的映射关系做一次转换,在 Kylin 内部再对结果集做一次聚合,然后返回给用户。

4. 维度的顺序

维度的顺序很重要,ID 决定了某个维度在数组中执行查找时该维度对应的第一个维度。举个例子,time 对应的 ID 是 1,location 对应的 ID 是 2,product 对应的 ID 为 3,这个顺序是非常重要的,一般情况下我们会将 mandatory 维度放置在 rowkey 的最前面,而其他的维度需要将经常出现在过滤条件中的维度放置在靠前的位置。

假设在上例的三维数组中,我们经常使用 time 进行过滤,但是我们把 time 的 ID 设置为 3(其中 location 的 ID 为 1,product 的 ID 为 2),这时候如果从数组中查找大于'2016-07-01'并且小于'2016-07-31'的 time,那么查询就需要从最小的 key=< min(location)、min(product)、'2016-07-01'>扫描到最大的 key=< max(location)、max(product)、'2016-07-31'>,但是如果把 time 的 ID 设置为 1,扫描的区间就会变成 key=<'2016-07-01'、min(location)、min(product)>到 key=<'2016-07-31'、max(location)、max(product)>。

Kylin 在实现时需要将 Cube 的数组存储在 HBase 中,然后按照 HBase 中的 rowkey 进行扫描。根据上面的描述,我们这里举个例子来说明为什么维度组合的 rowkey 顺序很重要。

假设 min(location)='BeiJing'、max(location)='Nanjing'、min(product)='A'、max(product)='Z',在第一种情况(location 的 ID 为 1,product 的 ID 为 2,time 的 ID 为 3)下,HBase 需要扫描的 rowkey 范围是:[BeiJing-A-2016-07-01,Nanjing-Z-2016-07-31]。而第二种情况(time 的 ID 为 1,location 的 ID 为 2,product 的 ID 为 3)下,HBase 需要扫描的 rowkey 范围是:[2016-07-01-BeiJing-A,2016-07-31-Nanjing-Z]。

如果对 time 进行过滤,可以看出第二种情况可以减少扫描的 rowkey,查询的性能也就更好了。但是在 Kylin 中并不会存储原始的成员值(例如 Nanjing、'2016-07-01'这样的值),而是需要对它们进行编码。

5. Aggregation Group 优化

这是一个将维度进行分组,以求达到降低维度组合数目的手段。不同分组的维度之间组成的 cuboid 数量会大大降低,维度组合从 2 的 $k+m+n$ 次幂最多能降低到 2 的 k 次幂加上 2 的 m 次幂再加上 2 的 n 次幂的总和。Group 的优化措施与查询 SQL 紧密依赖,可以说是为了查询的定制优化。如果查询的维度是跨 Group 的,那么 Kylin 需要以较大的代价从 N-Cuboid 中聚合得到所需要的查询结果,这需要 Cube 的设计人员在建模时仔细地斟酌。

6. 数据压缩优化

Apache Kylin 针对维度字典以及维度表快照采用了特殊的压缩算法,对于 HBase 中的聚合计算数据利用了 Hadoop 的 LZO 或者是 Snappy 等压缩算法,从而保证了存储在 HBase 以及内存中的数据尽可能地小。其中维度字典以及维度表快照的压缩考虑 Data Cube 中会出现非常多的重复的维度成员值,最直接的处理方式就是利用数据字典将维度值映射成 ID,Kylin 中采用了 Trie 的方式对维度值进行编码。

7. Count Distinct 聚合查询优化

Apache Kylin 采用了 HyperLogLog 的方式来计算 Count Distinct,其好处是速度快,缺点

是结果是一个近似值,会有一定的误差,我们可以指定误差率,误差率越低,占用的存储越大,build 耗时越长。在非计费等通常的场景下 Count Distinct 的统计误差应用普遍可以接受。

Kylin 1.5 版本中加入了 User Defined Aggregation Types(即用户自定义聚合类型),后来 Kylin 基于 Bit-Map 算法实现精确 Count Distinct,但也仅仅支持整数家族(比如 int、bigint)的字段类型,字符等类型暂时支持,所以如果需要对字符类型进行精确 Count Distinct 计算,可能需要先在 Hive 表中进行预处理。

本章课后习题

1. 什么是 OLAP? OLAP 与数据仓库有什么关联?
2. 关系数据模型和维度数据模型有什么区别?
3. 如何理解维度与度量、Cube 与 Cuboid?
4. 请简述 Kylin 的工作原理、核心思想。
5. Kylin 的系统架构大致分为哪几个模块? 核心模块是什么?
6. 构建 Cube 时,Kylin 从哪里读取元数据? 构建好的 Cube 存在何处?
7. Kylin 的查询有哪几种方法?

本章参考文献

[1] 王雪迎. Hadoop 构建数据仓库实践[M]. 北京:清华大学出版社,2017.

[2] Kimball R,Ross M. 数据仓库工具箱——维度建模权威指南[M]. 王念滨,周连科,韦正现,译. 3 版. 北京:清华大学出版社,2015.

[3] Apache Kylin 核心团队. Apache Kylin 权威指南[M]. 北京:机械工业出版社,2017.

[4] 蒋守壮. 基于 Apache Kylin 构建大数据分析平台[M]. 北京:清华大学出版社,2017.

[5] Kylin 官网[EB/OL]. [2019-02-27]. http://kylin.apache.org/cn/.

[6] 关系数据模型和关系数据库系统[EB/OL]. [2019-02-27]. https://blog.csdn.net/qq78442761/article/details/54986443.

[7] 数据立方体与 OLAP[EB/OL]. [2019-02-27]. http://webdataanalysis.net/web-data-warehouse/data-cube-and-olap/.

第8章

数据可视化

本章思维导图

人类右脑记忆图像的速度比左脑记忆抽象的文字快 100 万倍。将不可见现象或数据转化为可见的图形符号，即进行可视化展示，能帮助人们更快地获取数据信息及其规律，也能加深人们对于数据的理解和记忆。

数据可视化主要是借助图形化手段，清晰有效地传达与沟通信息。但是，这并不意味着，数据可视化就一定因为要实现其功能用途而令人感到枯燥乏味，或者是为了看上去绚丽多彩而显得极端复杂。为了实现信息有效地传达，数据可视化需要兼顾美学形式与功能的需要，并通过直观地传达关键特征，实现对数据集的深入洞察。

本章首先对数据可视化的定义进行了介绍，之后具体阐述了数据可视化的分类有哪些，并在可视化流程、可视化中的数据、可视化的基本图标和视图交互 4 个方面阐述了数据可视化的基础，以让读者对数据可视化有基本的了解，在奠定基础的情况下，本章又详细地讲解了信息可视化的分类和在商业智能中的数据可视化。最后本章针对数据可视化给出了实践的方法，以加深读者对数据可视化实现的理解。本章思维导图如图 8-0 所示。

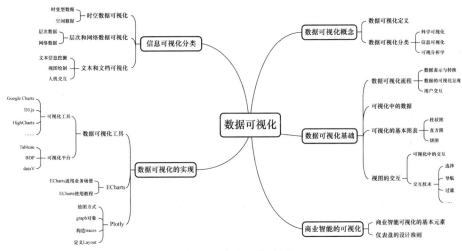

图 8-0　本章思维导图

8.1 数据可视化定义及分类

8.1.1 数据可视化定义

数据可视化是对数据的视觉表现的研究。其中,这种数据的视觉表现形式被定义为一种以某种概要形式抽提出来的信息,包括相应信息单位的各种属性和变量。数据可视化的主要目的是通过图像清楚有效地传播信息。为了有效地传递思想,美观的形式与功能性需要密切地关联,通过一种更直观的方式传播关键部分,提供对相当分散和复杂的数据集的洞悉。

数据可视化的设计简化为4个级联的层次(见图8-1)。简而言之,最外层(第一层)刻画真实用户的问题,称为问题刻画层。第二层是抽象层,将特定领域的任务和数据映射到抽象且通用的任务及数据类型。第三层是编码层,设计与数据类型相关的视觉编码及交互方法。最内层(第四层)的任务是创建正确完整系统设计的算法。各层之间是嵌套的,上游层的输出是下游层的输入。嵌套同时也带来了问题:上游层的错误最终会级联到下游各层。假如在抽象阶段做了错误的决定,那么最好的视觉编码和算法设计也无法创建一个解决问题的可视化系统。在设计过程中,这个嵌套模型中的每个层次都存在挑战,例如,定义了错误的问题和目标;处理了错误的数据;可视化的效果不明显;可视化系统运行出错或效率过低。

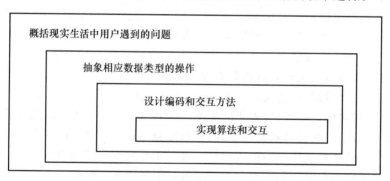

图 8-1 可视化设计的层次嵌套模型

8.1.2 数据可视化分类

数据可视化的处理对象是数据。自然地,数据可视化包含处理科学数据的科学可视化与处理抽象、非结构化信息的信息可视化两个分支。广义上,科学可视化研究带有空间坐标和几何信息的三维空间测量数据等,重点探索如何有效地呈现数据中几何、拓扑和形状特征。信息可视化的处理对象则是非结构化、非几何的抽象数据,如金融交易、社交网络和文本数据,其核心挑战是如何针对大尺度高维数据减少视觉混淆对有用信息的干扰。此外,由于数据分析的重要性,将可视化与分析进行结合,形成一个新的学科:可视分析学。科学可视化、信息可视化和可视分析学3个学科方向通常被看成可视化的3个主要分支。

1．科学可视化

科学可视化（scientific visualization）是可视化领域最早、最成熟的一个跨学科研究与应用的领域。面向的领域主要是自然科学，如物理、化学、气象气候、航空航天、医学、生物学等各个学科，这些学科通常需要对数据和模型进行解释、操作与处理，旨在寻找其中的模式、特点、关系以及异常情况。

科学可视化的基础理论与方法已经相对成形。早期的关注点主要在于三维真实世界的物理化学现象，因此数据通常表达在三维或二维空间，或包含时间维度。鉴于数据的类别可分为标量（密度、温度）、向量（风向、力场）、张量（压力、弥散）等 3 类，科学可视化也可粗略地分为 3 类：标量场可视化、向量场可视化和张量场可视化。

2．信息可视化

信息可视化（information visualization）处理的对象是抽象的、非结构化的数据集合（如文本、图表、层次结构、地图、软件、复杂系统等）。传统的信息可视化起源于统计图形学，又与信息图形、视觉设计等现代技术相关。其表现形式通常在二维空间，因此关键问题是在有限的展现空间中以直观的方式传达大量的抽象信息。与科学可视化相比，信息可视化更关注抽象、高维数据。此类数据通常不具有空间中位置的属性，因此要根据特定数据分析的需求，决定数据元素在空间的布局。

3．可视分析学

可视分析学（visual analytics）被定义为一门以可视交互界面为基础的分析推理科学。它综合了图形学、数据挖掘和人机交互等技术，以可视交互界面为通道，将人的感知和认知能力以可视的方式融入数据处理过程，实现人脑智能和机器智能优势互补和相互提升，建立螺旋式信息交流与知识提炼途径，完成有效的分析推理和决策。图 8-2 诠释了可视分析学包含的研究内容。

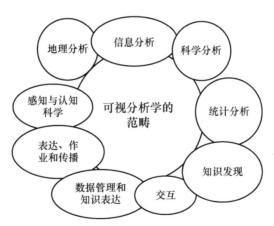

图 8-2　可视分析学涉及的学科

可视分析学可看成将可视化、人的因素和数据分析集成在内的一种新思路。其中，感知与认知科学研究人在可视分析学中的重要作用；数据管理和知识表达是可视分析构建数据到知识转换的基础理论；地理分析、信息分析、科学分析、统计分析、知识发现等是可视分析学的核心分析论方法。在整个可视分析过程中，人机交互必不可少，可用于驾驭模型构建、分析推理和信息呈现等整个过程。可视分析流程中推导出的结论与知识最终需要向用户表达、作业和传播。

可视分析学是一门综合性学科,与多个领域相关:在可视化方面,有信息可视化、科学可视化与计算机图形学;与数据分析相关的领域包括信息获取、数据处理和数据挖掘;而在交互方面,则有人机交互、认知科学和感知等学科融合。

8.2 数据可视化基础

8.2.1 数据可视化流程

科学可视化和信息可视化分别设计了可视化流程的参考体系结构模型,并被广泛应用于数据可视化系统中。

图 8-3 所示是科学可视化的早期可视化流水线。它描述了从数据空间到可视空间的映射,包含串行处理数据的各个阶段:数据分析、数据过滤、数据的可视映射和绘制。这个流水线实际上是数据处理和图形绘制的嵌套组合。

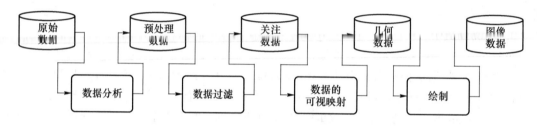

图 8-3 科学可视化的早期可视化流水线

可视分析学的基本流程则是通过人机交互将自动数据挖掘方法和可视分析方法紧密结合。图 8-4 展示了一个典型的可视分析流程图和每个步骤中的过渡形式。这个流水线的起点是输入的数据,终点是提炼的知识。从数据到知识有两个途径:交互的可视化方法和自动的数据挖掘方法。两个途径的中间结果分别是对数据的交互可视化结果和从数据中提炼的数据模型。用户既可以对可视化结果进行交互的修正,也可以调节参数以修正模型。

数据可视化流程中的核心要素包括 3 个方面。

1. 数据表示与转换

数据可视化的基础是数据表示与转换。为了允许有效的可视化、分析和记录,输入数据必须从原始状态转换到一种便于计算机处理的结构化数据表示形式。通常这些结构存在于数据本身,需要研究有效的数据提炼或简化方法以最大限度地保持信息和知识的内涵及相应的上下文。有效表示海量数据的主要挑战在于采用具有可伸缩性和扩展性的方法,以便保持数据的特性和内容。此外,将不同类型、不同来源的信息合成一个统一的表示,使得数据分析人员能及时地聚焦于数据的本质,这也是研究的重点。

2. 数据的可视化呈现

将数据以一种直观、容易理解和操纵的方式呈现给用户,需要将数据转换为可视表示。数据可视化向用户传播了信息,而同一个数据集可能对应多种视觉呈现形式,即视觉编码。数据可视化的核心内容是从巨大的呈现多样性的空间中选择最合适的编码形式。判断某个视觉编码是否合适的因素包括感知与认知系统的特性、数据本身的属性和目标任务。

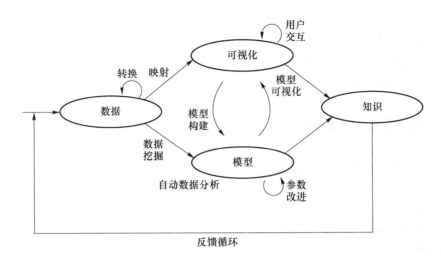

图 8-4　欧洲学者 Daniel Keim 等人提出的可视分析学标准流程

　　大量的数据采集通常是以流的形式实时获取的,针对静态数据发展起来的可视化显示方法不能直接拓展到动态数据。这不仅要求可视化结果有一定的时间连贯性,还要求可视化方法达到高效以便给出实时反馈。因此不仅需要研究新的软件算法,还需要更强大的计算平台(如分布式计算或云计算)、显示平台(如一亿像素显示器或大屏幕拼接)和交互模式(如体感交互、可穿戴式交互)。

　　3. 用户交互

　　对数据进行可视化和分析的目的是解决目标任务。有些任务可明确定义,有些任务则更广泛或者一般化。通用的目标任务可分成 3 类:生成假设、验证假设和视觉呈现。数据可视化可以用于从数据中探索新的假设,也可以证实相关假设与数据是否吻合,还可以帮助数据专家向公众展示其中的信息。交互是通过可视的手段辅助分析决策的直接推动力。

　　有关人机交互的探索已经持续了很长时间,但智能、适用于海量数据可视化的交互技术,如任务导向的、基于假设的方法还是一个未解难题,其核心挑战是新型的可支持用户分析决策的交互方法。这些交互方法涵盖底层的交互方式与硬件、复杂的交互理念与流程,还需要克服不同类型的显示环境和不同任务带来的可扩充性难点。

8.2.2　可视化中的数据

　　人们对数据的认知,一般都经过从数据模型到概念模型的过程,最后得到数据在实际中的具体语义。

　　数据模型是对数据的底层描述及相关的操作。在处理数据时,最初接触的是数据模型。例如,一组数据 7.8,12.5,14.3,…,首先被看作一组浮点数据,可以应用加、减、乘、除等操作;另一组数据白、黑、黄、…,则被视为一组根据颜色分类的数据。

　　概念模型是对数据的高层次描述,对应于人们对数据的具体认知。在对数据进行进一步处理之前,需要定义数据的概念和它们之间的联系,同时定义数据的语义和它们所代表的含义。例如,对于 7.8,12.5,14.3,…,可以从概念模型出发定义它们是某天的气温值,从而赋予这组数据特别的语义,并进行下一步的分析(如统计分析一天中的温度变化)。概念模型的建立跟实际应用紧密相关。

根据数据分析的要求,不同的应用可以采用不同的数据分类方法。例如,根据数据模型,数据可以分为浮点数、整数、字符等;根据概念模型,可以定义数据所对应的实际意义或者对象,如汽车、摩托车、自行车等分类数据。在科学计算中,通常根据测量标度将数据分为 4 类:类别型数据、有序型数据、区间型数据和比值型数据。

8.2.3 可视化的基本图表

统计图表是最早的数据可视化形式之一,作为基本的可视化元素,其仍然被非常广泛地使用。对于很多复杂的大型可视化系统来说,这类图表更是作为基本的组成元素而不可缺少。本小节将介绍一些基本图表及其属性和适用的场景。通过这样的实例介绍,希望读者能对可视化设计所遵循的准则有所了解和认识。

1. 柱状图

柱状图(bar chart)是一种以长方形的长度为变量的表达图形的统计报告图,由一系列高度不等的纵向条纹表示数据分布的情况,用来比较两个或两个以上的数值(不同时间或者不同条件),只有一个变量,通常用于较小的数据集分析,如图 8-5 所示。柱状图亦可横向排列,或用多维方式表达。

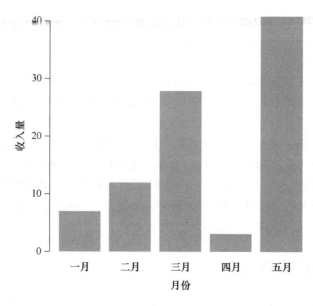

图 8-5　一月至五月收入柱状图

2. 直方图

直方图(histogram)是对数据集的某个数据属性的频率统计(见图 8-6)。对于单变量数据,其取值范围映射到横轴,并分割为多个子区间。每个子区间都用一个直立的长方块表示,高度正比于属于该属性值子区间的数据点的个数。直方图可以呈现数据的分布、离群值和数据分布的模态。直方图的各个部分之和等于一个单位整体,而柱状图的各个部分之和没有限制,这是两者的主要区别。

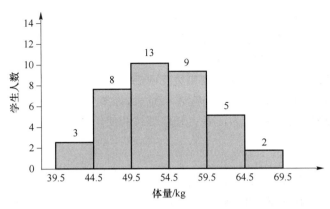

图 8-6 某班级体重统计

3. 饼图

饼图(pie chart)采用了饼干的隐喻,用环状方式呈现各分量在整体中的比例(见图 8-7)。这种分块方式是环状树图等可视表达的基础。

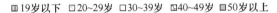

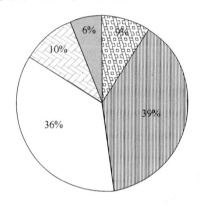

图 8-7 百度经验人群覆盖率概况饼图

8.2.4 视图的交互

1. 可视化中的交互

数据可视化系统除了视觉呈现部分,另一个核心要素是用户交互,交互是用户通过与系统之间的对话和互动来操纵与理解数据的过程。无法互动可视化的方式,例如静态图片和自动播放的视频,虽然在一定程度上能帮助用户理解数据,但其效果有一定的局限性。特别是当数据尺寸大、结构复杂时,有限的可视化空间大大地限制了静态可视化的有效性。其实,即使用户在解读一个静态的信息图海报时,也常常会靠近或者拉远,甚至旋转海报以便理解,这些动作相当于用户的交互操作。具体而言,交互在如下两个方面让数据可视化更有效。

- 缓解有限的可视化空间和数据过载之间的矛盾。这个矛盾表现在两个方面。首先,有限的屏幕尺寸不足以显示海量的数据;其次,常用的二维显示平面也对复杂数据的可视化提出了挑战,例如多维度数据。交互可以帮助拓展可视化中信息表达的空间,从而解决有限的空间与数据量和复杂度之间的差距。

- 交互能让用户更好地参与对数据的理解和分析,特别是对于可视分析系统来说,其目的不是向用户传递定制好的知识,而是提供工具和平台来帮助用户探索数据,分析数据价值,得到结论。在这样的系统中,交互是必不可少的。

事实上,组成可视化系统的视觉呈现和交互两部分在实践中是密不可分的。无论哪一种交互技术,都必须和相应的视图结合在一起才有意义,许多交互技术是专门设计并服务于特定视图的,帮助用户理解特定数据。为读者更好地理解和使用交互技术,接下来对常用的几种交互技术进行介绍。

2. 交互技术

从设计可视化系统的角度出发,研发人员通常根据整个系统要完成的用户任务来选择交互技术。对于不同的应用领域,可视化要完成的任务和达到的目的也不同。一个较全面的分类包括如下七大类的交互任务。

- 选择:当数据以纷繁复杂多变之姿呈现在用户面前时,此种方式能使用户标记其感兴趣的部分以便跟踪变化情况。
- 导航:导航是可视化系统中最常见的交互手段之一。当可视化的数据空间较大时,可通过缩放、平移、旋转这 3 种操作对空间的任意位置进行检索,展示不一样的信息。
- 重配:为用户提供观察数据的不同视角,常见的方式有重组视图、重新排列等,克服由于空间位置距离过大导致的两个对象在视觉上关联性降低的问题。
- 编码:交互式地改变数据元素的可视化编码,如改变颜色,更改大小,改变方向,更改字体,改变形状等,或者使用不同的表达方式以改变视觉外观,可以直接影响用户对数据的认知,从而使用户更深刻地理解数据。
- 抽象/具象:此交互技术可以为用户提供不同细节等级的信息,用户可通过交互控制显示更多或更少的数据细节。例如上卷下钻技术,可以达到浏览各个层次级别细节信息的目的。
- 过滤:通过设置约束条件实现信息查询,通过用户输入的关键词呈现给用户相应的过滤结果,动态实时地更新过滤结果,以达到过滤结果对条件的实时响应,从而加速信息获取效率。
- 关联:此技术被用于高亮显示数据对象间的联系,或者显示与特定数据对象有关的隐藏对象,可以对同一数据在不同视图中采用不同的可视化表达,也可以对不同但相关联的数据采用相同的可视化表达,让用户可以在不同的角度和不同的显示方式下观察数据。

通过上面的介绍,可以看到交互分类的方法有很多,可以根据各自依据和适用的情况,选择合适的交互方法。

8.3 信息可视化分类

8.3.1 时空数据可视化

1. 时变型数据

随时间变化、带有时间属性的数据称为时变型数据(time-varying data 或者 temporal

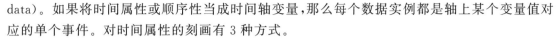

data)。如果将时间属性或顺序性当成时间轴变量,那么每个数据实例都是轴上某个变量值对应的单个事件。对时间属性的刻画有 3 种方式。

(1) 线性时间和周期时间

线性时间假定一个出发点并定义从过去到将来数据元素的线性时域。许多自然界的过程具有循环规律,如季节的循环。为了表示这样的现象,可以采用循环的时间域。在一个严格的循环时间域中,不同点之间的顺序相对于一个周期是毫无意义的,例如,冬天在夏天之前来临,但冬天之后也有夏天。

(2) 时间点和时间间隔

离散时间点将时间描述为可与离散的空间欧拉点相对等的抽象概念。单个时间点没有持续的概念。与此不同的是,时间间隔表示小规模的线性时间域,例如几天、几个月或几年。在这种情况下,数据元素被定义为一个持续段,由两个时间点分隔。时间点和时间间隔都被称为时间基元。

(3) 顺序时间、分支时间和多角度时间

顺序时间考虑那些按先后发生的事情。对于分支时间,多股时间分支展开,这有利于描述和比较有选择性的方案(如项目规划)。这种类型的时间支持做出只有一个选择发生的决策过程。多角度时间可以描述多于一个关于被观察事实的观点(例如不同目击者的报告)。

2. 空间数据

我们身处在三维空间中,来自现实世界的数据常常包含位置信息。空间数据(spatial data)指定义在三维空间中、具有位置信息的数据。理解空间数据对认知自我和外部世界非常重要。虽然地理空间数据与普通的空间数据都描述了一个对象在空间中的位置,但是地理空间特指真实的人类生活的空间,信息的载体、对象映射到载体的方式都非常独特。地理空间数据历来是可视化研究和应用的重要对象。广泛使用的移动设备和传感器每时每刻都产生海量的地理空间数据,这为相关的可视化技术带来了新的机遇与挑战。

8.3.2　层次和网络数据可视化

层次数据是一种常见的数据类型,着重表达个体之间的层次关系。这种关系主要表现为两类:包含和从属。现实世界中它无处不在。例如,地球有七大洲,每个洲都包含若干个国家,而每个国家又划分为若干个省市。在社会组织或者机构里,同样存在着分层的从属关系。除了包含和从属关系之外,层次结构也可以表示逻辑上的承接关系。比如机器学习中的决策树,每一个节点都是一个问题,不同答案对应不同的分支,连接到下一层的子节点。最底层的叶节点则通常对应最后的决策。各类层次结构数据可视化是一个长期的研究话题。随着新的层次数据和可视化需求的出现,层次数据可视化的创新层出不穷。层次数据可视化的要点是对数据中层次关系(即树形结构)进行有效刻画。

树形结构表达了层次结构关系,而不具备层次结构的关系数据,可统称为网络(network)数据。与树形数据中明显的层次结构不同,网络数据并不具有自底向上或自顶向下的层次结构,表达的关系更加自由和复杂。网络通常用图(graph)表示。图 G 由顶点有穷集合 V 和一个边集合 E 组成。为了与树形结构相区别,在图结构中,常将节点称为顶点,边是顶点的有序偶对,若两个顶点之间存在一条边,就表示这两个顶点具有相邻关系。其中,每条边 $e_{xy} = (x, y)$ 连接图 G 的两个顶点 x、y,例如:$V = \{1, 2, 3, 4\}$,$E = \{(1, 2), (1, 3), (2, 3), (3, 4), (4, 1)\}$。图是一种非线性结构,线性表和树都可以看成图的简化。

图的可视化(graph visualization)是一个历史悠久的研究方向。它包括 3 个方面:网络布局、网络属性可视化和用户交互。其中布局确定图的结构关系,是最核心的要素。最常用的布局方法有节点-链接法和相邻矩阵两类。两者之间没有绝对的优劣,在实际应用中针对不同的数据特征以及可视化需求可选择不同的可视化表达方式,或采用混合表达方式。

8.3.3　文本和文档可视化

文本信息无处不在,邮件、新闻、工作报告等都是日常工作中需要处理的文本信息。面对文本信息的爆炸式增长和日益加快的工作节奏,人们需要更高效的文本阅读和分析方法,文本可视化正是在这样的背景下应运而生的。

一图胜千言指一张图像传达的信息等同于相当多文字的堆积描述。考虑图像和图形在信息表达上的优势和效率,文本可视化技术采用可视表达技术刻画文本和文档,直观地呈现文档中的有效信息。用户通过感知和辨析可视图元提取信息,因而,如何辅助用户准确无误地从文本中提取并简洁直观地展示信息,是文本可视表达的原则之一。

人类理解文本信息的需求是文本可视化的研究动机。一个文档中的文本信息包括词汇、语法和语义 3 个层级。此外,文本文档的类别多种多样,包括单文本、文档集合和时序文本数据三大类别,这使得文本信息的分析需求更为丰富。比如,对于一篇新闻报道,内容是人们关注的信息特征;而对于一系列跟踪报道所构成的新闻专题,人们关注的信息特征不仅指每一时间段的具体内容,还包括新闻热点的时序性变化。文本信息的多样性使得人们不仅提出了多种普适性的可视化技术,还针对特定的分析需求研发了具有特性的可视化技术。

文本可视化的工作流程涉及 3 个部分:文本信息挖掘、视图绘制和人机交互。如图 8-8 所示,文本可视化是基于任务需求的,因而挖掘信息的计算模型受到文本可视化分析任务的引导。可视和交互的设计必须在理解所使用的信息提取模型的原理基础上进行。

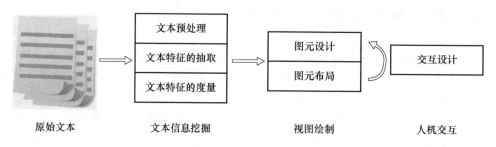

图 8-8　文本可视化流程

文本可视化应用广泛,标签云技术已是诸多网站展示其关键词的常用技术,信息文本图是美国《纽约时报》等各大纸媒辅助用户理解新闻内容的必备方法。文本可视化还与其他领域相结合,如信息检索技术,可以可视地描述信息检索过程,传达信息检索的结果。

8.4　在商业智能中的数据可视化应用

商业智能中的数据可视化亦称为商业智能数据展现,以商业报表、图形和关键绩效指标等易辨识的方式,将原始多维数据间的复杂关系、潜在信息以及发展趋势通过可视化展现,以易于访问和交互的方式揭示数据内涵,增强决策人员的业务过程洞察力。

随着移动互联网的兴起,在线商业数据成为新的价值源泉。例如,淘宝每天数千万用户的在线商业交易日志数据高达 50 TB;黑莓手机制造商 RIM 一天产生大约 38 TB 的日志文件数据。一方面,在线商业数据类型繁多,可粗略地分为结构化数据和非结构化数据;另一方面,在线商业数据呈现强烈的跨媒体特性(文本、图像、视频、音频、网页、日志、标签、评论等)和时空地理属性。例如,在线商业网站包含大量的文本、图像、视频、用户评论(多媒体类型)、商品类目(层次结构)和用户社交网络(网络结构),同时每时每刻地记录用户的消费行为(日志)。这些特点催生了商业智能中的数据可视化的研究和开发。

基于在线商业数据对客户群体的商业行为进行分析和预测,可突破传统的基于线下客访和线上调研的客户关系管理模式,实现精准的客户状态监控、异常检测、规律挖掘、人群划分和预测等。

8.4.1　商业智能可视化的基本元素

商业数据的可视化通常采用"仪表盘"和"驾驶舱"的可视用户接口,呈现公司状态和商业环境,实现促进商业智能和性能管理活动。数据仓库中的商业数据经过数据挖掘、特定查询、报告和预测分析等操作后,得出支持商业活动的知识和信息。在仪表盘和驾驶舱中的基本可视化元素如下。

(1)线图和柱状图

线图和柱状图是大多数报告应用中最有效的显示媒体,线图提供数据集的整体概况并且显示值的变化;而柱状图关注局部细节,有利于比较各个数值。

(2)饼图

饼图方便将部分和总和进行比较,即判断每个切片相对于总体的比例。

(3)仪表盘

仪表盘最常见的用途是报告绩效管理,因此显示关键性能指标是其关键。普遍采用的仪表盘类似于汽车测速仪,采用红、黄和绿 3 种交通灯颜色编码,从可视化的角度看,仪表盘的效率不高,细节表达少。

(4)地图

地图主要显示不同地理位置的信息,可通过交互技术展示不同层次级别的信息。

除了以上基本可视化元素之外,还有气泡图、堆栈图、树图、平行坐标等其他方式,在商业智能软件的仪表盘设计中,往往融合多个可视化元素,深度挖掘数据价值。

8.4.2　仪表盘的设计准则

作为单个屏幕的用户接口,仪表盘的可视化设计有特殊准则。这些准则有邻近性、闭合性、简单性、连续性、边界性和连接性,其他的考虑因素如下。

1. 上下文提示

仪表盘的信息组织应紧凑。数据在错误的上下文环境中可能会引起读者错误的理解。因为指标卡或仪表盘尺寸小,编码信息量少,所以在提供数据的上下文方面特别有用。此外,子弹图在展示数据与其他相关信息的情况下非常有用。

2. 三维效果

三维可视化增加了透视效果,但大部分二维可视化图符只起到了纯粹的装饰作用。可对图表进行相应的布局配置,如阴影、背景图像、填充、颜色等配置。

3. 导航和交互

导航是用户界面设计中最重要的议题之一,显然,将内容分多屏显示,降低了用户理解的效率。采用恰当的交互设计方法,如上卷下钻、选择关联、上下文等可提升观察者的用户体验。

4. 图形和表

针对数据集的大小,可选择采用图形和表格方式显示。对于小于 20 个数值的数据集可采用表格显示。对于时序数据,表格则受限于数据集的尺寸,此时线图可有效地呈现数据集的整体趋势。

在大数据时代背景下,数据可视化已经成为影响商业智能发展的关键技术,商业智能在企业实践中不断深化和企业对海量数据分析和处理能力要求的不断提升,迫使商业智能的数据可视化技术做出相应改变,目前商业智能的数据分析需求主要借助 OLAP 的多维分析模式实现,因此采用可视化分析方法为用户提供数据探索服务将是未来商业智能领域的亮点和趋势。

8.5 数据可视化的实现

8.5.1 数据可视化工具

数据可视化旨在借助图形化手段,清晰有效地传达与沟通信息,可以将数据的各个属性以多维数据的形式表示,使用户可以从不同的维度观察数据,从而对数据进行更深入的观察和分析。本小节主要介绍实现数据可视化的几大类常用工具。

- Google Charts:通过 URL 传递参数,生成动态的图表图片。
- HighCharts:基于 SVG 制作图表的纯 JavaScript 类库。
- ECharts:基于 html5 Canvas 的一个纯 JavaScript 图表库。
- D3.js:使用 SVG,基于矢量的图形库。
- protovis:基于像素的图形库。
- Processing/Processing.js:Processing 是一门可视化编程语言,Processing.js 是它的 JavaScript 实现。
- Sketchpad:Processing 应用在线 IDE。
- R+ggplot2:R 是用于统计分析、绘图的语言和操作环境,ggpolt2 是用于绘图的 R 扩展包。
- Heatmap.js:Html5 WebGL 可视化库。

其中国内外还有很多实现数据可视化的商业平台,比较著名的如下。

- Tableau:可视化领域标杆性的商业智能软件,起源于斯坦福大学的科研成果。
- Power BI:微软官方推出的用于分析数据和共享见解的一套可视化业务分析工具。

拓展阅读

dataV 制作大屏

- BDP:国内在线的数据分析平台,通过拖拽即可完成多表关联、追加合并等操作。
- dataV:阿里开发的开源可视化组件库。

8.5.2 ECharts

ECharts,一个使用 JavaScript 实现的开源可视化库,可以流畅地运行在 PC 和移动设备上,供给直观,交互丰富,可高度个性化定制的数据可视化图表。

如图 8-9 所示,ECharts 提供了常规的折线图、柱状图、散点图、饼图、K 线图,用于统计的盒形图,用于地理数据可视化的地图、热力图、线图,用于关系数据可视化的关系图、treemap、旭日图,用于多维数据可视化的平行坐标,还有用于 BI 的漏斗图、仪表盘,并且支持图与图之间的混搭。除了已经内置的包含了丰富功能的图表,ECharts 还提供了自定义系列,只需要传入一个 renderItem 函数,就可以从数据映射到任何用户想要的图形,更棒的是这些都还能和已有的交互组件结合使用,而不需要操心其他事情。

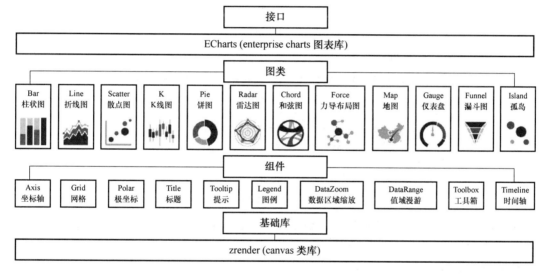

图 8-9　ECharts 简介图

1. ECharts 适用的业务场景
- 基于业务系统或大数据系统完成数据处理/分析后的结果数据展现。
- 在 Web 页面嵌入 HTML 及 JS 的应用。
- 拥有丰富的图例和在线示例教程。
- 同类的 D3.js 等有相应功能,在特殊可视化需求中,还可以进一步考虑 3D 呈现的 three.js、地图数据呈现的 Datamaps.js 等。

2. ECharts 使用教程
(1) 获取 ECharts
可以通过以下几种方式获取 ECharts。
- 从官网下载界面选择需要的版本下载,根据开发者功能和存储空间上的需求,官网提供了不同打包的下载,如果用户在存储空间上没有要求,可以直接下载完整版本。开发环境建议下载源代码版本,其包含了常见的错误提示和警告。
- 在 ECharts 的 GitHub 上下载最新的 release 版本,在解压出来的文件夹的 dist 目录里可以找到最新版本的 ECharts 库。

- 通过 npm 获取 echarts、npm install echarts --save。
- 引入 cdn,用户可以在 cdn js、npm cdn 或者国内的 bootcdn 上找到 ECharts 的最新版本。

拓展阅读

在 webpack 中
使用 ECharts

（2）引入 ECharts

ECharts 3 的引入方式简单了很多,只需要像普通的 JavaScript 库一样用 Script 标签引入,如图 8-10 所示。

```
<!DOCTYPE html>
<html>
<head>
    <meta charset="utf-8">
    <!-- 引入 ECharts 文件 -->
    <script src="echarts.min.js"></script>
</head>
</html>
```

图 8-10 引入 ECharts

（3）绘制一个简单的图表
- 在绘图前我们需要为 ECharts 准备一个具备宽高的 DOM 容器,如图 8-11 所示。

```
<body>
    <!-- 为 ECharts 准备一个具备大小（宽高）的 DOM -->
    <div id="main" style="width: 600px;height:400px;"></div>
</body>
```

图 8-11 准备容器

- 通过 echarts.init 方法初始化一个 echarts 实例并通过 setOption 方法生成一个简单的柱状图。

生成的效果图如图 8-12 所示。

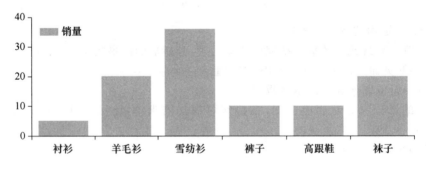

图 8-12 生成的效果图

8.5.3 Plotly

Plotly 是一个非常著名且强大的开源数据可视化框架,它通过构建基于浏览器显示的 web 形式的可交互图表来展示信息,可创建多达数十种精美的图表和地图,可以供 JS、

Python、R、DB 等使用,本小节就将以 Python 为开发语言,以 jupyter notebook 为开发工具,详细介绍 Plotly 的基础内容。

1. 绘图方式

Plotly 绘图模块库支持的图形格式有很多,其绘图对象包括如下几种。

- Angularaxis:极坐标图表。
- Area:区域图。
- Bar:条形图。
- Box:盒形图,又称箱线图、盒子图、箱图。
- Candlestick 与 OHLC:金融行业常用的 K 线图与 OHLC 曲线图。
- ColorBar:彩条图。
- Contour:轮廓图(等高线图)。
- Line:曲线图。
- Heatmap:热点图。

在 Plotly 中绘制图像有在线和离线两种方式,在线绘图需要注册账号并获取 API key,较为麻烦。离线绘图有 plotly. offline. plot()和 plotly. offline. iplot()两种方式,前者是以离线的方式在当前工作目录下生成 html 格式的图像文件,并自动打开;后者是在 jupyter notebook 中专用的方法,即将生成的图形嵌入 ipynb 文件中,本小节采用后一种方式。

plotly. offline. iplot()的主要参数如下。

- figure_or_data:传入 plotly. graph_objs. Figure、plotly. graph_objs. Data、字典或列表构成的、能够描述一个 graph 的数据。
- show_link:bool 型,用于调整输出的图像是否在右下角带有 plotly 的标记。
- link_text:str 型输入,用于设置图像右下角的说明文字内容(当 show_link＝True 时),默认为' Export to plot. ly '。
- image:str 型或 None,控制生成图像的下载格式,有' png '、' jpeg '、' svg '、' webp ',默认为 None,即不会为生成的图像设置下载格式。
- filename:str 型,控制保存的图像的文件名,默认为' plot '。
- image_height:int 型,控制图像高度的像素值,默认为 600。
- image_width:int 型,控制图像宽度的像素值。

2. graph 对象

Plotly 中的 graph_objs 是 Plotly 下的子模块,用于导入 Plotly 中的所有图形对象,在导入相应的图形对象之后,便可以根据需要呈现的数据和自定义的图形规格参数来定义一个 graph 对象,再输入 plotly. offline. iplot()中进行最终的呈现。

3. 构造 traces

根据绘图需求从 graph_objs 中导入相应的 obj 之后,接下来的事情是基于待展示的数据,为指定的 obj 配置相关参数,这在 Plotly 中称为构造 traces(create traces)。一张图中可以叠加多个 trace。

4. 定义 Layout

在 Plotly 中图像的图层元素与底层的背景、坐标轴等是独立开来的,在我们通过前面介绍的内容,定义好绘制图像需要的对象之后,就可以直接绘制了,但如果想要在背景图层上有更多自定义内容,就需要定义 Layout 对象,其主要参数如下。

（1）文字

文字是一幅图中十分重要的组成部分，Plotly 强大的绘图机制为一幅图中的文字进行了细致的划分，可以非常有针对性地对某一个组件部分的字体进行个性化的设置。

① 全局文字

- font：字典型，用于控制图像中全局字体的部分。
- family：str 型，用于控制字体，默认为'Open Sans'，可选项有'verdana'、'arial'、'sans-serif'等，具体可参考官网说明文档。
- size：int 型，用于控制字体大小，默认为 12。
- color：str 型，传入 16 进制色彩，默认为'#444'。

② 标题文字

- title：str 型，用于控制图像的主标题。
- titlefont：字典型，用于独立控制标题字体的部分。
- family：同 font 中的 family，用于单独控制标题字体。
- size：int 型，控制标题的字体大小。
- color：同 font 中的 color。

（2）坐标轴

- xaxis(yaxis)：字典型，控制横坐标（纵坐标）的各属性。例如 color，str 型，传入 16 进制色彩，控制横坐标上所有元素的基础颜色。
- title：str 型，设置坐标轴上的标题。
- type：str 型，用于控制横坐标轴类型。'-'表示根据输入数据自适应调整。'linear'表示线性坐标轴。'log'表示对数坐标轴。'date'表示日期型坐标轴。'category'表示分类型坐标轴，默认为'-'。

（3）图例

- showlegend：bool 型，控制是否绘制图例。
- legend：字典型，用于控制与图例相关的所有属性的设置，包括图例背景颜色、图例边框的颜色、图例文字部分的字体等。

（4）其他

- width：int 型，控制图像的像素宽度，默认为 700。
- height：int 型，控制图像的像素高度，默认为 450。
- margin：字典型输入，控制图像边界的宽度等。

本章课后习题

1. 数据可视化都有哪些分类以及数据可视化的流程包括哪几步？其中的核心要素有哪几个方面？

2. 可视化中的主要图表有哪些？给一个样例数据，如何将其可视化成柱状图？

3. 可视化中涉及了哪些交互技术？具体有什么作用？

4. 如果想要实现一个商业智能的可视化应用，应该怎么去实现？

5. 采用 ECharts 和 Plotly 两种方式去实现自定义数据的散点图,总结两种方式的应用场景以及两种方式实现数据可视化的不同之处。

本章参考文献

［1］ 陈为,沈则潜,陶煜波. 数据可视化[M].北京:电子工业出版社,2013.

［2］ 肖明魁.Python 在数据可视化中的应用[J].电脑知识与技术,2018(11Z):267-269.

［3］ 倪彬彬.浅谈大数据可视化[J].福建电脑,2018,34(11):101-102.

［4］ Plotly 基础内容介绍［EB/OL］.（2018-07-21）［2019-05-19］.https://www.cnblogs. com/feffery/p/9293745.html.

［5］ ECharts 官网［EB/OL］.［2019-05-22］.https://echarts.baidu.com/index.html.

第9章
大数据应用系统案例
——互联网应用大数据系统构建

本章思维导图

    本章主要以互联网应用的大数据平台构建实际案例为切入点,结合大数据平台的技术体系架构,对大数据应用的整体流程进行了简要介绍。某电影购票网站的大数据平台构建主要包括数据采集、数据存储、数据计算、数据应用几个过程,本章对其中每个过程涉及的技术和解决方案进行了简介,并对不同的解决方案进行了简单的对比。通过本章的学习,读者可以系统地掌握大数据在业界的应用模式。本章思维导图如图9-0所示。

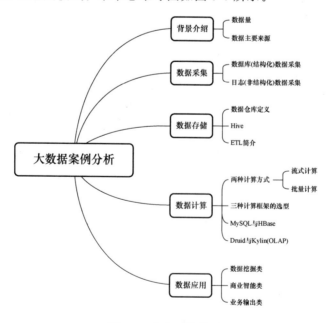

图 9-0　本章思维导图

9.1 互联网业务背景介绍

本案例中介绍的电影购票网站是一家集媒体内容、在线购票、用户互动社交、电影衍生品销售等服务于一体的一站式电影互联网平台。该电影平台的招股书信息显示,2018 年上半年,平台月度活跃用户超过 1.3 亿人,平台媒体内容月均浏览量达 11 亿次。截至 2018 年 6 月 30 日,平台累计产生 1.494 亿条电影评分及 6 680 万条评论,已经累积了 19 亿次电影预告片观看量。

如此高的月度活跃用户量,就意味着每天会产生巨量的数据。该电影购票网站目前每天新产生的数据量达到太字节级别,总数据量已达到拍字节级别。这些数据包括数据库中的影院数据、用户数据、交易数据,以及以日志形式呈现的用户行为数据,还包括从其他网站通过爬虫获取的影视信息等。这么大的数据量,传统的数据处理方式已经不再适用,需要搭建基于 Hadoop 的大数据处理、分析平台。图 9-1 展示了该电影购票网站的主要数据来源和数据量。

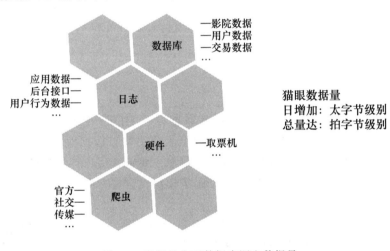

图 9-1 案例的主要数据来源和数据量

9.2 案例的大数据平台技术体系架构

针对该电影购票网站的大数据平台的整体技术架构,分析每一模块使用的大数据组件和组件的具体作用,如图 9-2 所示。

根据图 9-2 展示的整体技术架构,我们分为数据采集、数据存储、数据计算、数据应用这 4 个模块来依次进行介绍。

拓展阅读

音乐 APP 平台的大数据
系统架构重构案例

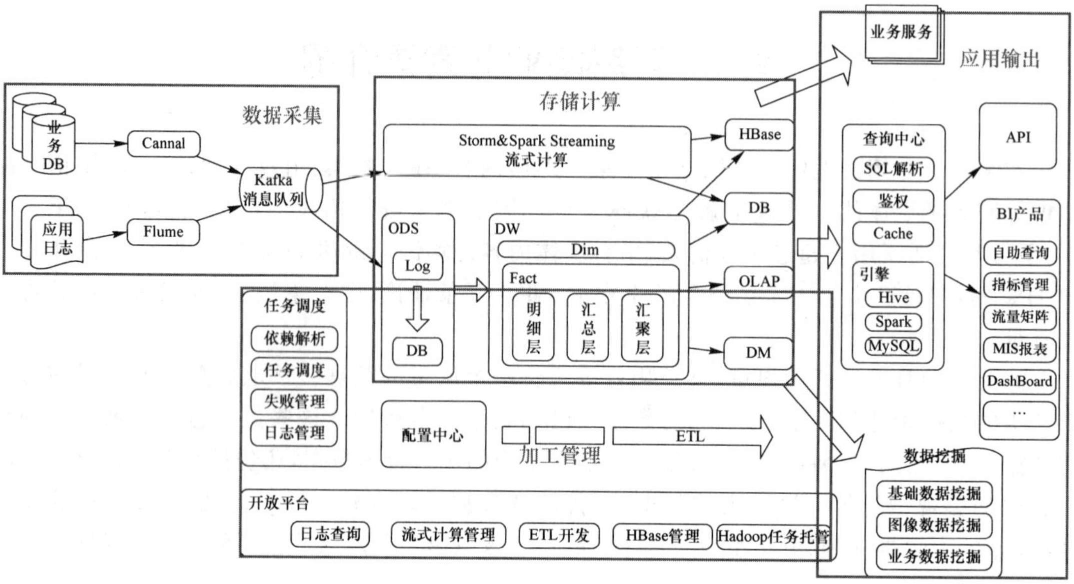

图 9-2　大数据平台整体架构

9.2.1　数据采集

数据采集模块的主要作用是将不同来源的数据写入 HDFS 中或交给流式计算框架进行计算。前文我们提到,本案例中大数据平台的数据来源主要有数据库、日志、爬虫。数据库中主要包含影院数据、用户数据、交易数据等,日志信息主要包含用户行为数据(点击、浏览、购买等)、后台接口等。针对不同的数据来源,数据采集模块也会有不同的采集方式。

1. 数据库数据采集

拓展阅读

在对数据库数据进行采集时,分为增量采集和全量采集。增量采集指只采集最新增加的数据,而全量采集则是将数据库中的全部数据都进行采集。如图 9-3 中的 Cannal 就可以实现数据库数据的增量采集,因为 Cannal 是基于 MySQL binlog(The Binary Log,二进制的日志文件)的数据库同步工具。MySQL 的 binlog 日志是被设计用来作为主从备份或者数据恢复的。binlog 中以

某互联网公司大数据平台中数据同步到数据仓库案例

二进制的形式记录了数据库的"events(事件)",即数据库结构及表数据发生的变化。所以 Cannal 可以根据 binlog 日志,获取到一段时间内 MySQL 数据库的变化,从而实现增量采集。针对其他类型的数据库,也有相应的数据库同步工具,如 Oracle 可以使用 DataBus。Cannal 定时将数据库的新增数据写入 Kafka,就是实现了数据库的数据采集工作。

2. 日志数据采集

在一般的业务场景中,用户的行为数据都要写入日志中,这些数据在后续的数据应用中将发挥重要作用,如构建用户画像、电影推荐等。这些日志中的数据无法直接使用,它们是非结构化的,需要经过数据清洗和抽取。

在日志数据采集模块中,需要使用 Flume 组件。Flume 是一个分布式、可靠和高可用的海量日志采集、聚合和传输的系统。Flume 支持在日志系统中定制各类数据发送方,用于收集

数据;同时,Flume 提供对数据进行简单处理,并写到各种数据接收方(比如文本、HDFS、HBase 等)的能力,如图 9-4 所示。Flume-agent 的作用是将数据源的数据发送给 Flume-collector,这里的数据源指的是日志文件。Flume-collector 的作用是将多个 Agent 的数据汇总后,加载到 storage 中,storage 是存储系统,可以是一个普通 file,也可以是 HDFS、Hive、HBase、分布式存储等。为了解决线上日志数据产生速度与 HDFS 的数据写入速度不匹配等问题,需要搭配 Kafka 进行使用,首先通过 Flume-collector 将日志数据写入消息队列 Kafka 中,然后由 Kafka 将其交给消费者进行数据处理,最终再写入 HDFS 或交由流式计算框架消费。

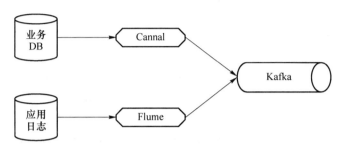

图 9-3 数据采集模块

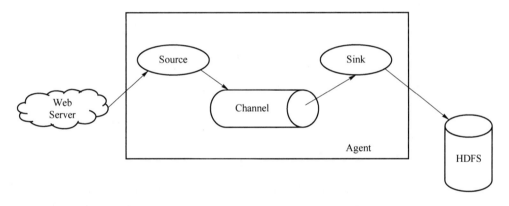

图 9-4 Flume 架构

3. Kafka

在上文两种类型的数据收集模块中,都使用了 Kafka。Kafka 为一个分布式的、支持分区的(partition)、多副本的(replica)、基于 ZooKeeper 协调的分布式消息系统。它最大的特性就是可以实时地处理大量数据以满足各种需求场景,比如基于 Hadoop 的批处理系统、低延迟的实时系统、Storm/Spark 流式处理引擎、Web/NGINX 日志、访问日志、消息服务等,用 Scala、Java 语言编写,LinkedIn 于 2010 年将 Kafka 贡献给了 Apache 基金会并成为顶级开源项目,图 9-5 为 Kafka 的逻辑结构。

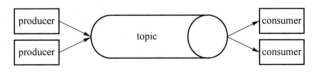

图 9-5 Kafka 逻辑结构图

在图 9-5 中,有 producer、topic、consumer 3 个概念,下面我们对这 3 个概念进行简单的概述。如果读者对 Kafka 感兴趣,可自行查阅相关资料。

producer 是消息生产者,producer 将数据推送到 topic,由订阅该 topic 的 consumer 从 topic 中抽取消息。

topic 就是消息类别名,一个 topic 中通常放置一类消息。每个 topic 都有一个或者多个订阅者,也就是消息的消费者。

consumer 是消息消费者,每个 consumer 都可以订阅多个 topic,每个 consumer 都可以定义自己的消息处理逻辑。

9.2.2　数据存储

如图 9-6 所示,如今企业中数据仓库是分层次搭建的,一般有 ODS(操作性数据或临时存储层)、DW(数据仓库)、DM(数据集市)3 层,每一层数据的组织方式都是不同的。我们从各个数据源采集到的数据,最终都会被存储到数据仓库。由于各种数据应用所需要的数据组织方式是不同的,所以数据从 ODS 层到最终的 DM 层,需要经过一系列的转换。这就需要我们开发相应的数据管理系统,从而方便数据的管理。

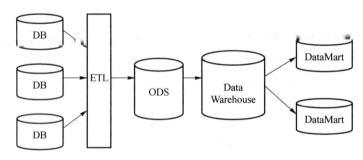

图 9-6　企业数据中心整体架构

前面章节介绍过,Hive 是建立在 Hadoop 上的数据仓库基础构架。它提供了一系列的工具,可以用来进行数据抽取、转换、加载(ETL),这是一种可以存储、查询和分析在 Hadoop 中的大规模数据的机制。同时,Hive 定义了简单的类 SQL 查询语言,称为 HQL,它允许熟悉 SQL 的用户查询数据。因此,在很多大数据平台的实现方案中,数据中心都选择使用 Hive 充当数据仓库,并基于 Hive 开发自己的 ETL 平台。

ETL(Extract-Transform-Load,即数据抽取、转换、加载的过程)作为 BI(Business Intelligence)/DW 的核心和灵魂,能够按照统一的规则集成并提高数据的价值,负责完成数据从数据源向目标数据仓库转化的过程,是实施数据仓库的重要步骤。如果说数据仓库的模型设计是一座大厦的设计蓝图,数据是砖瓦,那么 ETL 就是建设大厦的过程。在整个项目中最难的部分是用户需求分析和模型设计,而 ETL 规则的设计和实施则是工作量最大的,约占整个项目的 60%~80%,这是国内外研究人员从众多实践中得到的普遍共识。

ETL 是构建数据仓库的重要一环,用户从数据源抽取出所需的数据,经过数据清洗,最终按照预先定义好的数据仓库模型,将数据加载到数据仓库中去。从各个数据源采集到的数据,是无法直接被后续的各种数据应用进行使用的,需要进行多次 ETL 过程。

9.2.3 数据计算

数据计算几乎贯穿于整个大数据平台。数据采集完之后,我们需要进行一系列的数据处理过程(ETL),数据才能被下游消费使用。而在数据处理过程之中,就涉及数据的计算。在进行数据计算时,针对不同的业务需求,需要采用不同的计算方式和计算引擎,例如,实时票房预测和电影推荐两种业务场景,就可能使用到不同的计算方式和计算引擎。对于数据计算结果,也有不同的存储方案。大数据平台的数据计算层的实现案例如图 9-7 所示。

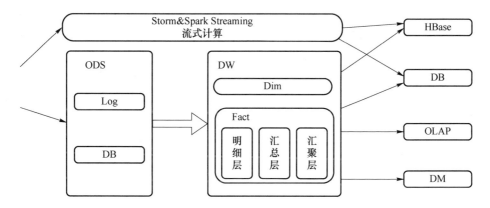

图 9-7 大数据平台的数据计算层的实现案例

1. 两种计算方式

在大数据计算中,主要涉及两种计算方式:流式计算和批量计算(实时计算和离线计算)。不同的业务场景需要使用不同的计算方式。

流式计算:流式计算是一种持续、低时延、事件触发的计算作业;将不断产生的数据实时收集并实时计算,尽可能快地得到计算结果,以支持决策;需要配合 Kafka 等消息队列进行实现。前面章节介绍过,代表性的实时计算框架有 Spark Streaming 和 Storm。流式计算适合于实时性要求较高的业务场景,如电影票房实时预测,就需要对实时的市场信息进行计算分析。

批量计算:批量计算是一种批量、高时延、主动发起的计算作业。首先将从数据源采集到的数据收集起来,以一段时间周期为单位,对本段时间周期内采集的数据批量提交进行数据计算,所以计算结果会产生一定的时延,但是批量计算的吞吐量较大。批量计算适合于那些需要依赖历史数据并进行大量计算的业务场景,如电影推荐,需要使用用户一段时间内的行为数据进行数据挖掘,以此来得出用户的画像。

2. 三种计算框架的选型

只要涉及数据计算的地方,就会使用到计算框架,例如 ETL 过程、数据分析。即使在数据应用阶段,也会出现计算引擎的身影,因为我们需要对数据仓库中的数据进行查询。根据每个大数据计算框架的特性,在不同的业务场景中,所使用的大数据计算框架也是有所不同的。接下来从大数据平台的技术路线选型角度对 Spark、MapReduce、Storm 进行简单的对比分析。

MapReduce 是一种可用于数据处理的编程框架。MapReduce 采用"分而治之"的思想,把对大规模数据集的操作,分发给一个主节点管理下的各个分节点共同完成,然后通过整合各个节点的中间结果,得到最终结果。简单地说,MapReduce 就是"任务的分解与结果的汇总"。在分布式计算中,MapReduce 框架负责处理并行编程中分布式存储、工作调度、负载均衡、容错均衡、容错处理以及网络通信等复杂问题,把处理过程高度抽象为两个函数:Map 和 Reduce。Map 负责把任务分解成多个任务,Reduce 负责把分解后多任务处理的结果汇总起来。

Spark 是一个用来实现快速而通用的集群计算的平台,扩展了广泛使用的 MapReduce 计算模型,而且高效地支持更多的计算模式,包括交互式查询和流处理。在处理大规模数据集的时候,速度是非常重要的。Spark 的一个重要特点就是能够在内存中计算,因而速度更快。即使在磁盘上进行复杂计算,Spark 依然比 MapReduce 更加高效。

Storm 是 Twitter 开源的分布式实时大数据处理框架,被业界称为实时版 Hadoop。随着越来越多的场景对 Hadoop 的 MapReduce 高延迟无法容忍,比如网站统计、推荐系统、预警系统、金融系统(高频交易、股票)等,大数据实时处理解决方案(流式计算)的应用日趋广泛,目前已是分布式技术领域最新的爆发点,而 Storm 更是流计算技术中的佼佼者和主流。MapReduce、Spark 和 Storm 的比较如表 9-1 所示。

拓展阅读

实时计算平台
架构与实践案例

表 9-1　MapReduce、Spark 和 Storm 的比较

比较项	MapReduce	Spark	Storm
支持语言	Java	Java、Scala、Python	多语言
延时	高	较高	实时
硬盘 IO	一般	少	较少
集群支持	好	超过 1 000 个节点	数千个节点
使用场景	低时效性的大批量计算	较大数据块又需要高时效性的小批量计算	实时的小数据块的分析计算

3. 计算结果存储的选型

由于对数据仓库进行查询的速度较慢,我们需要采用传统的数据库来存储数据计算结果,而不是将结果存储在数据仓库中。在对计算结果进行存储时,有两种技术路线可以选择:一是存储在关系型数据库(例如 MySQL),因为关系型数据库面向大数据上层的业务应用开发过程和运维会更容易;二是存储在 NoSQL 数据库(例如 HBase 数据库),因为分布式数据库会有更强大的分布式交互性能。

下面以 MySQL 与 HBase 为例,来简单介绍这一环节的技术选型的对比考虑。

MySQL 是传统的关系型数据库,在普通的业务下 MySQL 能提供较好的查询服务。据测试,MySQL 单表大约在 2 000 万条记录(4 GB)下能够良好地运行,经过数据库的优化后在 5 000 万条记录(10 GB)下能够运行良好,但随着数据量的增加,MySQL 的性能会急剧下降。在一些复杂的业务场景中,我们往往对于数据结构字段不够确定或很难按一个概念去抽取数据,如果继续采用传统的数据库,肯定会留有多余字段,这样就产生了数据冗余。在面对海量数据时,这种问题就会更加明显。

使用 HBase 则会解决上述问题,HBase 是一款建立在 Hadoop 文件系统上的、分布式的、面向列的数据库。HBase 支持太字节级甚至拍字节级的数据存储,能对太字节级甚至拍字节级的数据提供在线服务。HBase 支持以 Key/Value 形式存取数据。适合使用 HBase 的情况有:半结构化或非结构化数据,记录非常稀疏,多版本数据,超大数据量。

4. 数据查询框架的选择

前面章节介绍了数据查询框架的相关知识。数据查询处理大致可以分成两大类:联机事

务处理（On-Line Transaction Processing，OLTP）、联机分析处理（On-Line Analytical Processing，OLAP）。OLTP是传统的关系型数据库的主要应用，主要是基本的、日常的事务处理，例如银行交易。OLAP是数据仓库系统的主要应用，支持复杂的分析操作，侧重决策支持，并且提供直观易懂的查询结果。OLAP主要应用在BI（商业智能）领域，如业务报表自动生成等。

Druid和Kylin是分布式OLAP大数据分析领域的两个佼佼者。下面以Druid和Kylin与HBase为例，来简单介绍这一环节的技术选型的对比考虑。

Druid是针对时间序列数据提供的低延时数据写入以及快速交互式查询的分布式OLAP数据库。其两大关键点是：首先，Druid主要针对时间序列数据提供低延时数据写入和快速聚合查询；其次，Druid是一款分布式OLAP引擎。

Apache Kylin是一个开源的分布式分析引擎，提供Hadoop/Spark之上的SQL查询接口及多维分析（OLAP）能力以支持超大规模数据。它能在亚秒内查询巨大的Hive表。Kylin的关键点是根据开发人员设置的维度表和事实表对数据进行预处理，并将处理结果存储到HBase中，在下游应用对数据进行查询时，则会去HBase中进行查询，这是典型的以空间换时间。Kylin还可以更改计算引擎，默认的计算引擎是MapReduce，更改为Spark后，加快了预处理速度。

经过上述简介，我们发现由于Kylin的预处理机制，它就必然在时效性上的表现不如Druid。但是Kylin也有适合的场景，例如用户账单、用户年度报告这种不太关注时效性的数据产品，我们就可以采用Kylin作为OLAP分析引擎。

9.2.4　数据应用

经过数据采集、数据计算与数据查询处理，数据已经以我们想要的组织方式存储在数据仓库中了。接下来我们就可以开发各种数据应用，让数据发挥其价值。针对不同的用户维度，有不同的数据产品。

图9-2右侧部分列出了多种数据应用，包括我们之前提到的数据挖掘、BI以及普通的业务输出（例如现在各种互联网公司推出的个人年度报告）。

下面简单介绍大数据平台上层支撑的不同类型的数据应用场景，包括进行个性化推荐的数据挖掘应用、面向企业经营决策分析的商业智能应用、面向大数据业务管理的数据报告应用等。

1. 数据挖掘类

如今，推荐系统对于电商和O2O越来越重要。推荐系统就是一个利用大数据进行数据挖掘，从而发挥数据价值的很好的案例。电影平台根据收集到的用户历史行为数据以及交易数据，例如浏览、评论、订单等，生成用户画像，再结合其他算法，如协同过滤，计算出用户感兴趣的电影，将这些电影推荐给用户，以提高用户体验。

2. 商业智能类

商业智能通常被理解为将企业中现有的数据转化为知识，帮助企业做出明智的业务经营决策的工具。这里所谈的数据包括企业业务系统的订单、库存、交易账目、客户和供应商等来自企业所处行业和竞争对手的数据以及来自企业所处的其他外部环境中的各种数据。而商业智能能够辅助的业务经营决策，既可以是操作层的决策，也可以是战术层和战略层的决策。为了将数据转化为知识,需要利用数据仓库、联机分析处理工具和数据挖掘等技术。因此,从技术层面上讲,商业智能不是什么新技术,它只是数据仓库、OLAP 和数据挖掘等技术的综合运用。

可以认为,商业智能是对商业信息的搜集、管理和分析过程,目的是使企业的各级决策者获得知识或洞察力,促使他们做出对企业更有利的决策。商业智能一般由数据仓库、联机分析处理、数据挖掘、数据备份和恢复等部分组成。商业智能的实现涉及软件、硬件、咨询服务及应用,其基本体系结构包括数据仓库、联机分析处理和数据挖掘 3 个部分。

因此,把商业智能看成一种解决方案应该比较恰当。商业智能的关键是从许多来自不同企业运作系统的数据中提取出有用的数据并进行清理,以保证数据的正确性,然后经过抽取、转换和加载,即 ETL 过程,将数据合并到一个企业级的数据仓库里,从而得到企业数据的一个全局视图,在此基础上利用合适的查询和分析工具、数据挖掘工具(大数据魔镜)、OLAP 工具等对其进行分析和处理(这时信息变为辅助决策的知识),最后将知识呈现给管理者,为管理者的决策过程提供支持。

3. 业务输出类

业务输出一般是指针对用户的大数据产品,如最近几年比较流行的用户年度报告和用户日账单、月账单等。这些应用背后都有大数据的身影。

本章课后习题

1. 常见的数据来源有哪些?从数据格式的角度看,数据可以分为哪两类?
2. 简述数据仓库的定义以及其与数据库的区别。
3. 简述 ETL 的定义,说明 ETL 的作用与应用场景。
4. 简述大数据计算中常见的两种计算方式以及各自的应用场景。
5. 简述常见的计算框架,并将它们进行对比。

本章参考文献

[1] 郭俊. Kafka 背景及架构介绍[EB/OL]. (2015-03-10)[2019-02-19]. https://www.infoq.cn/article/kafka-analysis-part-1.

[2] dantezhao. 如何优雅地设计数据分层[EB/OL]. (2017-10-19)[2019-02-19]. https://mp.weixin.qq.com/s/O6exIKERgX07vsCJQH07eQ.

[3] 美团技术团队. 美团 DB 数据同步到数据仓库的架构与实践[EB/OL]. (2018-12-07)[2019-02-19]. https://juejin.im/post/5c0a0d83f265da612859ee31.

[4] 叁金. 我们为什么需要 HBase. [EB/OL]. (2018-04-16)[2019-02-19]. https://www.imooc.com/article/26090? block_id=tuijian_wz.

[5] Spark 和 MapReduce 相比,都有哪些优势? [EB/OL]. (2017-05-17)[2019-02-19]. https://www.jianshu.com/p/0dd03853b001.